식품공학개론

식품공학개론

최용희 정신교 권중호 박희동 문광덕 이상한
여영근 김정상 임진규 김학렬 강남주 조영제
이원영 차원섭 박준희 오상룡 최종욱

경북대학교출판부

최용희(제2장 6절) 경북대학교 식품공학부 교수 식품공학
정신교(제2장 1절) 경북대학교 식품공학부 교수 식품분석 및 위생학
권중호(제2장 2절) 경북대학교 식품공학부 교수 식품화학
박희동(제2장 5절) 경북대학교 식품공학부 교수 미생물공학
문광덕(제2장 3절) 경북대학교 식품공학부 교수 식품가공학
이상한(제2장 7절) 경북대학교 식품공학부 교수 식품효소생물공학
여영근(제1장 3절) 경북대학교 식품공학부 교수 지방생화학
김정상(제1장 2절) 경북대학교 식품공학부 교수 영양생화학
임진규(제1장 1절) 경북대학교 식품공학부 교수 식품단백체학
김학렬(제1장 4절) 경북대학교 식품공학부 교수 응용미생물학
강남주(제1장 5절) 경북대학교 식품공학부 교수 식품기능유전체학
조영제(제3장 1절) 경북대학교 식품공학부 교수 생물공학
이원영(제3장 5절) 경북대학교 식품공학부 교수 식품공학
차원섭(제3장 2절) 경북대학교 식품과학부 교수 생물화학
박준희(제3장 3절) 경북대학교 식품과학부 교수 식품미생물학
오상룡(제3장 4절) 경북대학교 식품과학부 교수 식품문화사
최종욱(제2장 4절) 경북대학교 식품공학부 명예교수 식품저장공학

식품공학개론

초판 1쇄 2011년 12월 6일 | **초판 6쇄** 2024년 1월 31일
지은이 최용희 정신교 권중호 박희동 문광덕 이상한 여영근 김정상 임진규
김학렬 강남주 조영제 이원영 차원섭 박준희 오상룡 최종욱
펴낸이 홍원화 | **펴낸 곳** 경북대학교출판부
출판등록 1973년 10월 10일 ㉑97호
주소 대구광역시 북구 대학로 80
전화 053-950-3830 | **팩스** 053-953-4692 | **E-mail** press@knu.ac.kr
Homepage http://knupress.com

ISBN 978-89-7180-332-5 93570

값은 표지 뒷면에 있습니다.
파본은 바꾸어 드립니다.

머리말

식품공학분야는 최근 국민소득의 향상과 더불어 급속하게 발전하게 되었다. 특히 인간 수명의 연장과 함께 건강기능성식품, 노화방지효과, 항균 및 항산화효과물질 첨가식품 등 고기능성식품과 고품질화식품들이 개발되고 상품화되기 시작하였다. 따라서 이 책은 식품공학 분야를 전공으로 하고자 하는 학생들이 이 분야의 기본적인 개념과 원리들을 전체적으로 이해하고 이와 같은 기술들을 산업에 활용하여 식품산업을 크게 발전시켜 나아가는 데 도움이 되고자 하였다.

21세기에 들어서면서 식품산업도 다른 산업과 더불어 날로 발전하여 식품의 가공 및 생산 기술이 최첨단화되었으며 앞으로도 계속 발전하여 나아갈 것이다. 그러므로 식품공학 전공자들은 앞으로도 계속 식품의 신소재에 대한 전반적인 지식의 이해 및 가공제품을 생산하기 위한 첨단 식품가공기술의 개발 등 이러한 최신 기술들을 적용시켜 산업화에 이르기까지의 전 분야를 공부하고 개척해 나아가야 하겠다.

따라서 이 책에서는 제1장에서 식품의 기본적인 구성요소들과 영양과 미생물 그리고 기능성 소재에 대한 내용을 주로 언급하였고, 제2장에서는 가공식품과 발효식품 그리고 식품의 저장과 포장 및 첨단 가공공정기술 등 식품공학 기술 분야와 가공식품 전반에 대하여 언급하였다. 그리고 제3장에서는 이와 같은 식품 가공기술들을 산업화에 적용하기 위한 산업적 응용에 대하여 논하였다. 앞으로 학부과정의 식품공학 전공자들이 식품공학 전반에 걸쳐 그 원리들을 이해하고 세부 전문분야를 공부하는 데 도움이 되도록 기술하였다.

식품공학전공 학생들에게 식품공학 전반에 걸쳐 이해할 수 있도록 이 책을 소개할 수 있게 되어 매우 기쁘게 생각한다. 아울러 각각의 서로 다른 원리들을 복합적으로 식품가공공정에 적용하는 것은 매우 도전적이라고 생각되지만 이러한 모든 지식과 기술들을 종합적으로 응용할 수 있게끔 하는 능력을 갖추는 데 크게 도움이 되었으면 한다.

2011년 12월

저자 일동

목 차

제3장 식품의 산업적 응용

제1장
식품과 생명 그리고 소재

1. 식품과 생명
2. 식품과 영양
3. 식품과 지방
4. 식품과 미생물
5. 기능성식품소재

우리가 매일 즐거운 식탁에서 먹고 있는 식품들을 구성하는 분자들과 우리 몸을 구성하는 분자들은 기본적으로 동일한 탄수화물, 단백질, 지방 및 핵산 그리고 물로 이루어져 있다. 따라서 식품 섭취를 통해 음식물을 이루는 분자들이 우리 몸으로 흡수되면서 이 분자들은 우리 몸에 직접 또는 간접적인 영향을 미치게 된다. 즉 '당신이 먹는 음식이 당신을 만든다'는 것이다.

본 단원에서는 식품과 우리 몸을 구성하는 분자들의 기본적인 화학적 성질을 정리하고 이들 분자들의 상호작용이 어떻게 우리 몸에서 생리적인 변화를 일으킬 수 있는지를 분자생물학적 관점에서 조명하고 식품과학 분야에서 새롭게 대두되고 있는 영양유전체학과 후생유전학에 대해 간략하게 소개한다.

1. 식품과 생명

식품을 눈으로 보고 입을 통해 섭취해서 항문으로 배설하기까지 식품 구성 분자와 우리 몸의 세포상에 존재하는 분자들 간의 다양한 상호작용으로 영양소가 소화되고 흡수되며 대사되어 우리의 삶을 영위하는 제반 에너지와 몸을 구성하는 분자들이 제공된다.

식품의 섭취는 단지 영양소를 공급받는 역할만이 아니라 식품 섭취를 통한 스트레스 해소, 포만감과 즐거움을 맛보는 등의 신경 행동적 요소도 포함된다. 그리고 이 모든 생리학적 현상은 식품의 분자와 조직세포상의 분자들 간의 상호작용을 수반한다.

우리 몸은 생리적으로 항상성(homeostasis)을 이루도록 되어 있는데 지속적으로 불균형인 식품을 섭취하거나 식품을 통해 특정 분자가 몸에 유입될 경우 여러 가지 질환을 유발할 수 있다. 그중에는 심혈관계 질환, 고혈압, 당뇨, 빈혈, 변비, 설사, 식중독, 비만, 암, 골다공증 등이 있다. 따라서 식품의 기능을 분자수준에서 이해하는 것이 필요하며 이를 위해서는 먼저 식품을 구성하는 분자들과 우리 몸을 구성하는 분자들 그리고 우리 몸에서 일어나는 여러 생리적 현상에서 작용하는 분자들의 역할들을 이해하고 이들 분자들이 어떻게 조화롭게 조절되는지를 탐구해야 한다.

우리 몸은 60% 이상이 물로 이루어져 있으며 대부분의 분자들은 물에 녹아 있는 물질이다

(친수성 분자 : hydrophilic molecules). 물에 녹지 않는 물질들은(소수성 분자 : hydrophobic molecules) 물과 섞이지 않기 때문에 소수성 분자끼리 모이게 되어 독특한 구조를 이루기도 한다. 그렇다면 무엇이 분자들을 친수성 또는 소수성의 성질을 갖게 하는 것일까? 또 어떻게 분자들 간의 특이한 상호 결합이 이루어지는 것일까?

1.1 분자의 형성 및 결합

1) 강한 결합인 극성 공유결합(Polar covalent bond)과 약한 결합인 비극성 공유결합(Non-polar covalent bond)

분자는 원자들이 서로 전자를 공유하면서 만들어진다(공유결합). 만일 원자가 전자를 공유하는데 〈그림 1-1〉과 같이 한 원자가 다른 원자보다 전자에 대한 친화도가 크면 공유결합을 사이에 두고 두 원자 사이에 약한 전기적 차이가 생기게 된다(극성 공유결합). 그러나 만일 두 원자의 전자친화도가 유사하면 두 원자 사이에 전자가 동일한 거리에 위치하기 때문에 전기적 중립상태를 유지한다(비극성 공유결합).

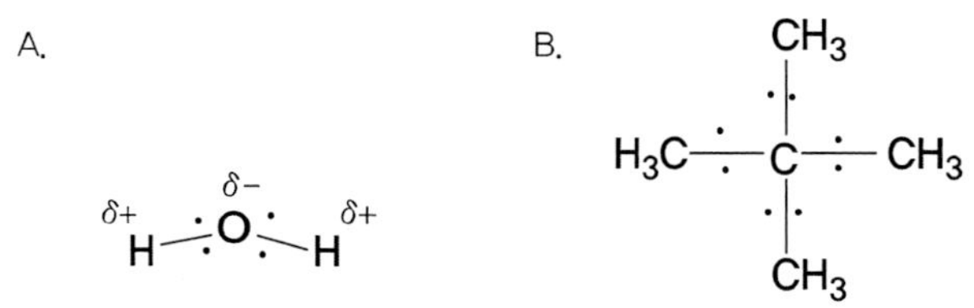

〈그림 1-1〉 극성 공유결합과 비극성 공유결합

극성 공유결합으로 만들어진 물(A)과 비극성 공유결합으로 이루어진 메탄(B)

극성 공유결합을 갖는 분자는 분자가 가지는 약한 전기(δ+, δ−) 상호 간의 인력에 의해 결합을 하게 되고 비극성 공유결합으로 이루어진 분자는 극성 공유결합을 갖는 물을 회피하기 위해 비극성 공유결합을 갖는 분자들끼리 서로 모이게 된다.

2) 약한 결합인 비공유결합들(Non-covalent bonds)

비공유결합들은 공유결합에 비해 결합에너지가 매우 낮지만 여러 개의 비공유결합을 이루면서 다이내믹한 결합을 제공하기 때문에 생명현상에서 매우 중요한 역할을 한다. 특히 단백질-단백질의 상호 결합, DNA의 구조 형성, 생체막의 형성, 면역세포의 인식 등에 중요한 역할을 한다.

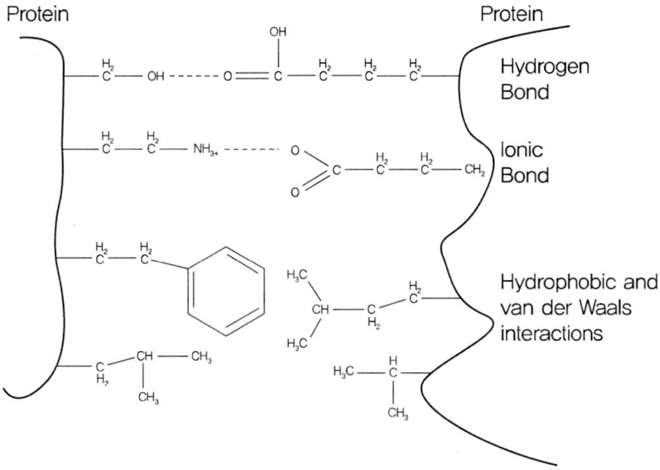

〈그림 1-2〉 비공유결합의 종류

비공유결합들은 생체물질들이 특이적 결합을 이루고 다이내믹한 결합을 유지하는 데 중요한 역할을 한다. 비공유결합으로 수소결합, 이온결합, 소수결합(hydrophobic interaction), 반데르발스 인력(van der Waals interaction)이 있으며 이 결합은 원자 간의 전자공유를 하지 않는다.

3) 공유결합과 비공유결합의 조합에 의해 형성되는 분자의 모양

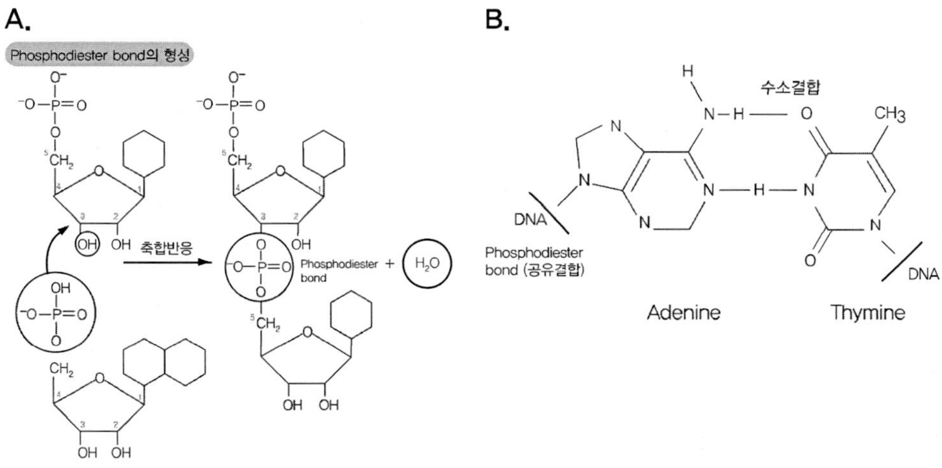

〈그림 1-3〉 DNA 이중나선구조의 염기 간 수소결합

DNA의 이중나선 구조를 이루기 위해서는 각 가닥의 뉴클레오티드는 공유결합인 phosphodiester bond로 연결되고(A) 양쪽 가닥의 염기 간의 수소결합(B)을 이루어 나선을 형성한다.

공유결합과 비공결합의 조합에 의해 분자들은 각각 독특한 3차원 구조를 갖게 된다. 예를 들어, 단백질은 펩타이드 결합이라는 공유결합을 통해 아미노산이 서로 연결되어 있고 비공유결합인 수소결합을 통해 단백질의 2차 구조가 만들어지고 이온결합, 소수결합 등을 통해 온전한 3차 구조가 완성된다. DNA는 공유결합인 phosphodiester bond로 구성분자인 뉴클레오티드들이 연결되어 있고 각 염기 간의 수소결합에 의해 DNA 이중나선이 형성된다.

4) 분자의 모양과 상호 결합 그리고 분자의 기능

공유결합과 비공유결합에 의해 형성된 각 분자의 구조는 그 분자의 기능과 밀접한 관계를 갖는다. 여기서 우리가 늘 기억해야 하는 한 가지 사실은 생명체의 분자들은 생명체의 60~70%를 차지하는 물과 밀접한 상호작용을 하며 가장 안정화된 형태의 구조를 만들게 된다는 것이다. 예를 들어 인지질은 친수성(hydrophilic)과 소수성(hydrophobic) 구조를 함께 가지고 있는 분자인데 이러한 분자들이 물과 만날 경우 마치 기름이 물 위에 떨어졌을 때와 같이 친수성 머리 부분은 물 쪽으로, 소수성 꼬리 부분은 물을 피하기 위해 서로 모이게 됨으로써 막을 형성하게 된다. 이렇게 해서 형성된 구조가 세포막 구조의 기본 구조인 것이다.

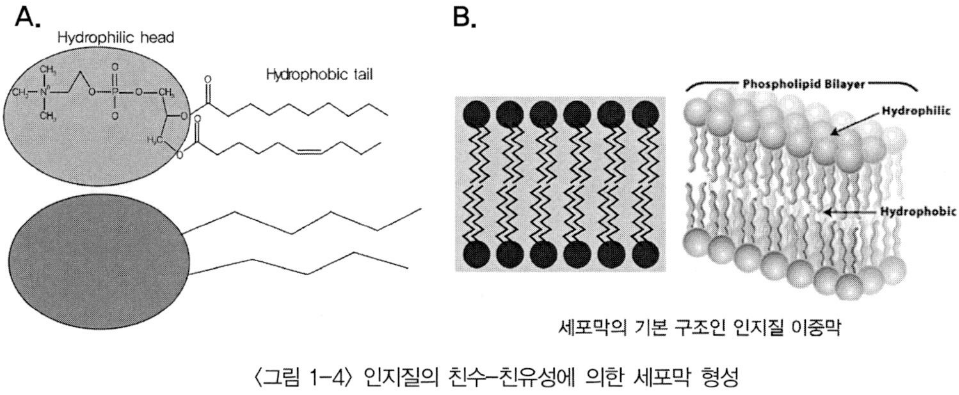

〈그림 1-4〉 인지질의 친수-친유성에 의한 세포막 형성

인지질(phospholipids)은 친수성 머리와 두 개의 소수성 꼬리를 갖고 있기 때문에(A) 물과 만나면 vesicle 형태의 인지질 이중막(B)을 만들게 된다.

단백질의 입체구조는 단백질의 기능을 결정하게 된다. 세포에 존재하는 수용체들이 수없이 많은 분자들 중에서 정확하게 특정 리간드(ligand)와 결합할 수 있는 것은 수용체 단백질과 리간드의 입체구조가 서로 짝을 이루기 때문에 가능한 것이고 효소가 정확하게 기질(substrate)

을 찾아 반응을 촉진시키는 것도 효소-기질 간의 입체구조가 서로 짝을 이루기 때문이다. 그런데 만일 단백질의 구조가 변형되면 입체구조의 짝이 맞지 않기 때문에 정상적인 기능을 상실하게 되는 것이다.

5) 식품 및 우리 몸을 구성하는 기본 분자들

식품은 원재료로 볼 때 크게 식물성과 동물성으로 나눌 수 있다. 식물이든 동물이든 기본 단위는 세포이고 세포를 구성하는 분자들은 크게 분류하면 탄수화물, 단백질, 지질, 핵산 등으로 나눌 수 있다. 세포를 구성하는 분자들(생체 고분자, polymer)은 더 단순한 구조(monomer)의 분자들이 축합반응에 의해 연결되어 이루어진다.

지금까지 식품의 분자들과 우리 몸의 여러 분자들의 상호작용을 이해하기 위해 기본적인 분자결합과 그로 인해 형성되는 분자구조에 대해 알아보았다. 그러면 이제 좀 더 근본적인 질문을 해 보자. 우리는 매일 음식을 먹는다. "왜 우리는 매일매일 음식을 먹어야 하는 것일까?", "왜 숨을 쉬어야 하는 것일까?" 이에 대한 답은 철학적인 답에서부터 형이하학적인 답까지 여러 종류의 답이 나올 수 있겠지만 이 장에서는 생화학적이고 분자생물학적인 답에 초점을 맞추어 정리해 보도록 한다.

1.2 에너지의 공급원 식품 그리고 근본적인 에너지 공급원인 태양에너지

1) 지구 상의 생명 에너지의 근원인 태양에너지

동물은 공기 중의 이산화탄소와 물 그리고 태양에너지를 이용해서 자신에게 필요한 에너지를 만들어 쓸 수 없다. 대신 식물이 광합성을 하여 태양에너지를 화학에너지로 바꾼 형태인 식물성 음식을 섭취함으로써 삶을 영위할 수 있다. 따라서 동물이든 식물이든 필요한 에너지의 근원은 태양이다.

태양의 방사에너지(radiation energy)는 식물의 엽록체에 전달되면 이산화탄소와 물이 화학에너지 형태인 당으로 만들어진다. 생명체에서 가장 기본적인 당인 포도당은 탄소 수가 6개이며 탄소-탄소, 탄소-산소, 탄소-수소가 연결되어 있고 이들 공유결합에 에너지가 저장되어 있는 것이다.

〈표 1-1〉 생명체를 이루는 기본 분자 및 구성 단위체들 간 축합반응에 의한 생체고분자 형성

생체 고분자	구성단위	축합반응에 의한 결합
탄수화물	포도당 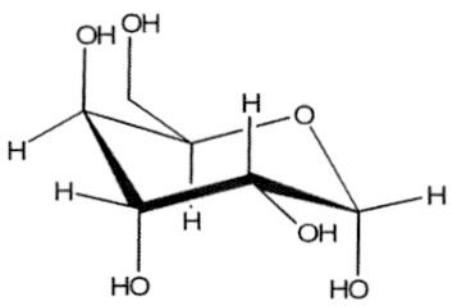	O-glycosidic bond 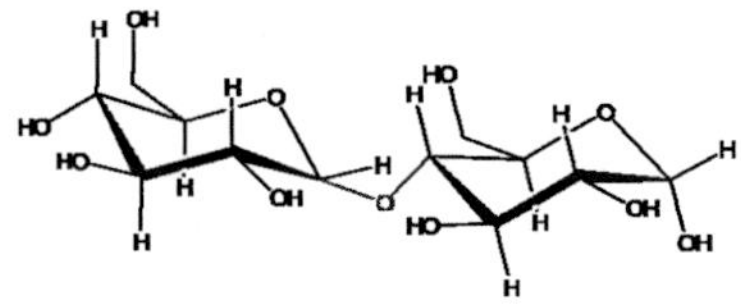
단백질	아미노산, 20종 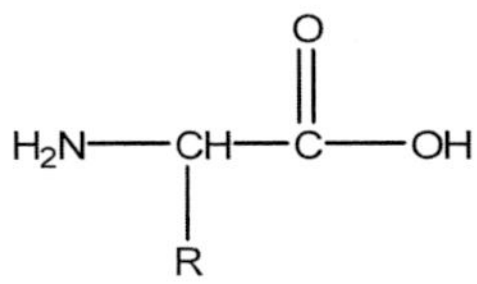 R의 구조에 따라 20종의 아미노산이 결정됨	Peptide bond 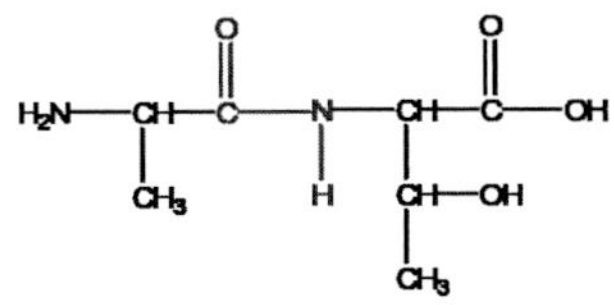
지방	지방산, 글리세롤 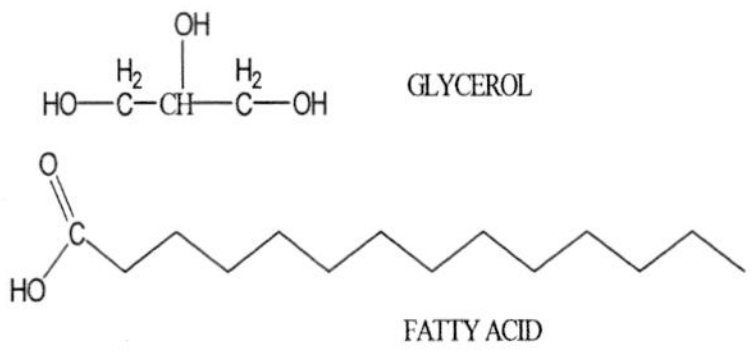	Ester bond 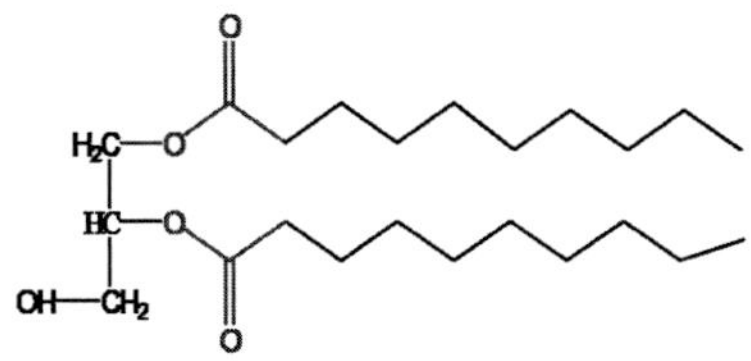
핵산	뉴클레오타이드 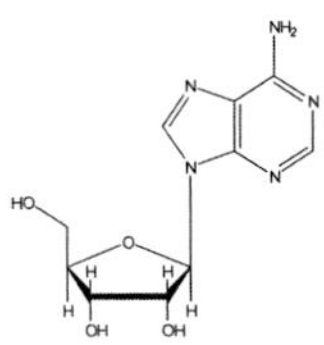 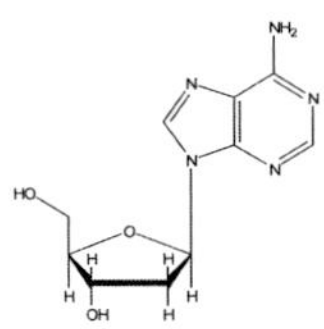 2-deoxy-ribose adenoside adenoside (DNA) / ribose (RNA)	Phosphodiester bond 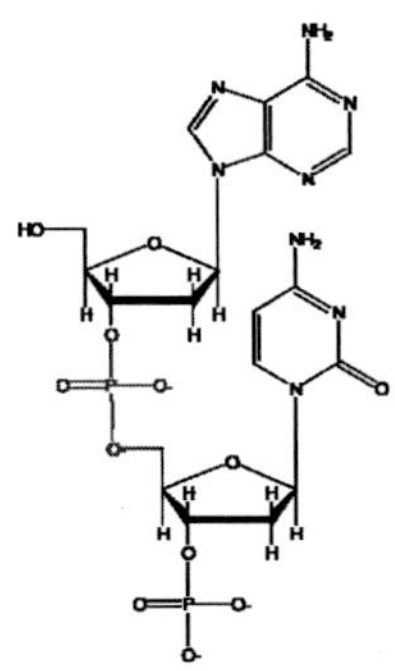

2) 에너지와 생명현상

모든 생명체는 살아 있기 위해 에너지를 끊임없이 제공받아야 한다.

열역학 제2법칙에 의하면 한 우주계 안에서는 무질서도가 증가하는 방향으로 모든 반응이

자발적으로 진행된다. 즉, 합성보다는 분해의 방향으로, 질서정연하고 서로 긴밀하게 연결되기보다는 무질서하게 진행되기 마련이다. 그러나 생명체에서는 단순한 물질에서부터 기능을 갖는 더 복잡한 물질로 합성이 일어나며 질서정연하게 물질들이 배열되고 서로 연결이 이루어져 생명현상을 나타내게 된다. 이런 일이 가능하게 되려면 외부에서 에너지가 공급되어야만 하며 만일 에너지 공급이 중단된다면 무질서의 상태 즉, 생명이 아닌 무생물의 상태로 모든 분자들이 뿔뿔이 흩어지게 된다.

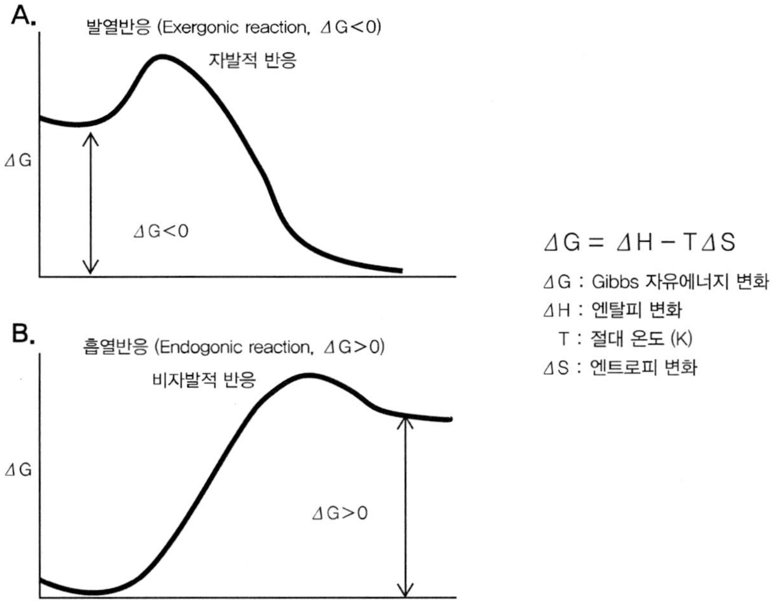

〈그림 1-5〉 흡열반응과 발열반응에서의 Gibbs 자유에너지 변화

Gibbs 자유에너지의 개념. 반응은 에너지가 방출되는 방향으로 진행되며 역으로 에너지를 넣어 주어야 하는 반응은 스스로 일어날 수 없다.

〈그림 1-5〉에서 보는 바와 같이 반응은 에너지를 방출하는 방향으로 진행되는데 만일 단순한 분자에서 복잡한 분자로 합성이 일어나거나 무질서한 분자들이 질서정연하게 유지하기 위해서는 에너지가 공급되어야만 한다.

우리가 식품을 섭취하게 되면 식품의 탄수화물, 단백질, 지방 등을 분해하여 포도당, 아미노산, 지방산과 글리세롤 등으로 몸에서 흡수하게 되고 지방산과 글리세롤은 다시 지방으로 합성되어 몸에 축적된다. 이들 영양소들은 몸의 세포 내로 운반되어 필요에 따라 분해되는데 이때 분해되면서 화학적 결합이 깨지고 그 결합에 들어 있는 에너지가 화학에너지 형태인 ATP, 또는 다른 고에너지 결합으로 변환된다.

1.3 생명체를 이루는 분자들의 기능 및 생성의 조절

생명체는 에너지를 이용하여 작은 분자에서 더 큰 분자를 합성하거나 큰 분자를 분해하여 에너지를 얻기도 하며 더 복잡한 네트워크를 이루어 생명현상을 나타냄을 알게 되었다. 그렇다면 이러한 합성과 분해의 반응들은 세포 내에서 어떻게 진행되는 것일까?

〈그림 1-5〉에서와 같이 반응은 에너지가 방출되는 쪽으로 진행된다. 그러나 반응이 시작되기 위해서는 반응 물질을 활성화시켜야 하는데 이를 위해서 에너지가 가해져야 한다. 그렇게 되면 활성화된 반응물은 에너지를 외부로 내보내면서 낮은 에너지 상태의 물질로 변하게 된다.

예를 들어, 화약성분인 니트로글리세린은 일반조건에서 잘 반응하지 않는다. 활성화에너지가 너무 높기 때문에 반응하지 않고 그대로 존재하기 때문이다. 여기에 외부의 충격이나 열을 가해서 활성화에너지를 제공하면 니트로글리세린은 외부로 에너지를 내보내며 반응하게 되는데 자유에너지 변화량이 크기 때문에 이 에너지가 다른 니트로글리세린을 활성화하게 되고 연쇄반응에 의해 폭발이 일어난다.

생명체에서도 똑같은 원리가 존재한다. 포도당은 높은 에너지를 함유한 물질이지만 우리 몸에 포도당이 들어올 경우 활성화에너지가 제공되기 전까지는 포도당으로 존재하게 된다. 활성화에너지가 너무 높으면 활성화가 어려워서 반응이 진행되지 않지만 반대로 활성화에너지가 낮으면 반응은 매우 빠른 속도로 진행될 수 있다. 이는 저수지에 담겨 있던 물이 저수지 둑이 무너져서 턱이 낮아지면 급격하게 쏟아져 내리는 것과 같은 이치이다.

우리 몸의 세포에는 효소가 존재하는데 이 효소가 반응에서 활성화에너지를 낮추는 촉매와 같은 역할을 하여 반응속도를 높인다. 하루에 쌀을 180g 먹는다고 가정하면 이는 포도당의 개수로 따지면 6×10^{23}개이다. 이 포도당을 분해하여 에너지를 만드는데, 하루 동안 이 포도당을 다 분해한다고 보면 1초에 약 7×10^{18}개의 포도당이 분해된다. 우리 몸의 세포가 1×10^{14}개 정도 된다고 한다면 1초에 약 70,000개의 포도당이 각 세포에서 분해되는 것이다. 이와 같이 효소는 활성화에너지를 낮춤으로써 반응속도를 높이고 반응의 특이성을 높이는 촉매 그 이상의 역할을 한다.

효소는 단백질로써 3차원 구조를 인식하여 기질의 반응을 돕는다. 따라서 구조적으로 매우 유사하여도 3차원 구조가 다르면 반응에 사용되지 못한다. 효소 상에 기질이 결합하여 반응이 일어나는 부위를 활성부위(active site)라고 한다. 이 부위의 구조와 온전한 결합을 이루는 기질들은 활성화에너지를 낮춰서 즉, 효소가 반응하기 좋은 적당한 조건을 제공해 주게 되어서 반응이 진행되게 된다. 자물쇠에 맞는 열쇠가 들어갈 때만 자물쇠가 열리듯이 효소에 active site의 구조와 맞는 기질이 결합할 때 반응이 일어나는 것이다.

세포 내에서 일어나는 다양한 대사경로의 반응들은 효소에 산화 - 환원, 가수분해 - 탈수, 교환 - 추가 - 제거, 결합반응의 네 가지로 분류하여 나눌 수 있으며 각 반응마다 효소가 관여하여 반응이 정확하고, 빠르고, 조절되면서 일어나도록 하여 항상성(homeostasis)을 이룬다.

효소는 단백질로써 세포에서 중요한 역할을 하는데 단백질은 효소 외에도 세포골격, 운동성, 저장물질, 보호작용, 등 다양한 기능을 한다. 단백질이 만들어지기 위해서는 DNA 상의 유전정보를 가진 RNA(messenger RNA 또는 mRNA)가 만들어진 뒤 이 mRNA에 리보솜(ribosome)과 tRNA가 작용하여 아미노산으로부터 단백질을 합성한다. 그렇다면 우리 몸의 모든 세포가 같은 염색체를 가지고 있기 때문에 다 같은 종류의 단백질을 가지고 있는 것일까? 답은 '아니오'이다. 우리는 이 대답에 대해 계속 질문을 갖게 된다. 어떻게 기능이 다른 세포들이 만들어지고 세포마다 다른 양상의 단백질을 갖게 되는 것일까?

1.4 단백질의 설계도 유전자 및 유전자 발현의 조절

생명체를 이루는 분자들(탄수화물, 지방, 핵산, 단백질) 중 단백질은 유전정보를 번역하여 아미노산의 중합반응을 통해 만들어지고 나머지 분자들은 단백질 효소에 의해 합성된다. 그만큼 단백질의 합성이 어떻게 이루어지고 조절되는지를 이해하는 것은 생명을 이해하는 데 있어 매우 중요한 부분이다. 세포의 핵 안에는 DNA가 들어 있는데, DNA는 히스톤이라는 단백질과 결합된 상태로 존재한다. 이 DNA를 RNA 중합효소(RNA polymerase)가 전사하여 mRNA를 만들고 이 mRNA를 번역(translation)하여 단백질을 만들게 된다. 따라서 유전자 발현의 조절에 따라 단백질의 양이 조절되거나 단백질의 종류가 바뀔 수 있다. 또한 섭취하는 식품의 종류에 따라 유전자 발현이 바뀌게 되어 세포가 만드는 단백질의 종류와 분포가 바뀌게 된다.

1.5 세포에서의 신호전달 및 유전자 발현 조절

세포는 외부의 환경 변화에 대응하여 적절한 대처를 할 수 있는 능력을 갖고 있다. 호르몬이나 영양소, 기타 성장호르몬이나 싸이토카인(cytokine)과 같은 물질들이 세포와 만나게 되면 유전자 발현이 유도된다. 세포 내로 확산되어 들어온 지용성 물질들(호르몬 및 식품 유래의 지용성 물질)은 핵으로 들어가서 핵에 존재하는 핵수용체(nuclear receptor)와 결합한 후 DNA에 결합하여 유전자 발현을 조절한다.

1) 세포의 수용체들

세포에는 세포 외부에서부터 전해진 신호(단백질, 이온, 빛 등)를 감지하는 수용체(receptor)가 있으며 수용체는 이 신호를 세포 내부로 전달하게 되는데, 그 결과로 세포 내 단백질의 활성 변화, 그리고 유전자 발현에 의한 단백질 생산 및 세포활성의 변화를 들 수 있다.

수용체의 일종으로 세포막에 존재하는 막단백질 수용체가 있으며 여기에 리간드가 붙으면 수용체 및 수용체와 결합되어 있는 단백질들이 활성화되면서 세포 내로 신호전달이 진행된다. 신호전달은 주로 인산화와 탈인산화를 매개로 진행되며 궁극적으로는 전사인자(transcription factor)가 핵 내로 들어가 DNA에 결합함으로써 유전자 발현을 조절한다.

2) 신호전달과 유전자

세포막 수용체에 리간드가 결합되면 수용체를 중심으로 수용체 분자들이 뭉치게 된다. 이렇게 되면 세포질 부분에서는 수용체와 결합하고 있는 여러 단백질들이 한자리에 모이게 되고 이들이 단백질인산화효소(protein kinase)들에 의해 인산화를 서로 주고받게 되면서 활성화된다. 활성화된 수용체는 수용체에 결합된 단백질들을 활성화시키고 이 단백질들은 또 자신들의 기질을 활성화시키면서 신호의 증폭이 마치 폭포수가 쏟아지듯이 쏟아져 내려가며 진행된다(signal cascade). 이 신호는 대부분의 경우 궁극적으로 전사인자를 인산화하여 핵 내에서 DNA에 결합하게 하고 유전자 발현이 일어나도록 한다. 신호전달 과정에서 활성화된 단백질들은 세포 내의 다른 단백질들과 연결되어 세포의 활성이나 효소의 활성을 변화시킨다. 그중에 메칠화(methylation)를 일으키는 효소가 존재할 수도 있고, 메칠화가 일어나면 염색체 구조의 변화가 일어나서 결과적으로 유전자 발현에 변화가 생기게 된다. 따라서 변화된 외부환경은 세포에 있어서는 유전자 발현의 변화를 의미한다. 환경의 요소로는 영양, 온도, 스트레스 등 다양한 것들이 있다.

3) 단백질과 대사체(metabolite)들의 조성(profile) 변화

세포의 유전자 발현 변화는 세포 내의 단백질 조성의 변화를 의미하고 그중 효소활성 변화는 곧 대사(metabolism)의 변화를 의미한다. 이 변화된 단백질체와 대사체를 분석하기 위해서는 질량분석기와 핵자기공영분석기(NMR) 등을 사용한다.

인간게놈프로젝트(Human Genome Project, HGP)의 완성으로 사람 유전체의 DNA 염기서열 정보를 가지게 되었기 때문에 이를 이용해 컴퓨터로 단백질을 번역해 내는 것은 간단한 일이 되었고, 이렇게 얻어진 단백질 정보를 가지고 단백질체를 동정할 수 있게 되었다. 질량분석기와 물질을 분리하는 기술의 발달은 우리 몸에서 만들어지는 대사체들을 상세히 분석할 수 있도록 해 주었다. 영양 조건이 다른 세포나 조직에서 만들어지는 단백질체와 대사체는 충분히 분석할 가치가 있으며, 이를 통해 식품이 유전자 발현에 미치는 영향을 분석할 수 있고, 이 자료를 바탕으로 맞춤형 식단을 제공할 수 있는 길이 열리고 있다. 이를 위해 영양유전체학(nutrigenomics) 연구는 영양소와 유전자 발현과의 상관관계를 분석하고 개인마다 다른 유전자 바탕에 적합한 영양을 제공하고자 하는 것이다.

1.6 식품의 섭취에 따른 유전자 발현의 변화

식품과 유전자 : 당신이 먹는 음식이 유전자 발현에 영향을 미칠 수 있을까?

"Let food be thy medicine and medicine be thy food." – Hippocrates, 400BC

맛있게 보이는 길거리의 떡볶이가 내 몸의 세포 안에서 유전자 발현이 일어나게 또는 멈추게 할 수 있을까?

한 연구는 다가불포화지방산(polyunsaturated fatty acids, PUFAs)이 간세포 내 지방형성효소의 mRNA 양을 감소시킨다고 보고하고 있다. 지방형성효소는 지방 합성에 관여하기 때문에 이 mRNA의 감소는 지방에 의한 지방대사 유전자 발현 조절의 한 예라고 할 수 있다.

1) 영양유전체학과 유전자 발현 : 우리에게 어떤 일을 할까?

영양섭취와 유전자 발현 조절이 만나는 지점을 연구하는 학문을 이름하여 영양유전체학(nutrigenomics)이라고 부른다. 영양유전체학은 영양과 건강의 상관관계를 이해하기 위해 사람의 영양에 유전체학, 전사체학, 단백질체학, 대사체학 등의 과학 분야를 접목시킨 학문이다.

이 학문에서는 섭취하는 열량의 조절과 전체 영양소 수준의 조절 및 식품 내의 특정 구성물질이나 영양소와 유전물질의 상호작용, 또는 유전자 발현의 조절이 어떻게 일어나는가에 대해 연구한다. 예를 들어, 여러 질병으로부터 기인하는 염증현상에서 영양요소들이 이 현상을 저해하기 위해 어떻게 유전자 발현을 변화시키는지를 연구하는 것이다. 영양유전체 연구는 개인의 유전형에 적합한 영양공급을 설계할 수도 있어서 개인이 어떤 질병을 회피할 수 있게 돕기도 하고 병을 치료하거나 완화시킬 수 있는 처치를 할 수 있도록 해 준다. 우리가 먹는 식품을 통해 우리 몸의 유전자들 중 어떤 유전자를 선반에서 꺼내어 읽어야 할지가 결정되는 것이다.

2) 영양소는 정보를 담은 분자

생명체가 주변에서 섭취 가능한 영양소에 맞춰 적절하게 적응할 수 있다는 것은 영양소가 단순히 대사에만 작용하는 화학물질인 것만이 아니라 세포에 신호전달을 유도하고 정보를 제공하는 역할을 감당하고 있다는 것을 말한다.

영양소에 의한 신호전달이 세포 내에서 이루어지기 위해서는 세포에 영양소를 감지하는 수용체가 존재하고 이 수용체에 의해 신호가 세포 내로 전달되어야 한다. 세포 내의 수용체 단백질에 의한 신호전달은 세포질과 핵에서 일어날 수 있는데 단백질의 활성 변화와 핵 내에서는 유전자의 발현조절이 일어난다. 이때 영양소에 의해 활성변화가 일어나기 위해서 중요한 요소는 특이성(specificity)이다.

〈표 1-2〉 핵 수용체(nuclear receptors)와 결합하는 리간드

Ligands	Nuclear receptors
Hormone Activating Ligands	
testosterone	AR
progesterone	PR
17β-estradiol	ER
25-hydroxycholesterol	SF1
Vitamin Activating Ligands	
dihydrovitamin D3	VDR
all-trans retinoic acid	RAR
9-cis retinoic acid	RXR
Metabolite Activating Ligands	
leukotriene B4	PPARα
15-deoxy-12,14-prostaglandin J2	PPARγ
22(R)-hydroxycholesterol	LXR
palmitoyl-CoA	HNF-4

3) 영양소는 유전자 발현에 영향을 미친다

잘 알려진 신호전달 분자들 중에는 에스트로겐(estrogen)이나 테스토스테론(testosterone)과 같은 성호르몬이 있다. 세포 내의 핵수용체(nuclear receptor)에 이 호르몬들이 결합해서 호르몬-핵수용체가 DNA의 특정 부위를 인식할 수 있게 되면 호르몬이 존재하지 않을 때는 발현되지 않던 유전자의 발현을 일으킨다. 이와 같이 몸에서는 호르몬에 의한 다양한 변화가 일어나게 되는데 위의 호르몬들에 의해서는 사춘기나 월경과 같은 생리적 변화가 온다. 다른 영양소도 유사한 작용을 통해 몸에 영향을 주게 된다. 비타민 A와 D, 그리고 지방산 중 일부는 핵수용체에 결합하여 유전자 발현에 영향을 미친다(표 1-2). 이들 영양소의 수용체들은 세포로 하여금 영양소 환경을 감지하게 하고 유전자 발현을 변화시킴으로써 적절한 대응을 하도록 만든다.

4) 암(Cancer), 후성유전학(Epigenetics), 그리고 영양유전체학(Nutrigenomics) : 어떻게 식품이 발암 유전자들에 영향을 미칠까?

암이 발병되는 이유 중의 하나는 비정상 유전자에 의한 것이다. 암을 일으키는 유전자를 발암유전자(oncogene)라 부르고 암의 발생을 억제하는 유전자를 발암억제유전자(tumor suppressor)라 부른다. 암은 정상 유전자가 정상적으로 작동하지 않을 때 생성된다.

암세포는 높은 수준의 DNA 메칠화(methylation)가 되어 있다고 알려져 있다. 높은 수준의 메칠화는 발암억제유전자의 발현을 막게 된다.

후성유전학(Epigenetics)은 유전자의 염기서열 변화 없이 유전자의 기능이 변화되는 것을 연구하는 학문분야인데, 후성유전학은 연구 결과 메칠화 가속 식품과 메칠화 억제 식품이 있다고 결론을 내렸다. 메칠화 가속 식품에 속하는 것은 붉은 고기, 가공된 고기, 구운 고기, 동물성 기름, 유제품, 부분적으로 수소화된 기름 등이고, 메칠화 억제 식품에 속하는 것은 생선, 과일, 채소, 견과류, 오메가-3 지방산, 미가공 곡류 등이다.

후성유전은 몇몇 요인들에 의해 영향을 받는다. 히스톤 단백질(Histone)에는 DNA가 감겨서 정돈되는데 이 단백질에 변화가 생기면 정돈된 DNA에 영향을 미쳐 유전자 발현에 변화가 생긴다. 히스톤에 변화를 일으키는 요인들은 어떤 형태로든 사람의 건강에 영향을 미치게 되어 암, 자가면역반응, 당뇨 등과 같은 질병을 유발할 수도 있다.

후성유전 연구에서 주로 연구된 것으로는 녹차, 브로콜리와 같은 십자화과 식물, 포도 등이 있는데, 이들 식물에는 항산화제인 폴리페놀(polyphenol)이 많이 들어 있어서 DNA의 메칠화를 저하시키거나 히스톤의 구조를 변화시켜 발암억제유전자 발현을 증가시키면서 암을 억제하는 것으로 알려져 있다.

부록 : 꼭 알아야 할 분자생물학적 상식들

인간 게놈 프로젝트(Human Genome Project, HGP)

2003년에 마무리된 이 사업은 13년에 걸쳐 미국의 에너지성(Department of Energy, DOE)과 국립보건원(National Institutes of Health, NIH)이 주축이 되고 영국의 유수 제약회사인 Wellcome Trust(U.K.) 와 일본, 프랑스, 독일, 중국 등 여러 나라가 참여하여 이루어 낸 대역사였다.

- **HGP를 통해 발견한 내용들**

① 사람에게는 약 20,500개의 유전자가 있으며 이는 생쥐 유전자의 개수와 비슷한

숫자이다.

② 유전체 전체 염기서열의 약 1.1%~1.4%가 단백질을 만드는 데 이용된다.

③ 사람 유전체는 거의 동일한 염기서열의 조각들이 다른 포유류 동물보다 훨씬 높은 반복된 구조를 하고 있다.

④ 전체 유전체 중 약 7% 미만의 단백질을 만드는 유전자가 포유류 특이적임이 알려졌다.

⑤ 인간게놈프로젝트(Human Genome Project)는 사람의 유전체 DNA 서열을 밝히는 사업이었지만 이 프로젝트를 통해 사람이 아닌 다른 생물체(대장균, 초파리, 생쥐 등)의 염기서열도 밝혀졌다.

그러나 아직도 유전자들이 어떻게 각 조직과 세포에서 조절되면서 발현이 되는지, 단백질을 만들지 않는 나머지 98% 이상의 DNA 염기서열들의 기능은 무엇인지, 각 개인간의 염기서열 차이들이 어떻게 조합되어 질병, 지적능력, 운동능력, 신체조건 등 다양한 변화를 나타내는지를 밝히는 작업들이 전 세계 여러 연구실에서 지금도 활발하게 진행 중이다.

• 유전체 염기서열 정보의 이용

의약과 생명공학에 새로운 장을 열고 있다.

유전체 염기서열 정보를 이용하면 암, 치매, 유전성질환 등 각종 질병에 대한 조기 진단과 의약적 처방에 대한 의견을 쉽게 얻을 수 있고, 특정 인종에게 빈번하게 발생하는 질병을 치료할 수 있는 길이 열린다. 인간게놈프로젝트는 미국 내에서만 수십 억 달러 규모의 생명공학산업과 새로운 의약산업을 촉발하는 역할을 하였다.

생명과학 분야에서는 암 발생에 대한 자세한 기작을 밝힐 수 있고, 특정 암환자의 경우 암과 관계된 유전자를 밝혀낼 수 있게 된다.

과거에는 유전자 염기서열을 얻기 위해 긴 시간 노력했으나 이제는 컴퓨터상에서 World Wide Web을 이용하여 유전자의 염기서열, 해당 유전자가 만드는 단백질의 기능 및 3차원 구조, 관심 있는 단백질과 결합하여 기능을 나타내는 다른 단백질, 다른 생물체에 존재하는 유사한 단백질 및 유전자, 그리고 유전자의 발현 방법 및 발현되는 조직 등을 상세하게 알 수 있다.

더 나아가 분자생물학적 접근을 통해 개별적 맞춤 의학적 치료방법을 제공하여 환자의 치료율과 완치율을 향상시키고 개인에게 맞지 않는 약물이나 치료법에 의한 부작용을 줄일 수 있게 된다.

중합효소 연쇄반응(Polymerase chain reaction, PCR)

PCR은 DNA의 염기서열 중 원하는 부분을 선택적으로 복제 증폭시키는 기술이다. 이 기술을 이용하면 매우 복잡하고 지극히 미량인 DNA 용액에서 연구자가 원하는 특정 DNA 염기서열 단편만을 선택적으로 증폭시킬 수 있다. 또한 2~3시간 안에 원하는 DNA 서열을 증폭할 수 있고 실험과정이 단순하며 자동화된 기계로 증폭할 수 있기 때문에 PCR과 여기서 파생한 여러 가지 기술은 분자생물학, 의료, 범죄 수사, 생물의 분류, 생명공학 등을 포함하는 현대 생물학에서 지극히 중요한 역할을 담당하고 있다.

• PCR의 원리

일반적으로 PCR은 20~40 cycle의 온도를 높였다 낮추는, 반복되는 연속 반응으로 이루어진다. 각 cycle은 보통 3가지 온도 단계로 구성된다. 95°C를 유지하면서 DNA의 이중나선을 풀어 주는 변성(Denaturation) 단계, 50~65°C 사이를 유지하면서 변성된 DNA 가닥과 프라이머(primer)가 결합하는 단계(Annealing), 72°C에서 중합효소가 프라이머로부터 DNA를 합성하는 단계(Extension)가 차례로 연결되면서 반응이 진행된다.

반응을 위해서 주형(template)으로 사용되는 DNA, 내열성 중합효소(예 : Taq polymerase), 1쌍의 프라이머, DNA 합성에 필요한 dNTPs, 그리고 효소가 필요로 하는 2가 양이온들을 한 튜브에 넣고 자동으로 온도조절과 시간 조절이 되는 기계에서 반응을 진행시켜 원하는 DNA 염기서열을 증폭하게 된다.

Denaturation-Annealing-Extension/Elongation 단계를 20~40cycle 반복하여 DNA를 증폭한다.

• PCR의 응용

PCR의 응용은 무궁무진하다.

• 현재까지 왕성하게 PCR이 응용되고 있는 분야

① DNA 클로닝 및 DNA 염기서열분석

② 유전자의 기능적 분석과 연관관계 분석

③ 유전자 지문(법의학과 친자확인)

④ 감염성 질병의 확인(예 : 바이러스, 세균 등)

⑤ 분자생물학 연구에서 유전변이 생성, 유전자 융합 등에 활용

• 식품에 PCR 기술을 응용할 수 있는 예

① 식품의 안전성 확인 : 미생물(세균, 바이러스: 유전자 변이 미생물 – 항생제 내성, 독성물질 생성, 미생물 생태 교란 미생물, 질병 유발 미생물(예 : *B. thuringiensis*)의 식품 내 혼입 및 증식 여부 확인 – 미생물을 증식시켜 확인하기 위해서는 적어도 72시간 정도의 시간이 필요한데 PCR을 이용하면 3~4시간 안에 확인이 가능하여 식품제조 공정 및 유통의 안전성 확보에 큰 도움이 된다.

② 생화학 테러 : 최근 이슈되고 있는 bio-terror에 대한 식품의 안전성 확보

③ 방사선 조사식품에 대한 확인(방사선 조사가 일어나면 식품 재료로 사용한 식물 및 동물 재료의 DNA가 절단되어 방사선이 조사되지 않은 재료에 비해 원활한 DNA의 증폭이 잘 이루어지지 않는다)

④ 식품재료의 원산지 확인 및 유전자 조작식품 여부 확인

⑤ 발효식품의 경우 발효과정 중 변화하는 미생물들의 균총 변화를 확인

유전자조작 식품[Genetically Modified(GM) Foods]

• 유전자 조작 생명체(GMO)

우리가 섭취하는 수입 콩의 70% 이상이 유전자가 조작되어 있다. GMO는 가공되어 가축의 사료로 대부분 사용되지만 그것을 먹은 가축들은 식품으로 우리의 식탁에 오르는데 이 경우 GMO label이 붙지 않는다.

동물실험의 결과 GMO를 급여한 동물들에서 부정적인 영향이 나타났으며 사람도 같은 영향을 받을 수 있다고 주장하기도 한다. 그러나 이러한 주장을 정당화하기 위해서는 좀 더 객관적인 장기간의 실험을 통한 결과를 필요로 한다. 프랑스의 The French High Council of Biotechnologies Scientific Committee는 2009년 Vendômois 등의 연구보고서를 심의한 결과 'GMO가 신체의 혈액, 간, 눈 등에 아무런 영향을 미친다고 볼 수 없다'고 결론을 내렸다. 또한 2007년과 2009년 European

Food Safety Authority에서 연구한 바에 의하면 GMO에 의한 대부분의 결과들은 생물학적으로 유의성이 없다는 결론을 내릴 수 있다고 한다.

• GMO 생산을 위한 유전자 조작

유전자 조작 식물을 만드는 방법은, 예로 *Bacillus thuringiensis*의 독소 생성 유전자 또는 다른 유전자를 대장균에 유전자 조작 방법으로 삽입하여 유전자를 증폭하는 것을 들 수 있다. 삽입된 유전자를 식물에 전달해 주기 위해 이 유전자를 유전자 조작 방법에 의해 자르고 분리해서 식물에서 유전자 발현이 가능한 식물 바이러스나 뿌리혹박테리아 벡터에 삽입하고, 이 DNA를 식물세포에 주입하면 해당 유전자가 식물세포 내에서 발현되면서 온전한 개체로 분화한 식물이 외부에서 도입된 유전자의 단백질을 발현하게 된다.

• GMO 생산 예

Bacillus thuringiensis(또는 Bt)는 그람양성균으로 토양에서 서식하는데 일반적으로 농약으로도 사용할 수 있는 독성물질을 만든다. 포자를 생성하는 동안 이 균들은 δ-endotoxins을 만드는데 이 단백질이 곤충을 죽인다. Bt-toxin을 발현하는 땅콩 잎은 보통의 땅콩 잎보다 해충에 의한 해를 덜 입는다.

Glyphosate[N-(phosphonomethyl) glycine]은 광범위성 제초제이며 다년생 잡초를 제거하는 데 효과가 있다. 미국 몬산토에서 생산하여 특허를 낸 이 제품은 미국에서 가장 널리 사용되는 제초제이다.

Glyphosate은 방향족 특정 아미노산의 합성에 관여하는 효소를 저해하기 때문에 왕성하게 자라는 식물만을 죽이게 된다. 이 농약을 분해하는 효소 유전자가 삽입된 식물은 이 농약에 의한 저해를 받지 않게 된다.

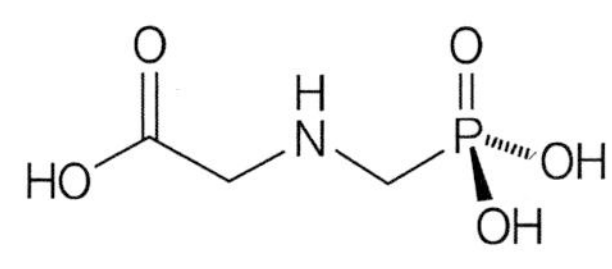

Glyphosate (N-(phosphonomethyl) glycine)

• **유전자 조작 식품(GM Food)**

GM foods는 genetically modified organisms(GMO)으로 만든 식품들을 말한다. GMO는 유전자 조작에 의해 특정 유전자를 삽입한 개체를 말한다. 이 유전자 조작 기술은 품종개량을 위해 사용하는 방사선 조사나 화학약품 처리에 의한 돌연변이 유발 방법과 같은 기존 방법들보다 훨씬 특이적이고 효율이 높기 때문에 점점 널리 사용되고 있다.

GM foods는 1990년 초부터 시장에 선을 보이기 시작했다. 널리 생산되고 있는 GM foods는 주로 형질전환 식물들로 만들어졌다. 예를 들면, 콩, 옥수수, 카놀라, 목화 등에서 추출한 기름들이 있다. 동물의 경우 2010년까지 아직 상용화 된 것은 없으나 오메가-3 지방산을 생산하는 돼지, 식물의 인산염을 흡수하여 분뇨의 인 함량을 60% 줄일 수 있는 돼지 등을 예로 들 수 있다. 또한 식품재료로 사용되는 식물뿐 아니라 유전자 변형된 미생물들은 식품에 사용되는 효소의 생산에 많이 이용되고 있다. 박테리아에서 만드는 아밀라제(alpha-amylase)는 전분을 당으로 만드는데 사용되고, 박테리아와 곰팡이에서 만드는 카이모신(chymosin)은 치즈 생산에 사용되며, 곰팡이에서 만드는 펙틴 에스터라제(pectin esterase)는 과일 주스의 투명도를 높이는 데 사용된다.

통계적으로 2009년 전 세계의 유전자 변형 작물의 95% 이상을 생산하는 나라들은 미국(46%), 브라질(16%), 아르헨티나(15%), 인디아(6%), 캐나다(6%), 중국(3%), 파라과이(2%) 그리고 남아프리카공화국(2%)이다. 미국의 경우 가공식품의 75%에 GM 성분이 들어 있다고 추정된다.

〈표 1-3〉 2010년 현재 주요작물의 GMO 생산 현황

Food	유전자 조작된 작물의 성질	변형	미국 내 변형된 비율	세계적으로 변형된 비율
콩	제초제인 glyphosate 또는 glufosinate 내성	박테리아 유래 제초제 내성 유전자	93%	77%
옥수수	제초제인 glyphosate 또는 glufosinate 내성 Bt 단백질에 의한 곤충 내성	*Bacillus thuringiensis*의 독성 단백질 유전자	86%	26%
쌀	Vitamin A(beta-carotene) 합성유전자 'Golden rice'	수선화와 박테리아 유전자 삽입	2012년에 시판될 예정	

2. 식품과 영양

인간이 생존하기 위해서는 보통 식품으로부터 필요한 영양소를 얻어야 한다. 지금까지 알려진 필수영양소는 탄수화물, 단백질, 지방, 비타민, 무기질, 물 등 6종류이다. 탄수화물, 지방, 단백질은 인체 내에서 대사과정을 거쳐 에너지를 발생하므로 3대 열량소라고도 한다. 이 가운데 단백질은 에너지를 발생할 뿐 아니라 우리 몸을 구성하는 주요성분이기도 하고, 생명체의 구성단위인 세포에서 일어나는 다양한 화학반응을 조절하는 호르몬, 효소, 신호전달물질을 만드는 원료가 되기도 한다. 비타민과 무기질은 주로 효소단백질과 협력하여 세포 내 각종 화학반응을 촉매하는 역할을 담당한다.

2.1 쌀은 대표적인 탄수화물식품

우리가 거의 매일 섭취하는 쌀의 주성분은 탄수화물의 일종인 전분(starch)이며, 그 외에도 약 8~10%의 단백질, 1~2%의 지방으로 이루어져 있다. 특히, 현미에는 비타민 B_1 등 미량영양소가 풍부하게 함유되어 있다. 전분은 순수다당체(homo polysaccharide)로서 우리 몸의 소화관에서 분해되고 포도당으로 전환되어 혈액으로 흡수된다. 탄수화물에 속하는 화합물로는 전분 이외에도 식물체의 골격을 이루는 셀룰로스(cellulose), 동물의 간, 근육 등에 존재하는 글리코겐, 돼지감자의 성분인 이눌린, 갑각류의 외피를 구성하고 있는 키틴(chitin) 등 다당류가 있고, 단당류가 2개 결합된 이당류(disaccharides)로 설탕(자당, sucrose), 유당(젖당, lactose), 맥아당(maltose) 등이 있다. 단당류(monosaccharides)로는 포도당 이외에도 과당(fructose), 갈락토스(galactose), 만노스(mannose) 등이 있다. 그 외에도 콩, 팥 등에 존재하는 단당류가 3개 이상 결합된 소당류(oligosaccharides)로 raffinose, stachyose, verbascose 등이 알려져 있다.

포도당은 우리가 활동하는 데 필요한 에너지를 공급하는 주요 에너지 공급원이 된다. 특히, 뇌와 같은 신경조직이나 태아는 포도당을 주 에너지원으로 사용하므로 포도당이 우리 몸에 불충분할 때 저혈당 증세가 나타나고, 뇌기능 저하에 따른 기억 상실, 쇼크 등이 나타날 수 있다. 한국인의 에너지 섭취 패턴을 보면 탄수화물, 지방, 단백질로부터 각각 65%, 20%, 15%를 충당하는 것으로 알려져 있다. 서구인들보다 탄수화물 섭취 비중이 높고, 지방 섭취 비중이 낮은 것이 특징이다. 탄수화물과 단백질이 그램당 4kcal의 열량을 발생하는 반면, 지방은 9kcal의 열량을 생성할 수 있으므로 비만 예방 측면에서 보면 한국인의 식사 패턴이 바람직하다고 할 수 있다. 미국의 경우 지방섭취 에너지를 30% 수준까지 줄이기 위해 국가차원의 노력을 하고 있다. 일반적으로 식물성 식품은 탄수화물 함량이 높고 지방이 낮은 반면 동물성 식품은 탄수화물의 비중이 낮고 단백질과 지방함량이 높은 것이 특징이다. 지금까지 발표된 많은 연구들은 식물성 식품의 섭취가 건강 측면에서 유리하다는 것을 보여 주고 있다.

이는 식물성 식품의 영양소 구성의 특성에 기인하는 것도 있지만, 일반적으로 알려진 영양소 외에도 만성질환을 예방하고 건강 유지에 도움을 주는 소위 '식물유래 생리활성 성분(phytochemicals)'이 식물에 함유되어 있기 때문이다. 예를 들면, 현미의 겉 부분에는 섬유소가 많이 함유되어 있는데 이 성분은 배변활동을 증진하고 장 내 미생물의 균총에 유리한 방향으로 영향을 미쳐 변비, 대장암, 고지혈증, 고콜레스테롤혈증과 이에 따른 동맥경화, 심장병 등과 같은 만성질환을 예방하는 효과를 나타낸다. 이와 비슷한 작용을 하는 성분 가운데 베타 글루칸(beta-glucan)이라는 성분으로 일종의 수용성 탄수화물로서 우리 몸에서 소화는 안 되지만 장 내균종을 개선하고 혈중 콜레스테롤을 낮추는 효과가 탁월한 것이 있다. 이는 귀리, 보리 등에 고농도로 존재하는 것이 알려져 있다. 심장병이 주요 사망원인인 미국 등지에서는 이를 이용한 식품들이 많이 개발되어 시판되고 있다(그림 1-6).

〈그림 1-6〉 베타 글루칸이 함유된 귀리 또는 보리로 만든 대표적인 가공식품

설탕, 포도당과 같은 단순당은 혈당을 급격하게 높여 당뇨환자에게 악영향을 미칠 수 있고 충치를 유발할 가능성이 높으나 전분 등과 같은 포도당의 다당체는 혈당을 서서히 높여 주고 충치 유발 가능성이 낮다. 따라서 가능한 한 단순당의 섭취를 제한하고, 복합 당류의 섭취를

높이는 것이 바람직하다. 특히 쌀밥이 빵보다 혈당을 높이는 지수인 혈당지수(glycemic index)가 낮아 당뇨환자에게 유리한 것으로 알려져 있다.

한편 동일 열량을 가진 식품 가운데서도 포만감을 유도하는 능력이 높은 식품이 있는데, 호주의 홀트박사 그룹이 38개의 식품에 대하여 소위 '포만감 지수(satiety index)'를 조사한 결과, 찐 감자가 가장 높은 것으로 나타났으며 팥과 같은 두류가 다음으로 높은 포만감 지수를 보였고 일반 흰 우유, 오렌지 등 과일과 채소류 등도 포만감이 비교적 높은 식품으로 나타났다. 이러한 정보를 응용하여 비만을 예방하거나 치료하는 것이 가능할 것으로 예상된다.

2.2 콩은 단백질과 지방의 공급원

1) 단백질

쌀이 한국인의 주요 탄수화물 공급원이라면 콩 및 두부와 같은 콩가공제품은 단백질과 지방의 주요 급원이라 할 수 있다. 건조한 상태의 콩에는 단백질이 약 40%, 지방 20%, 탄수화물이 35%, 회분 5%가 함유되어 있다. 우리 몸이 원활하게 작동하기 위해서는 반드시 필요한 영양소가 있는데, 가장 대표적인 것이 단백질이며 이것을 이루는 성분은 아미노산이다. 우리 몸은 수분 60%, 단백질 15~20%, 지방 15~35%, 기타 5%로 이뤄진 유기체인데, 특히 단백질이 우리 몸에서 차지하는 중요성은 매우 높다. 우리 몸을 이루는 근육, 골격, 세포막, 각종 효소, 상당수의 호르몬과 신경전달 물질, 혈액, 면역계 구성요소가 단백질이다. 인간 게놈 프로젝트가 완성되면서 유전자의 개수가 20,000~30,000개로 추정되고 있으며, 따라서 유전자가 발현되어 나타내는 산물인 단백질의 종류도 그 이상이 될 것으로 추정하고 있다. 단백질을 이루는 구성단위는 아미노산(amino acid)인데, 자연계에는 20종이 있는 것으로 알려져 있다. 이 가운데 약 12종은 우리 몸에서 생합성이 되지만 8종은 합성이 충분하게 되지 않거나 아예 합성이 되지 않으므로 반드시 식품의 섭취나 그 밖의 방법을 통해 외부로부터 공급되어야 한다(그림 1-7).

우리 몸에서 필요로 하는 아미노산의 양과 비교하여 가장 그 비율이 맞는 아미노산을 함유하는 식품을 양질의 단백질 급원이라고 할 수 있는데, 콩은 이러한 양질의 식품 가운데 하나이다. 그러나 콩을 비롯한 두류(legumes)에는 메치오닌 아미노산의 비율이 우리 몸에서

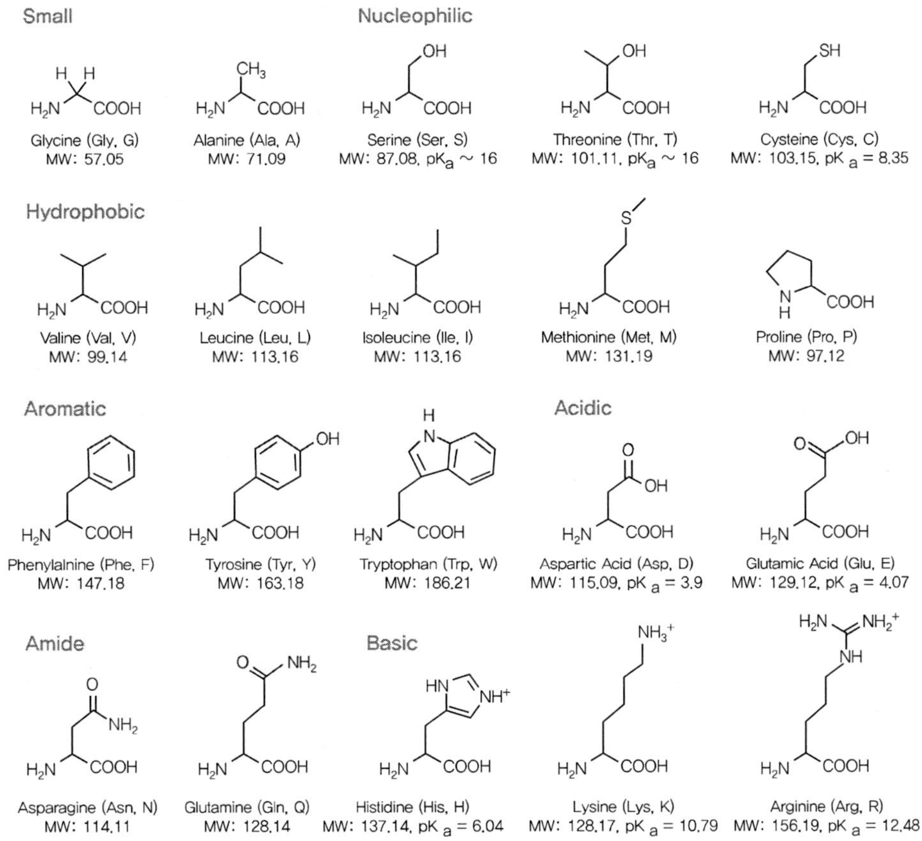

〈그림 1-7〉 아미노산의 종류 및 구조

필요로 하는 양보다 낮아 완전하지는 못하다. 반면 달걀, 육류, 생선, 우유 등은 아미노산 조성이 우리 몸이 필요로 하는 것과 유사하여 양질의 단백질 공급원으로 여긴다.

아미노산은 단백질을 구성하는 역할 외에도 도파민(dopamine), 아드레날린(에피네프린, adrenaline), 세로토닌(serotonin) 등과 같은 신경 전달 물질을 만드는 전구 물질로도 이용된다. 그 밖에 멜라닌 색소, 비타민의 일종인 나이아신(niacin)의 전구체, 생체 내 항산화 성분인 글루타치온(glutathione)과 지방 운반체인 카르니틴(carnitine), 콜린(choline) 등의 전구 물질로서도 중요하다.

2) 지방

콩에는 약 20%의 지방이 함유되어 있다. 대부분은 중성지방(triacylglycerol)으로 존재하며,

일부 인지질(phospholipid)도 존재한다. 중성지방은 글리세롤(glycerol) 골격에 지방산 3개가 에스테르 결합을 하고 있는 구조인데, 소화과정에서 췌장의 lipase 작용을 받아 모노글리세라이드(monoacylglycerol)와 2개의 유리지방산(free fatty acids)으로 분해되어 우리 몸 안으로 흡수된다. 지방산은 탄화수소 골격을 기본으로 한쪽 끝에 카르복실기(carboxyl group)를 가지고 있는데, 지방산 골격 내에 이중결합이 있는 경우 불포화지방산(unsaturated fatty acid)이라 하고, 이중결합이 없는 경우 포화지방산(saturated fatty acid)이라 한다. 일반적으로 식물성 중성지방에는 불포화지방산의 비율이 높으며(인지방, 당지방도 동일), 이 때문에 상온에서 액체 상태로 존재한다. 반면 대부분의 동물성지방은 포화지방산의 비율이 높아 상온에서 고체로 존재한다. 라드(lard)나 텔로우(tallow)는 각각 돼지고기, 쇠고기에서 유래된 지방으로 상온에서 고체상이다. 우유지방이나 코코넛 기름은 단쇄 포화지방산이 많이 존재하는 것이 특징이다. 이들은 포화지방의 비율이 높으면서도 지방산의 사슬길이가 짧아 상온에서 액상이다.

지방은 에너지 밀도가 높은 영양소이며 식품의 풍미, 맛, 조직감 등에 영향을 미치므로 식품학적으로도 중요한 성분이다.

중성지방이 사람이나 동물 체내에서 에너지 저장고나 절연체 또는 외부 물리적 충격으로부터 몸을 보호하는 완충작용을 하는 역할을 수행하는 반면, 인지질은 세포막을 이루는 주요성분이며 세포 내 신호전달물질로서 중요한 역할을 담당하고 있다. 세포막은 단백질과 지질(주로 인지질, 콜레스테롤)이 각각 1:1의 비율로 이루어져 있다. 세포막은 지질 이중층(lipid bilayer)을 이루면서 세포를 외부와 구분 짓는 경계 역할을 하고, 외부와 끊임없이 교신하기 위하여 다양한 종류의 신호를 받는 수많은 종류의 단백질 수용체를 포함하고 있다. 예를 들어, 외부에서 바이러스가 우리 몸에 들어오게 되면 세포막의 인지질이 분해되어 아라키돈산을 유리하게 된다. 이것이 효소작용을 받아 프로스타글란딘(prostaglandins)이라고 하는 신경전달물질로 전환되며 이 성분은 혈관수축, 통증, 분만 시 자궁수축 등의 작용을 발휘하게 된다. 해열 진통제로 잘 알려진 아스피린은 아라키돈산을 프로스타글란딘으로 전환하는 효소인 cyclooxygenase(COX)를 저해함으로써 효과를 발휘한다.

한편 생선에 존재하는 고도 불포화지방산 가운데 DHA(docosahexanoic acid)와 EPA(eic-osapentanoic acid)가 있는데, 이들은 뇌에서 다량 발견되어 유아의 뇌 발달에 도움을 줄 수 있을 것으로 추정되고 있으며 동맥경화와 심장병을 예방하는 효과가 있는 것으로 알려져 있다.

콜레스테롤은 지방의 한 종류로 다른 지방들과는 구조나 기능면에서 매우 다른 특징을 가지고 있다. 콜레스테롤은 식품을 통하여 우리 몸으로 들어오거나 간에서 합성되어 세포의 구성 성분, 담즙, 성호르몬, 비타민 D의 전구체로 이용되는 필수 성분이다. 식물성식품에는 전혀 존재하지 않으며 동물성식품, 특히, 육류와 달걀, 오징어, 게 등 해양 갑각류 등의 식품에 높은 농도로 함유되어 있다. 육류 섭취가 많은 현대인들은 콜레스테롤 섭취가 많아져 고콜레스테롤혈증과 이에 동반되는 동맥경화, 심장병, 뇌졸중 등의 위험에 노출되어 있으므로 가능한 한 콜레스테롤이 낮은 식품을 선택하는 것이 바람직하다.

2.3 뼈를 튼튼하게 하는 우유와 유제품

우리나라는 낙농국은 아니지만 젖소를 2008년 말 기준으로 45만 마리 정도 사육하고 있다. 대표적인 낙농국의 하나인 덴마크가 60만 마리의 젖소를 사육하고 있는 것에 비교하면 꽤 많은 젖소를 사육하고 있다고 볼 수 있다. 우리나라는 국민 1인당 연간 70kg 정도의 우유와 유제품을 소비하고 있고, 미국인의 경우 200kg 정도 섭취한다고 한다. 우유의 영양성분을 보면 단백질 3.2%, 지질 3.2%, 칼슘 105mg 등이 있다(표 1-4).

〈표 1-4〉 우유의 영양성분 구성 비율

	흰 우 유	고칼슘우유	딸기우유
열량(kcal)	60	53	58
단백질(g)	3.2	3.1	2.1
지질(g)	3.2	1.3	1.3
칼슘(mg)	105	118	49
철(mg)	0.1	1.0	0.3
비타민 A(RE)	28	26	20
비타민 B_2(mg)	0.14	0.11	0.06

이렇듯 우유에는 다른 식품에 비하여 칼슘이 많이 들어 있는데, 우유만으로 성인 1일 칼슘 섭취 권장량인 700~1300mg을 충족시키기 위해서는 하루에 약 1리터의 우유를 마셔야 한다. 그러나 우리가 섭취하는 많은 식품에 칼슘이 어느 정도 함유되어 있으므로, 실제로 부족한

양을 보충하기 위해서 필요한 우유 섭취량은 0.5리터 이내가 된다. 그런데 우리나라 국민영양 조사 결과를 보면 칼슘 섭취 수준이 매우 낮은 것으로 나타났다. 뼈의 발달이 왕성한 청소년기에 칼슘 섭취가 부족할 경우 골밀도가 낮아져서 노년기에 골다공증이 나타날 가능성이 높아진다.

우유에는 비타민 B_2 함량도 비교적 높은데, 비타민 B_2는 인체 내 에너지 대사, 독성물질의 해독 등에 밀접하게 관여한다. 따라서 B_2가 부족할 경우 여러 가지 결핍증상이 나타난다. 대표적인 것이 입이나 혀에 염증이 생기는 증상이다.

2.4 채소류와 과일

최근 들어 서구인들은 한국인, 일본인 등 동양의 식생활 패턴에 선망의 눈빛을 아끼지 않는다. 미국의 대도시에 가보면 누구나 느끼게 되는 것이 비만인구 비율이 정말 높다는 것이다. 칼로리가 높은 고지방 육류 위주의 식사, 햄버거와 피자로 대표되는 패스트푸드의 섭취가 미국을 비롯한 서구인의 비만을 가져왔고, 이로 인하여 만성질환의 증가와 노동생산성의 감소, 의료비의 증가 등 이루 헤아리기 어려울 정도의 사회적 문제가 되었다.

미국에서는 이를 억제하기 위하여 채소류나 과일류의 섭취를 적극 권장하고 나섰는데, 채소류의 섭취가 증가하면 포만감을 유도하여 자연히 고칼로리식품의 섭취가 줄어들 것이고 이로 인하여 비만의 문제가 어느 정도 해소될 것이라는 계산이다.

채소류나 과일류에는 난소화성 섬유질의 비율이 높아 열량 밀도가 낮을 뿐 아니라, 다양한 종류의 비타민과 생리활성 성분이 함유되어 있다. 예를 들면, 당근과 호박에는 비타민 A의 전구체인 카로티노이드가 다량 함유되어 있고, 시금치에는 엽산, 베타카로틴(beta-carotene), 비타민 C 등이 고농도로 존재한다. 채소류에는 비타민 C, 판토텐산, 비타민 K 등이 일반적으로 다량 함유되어 있다(표 1-5).

우리 몸은 비타민을 합성하는 능력이 매우 약하므로(비타민 K는 예외적으로 성인에서 장 내세균에 의하여 충분량 합성됨) 식품을 통하여 공급받아야 하는데 그렇지 못할 경우 결핍증이 나타난다. 예를 들어, 곡류의 외부 겨층에 존재하는 비타민 B_1이 결핍되는 경우 기력이 없어지는 각기병(beri beri)이 나타나며, 우유에 존재하는 비타민 B_2가 부족할 경우 입 주위에 염증이 발병하게 된다. 비타민 B_6가 부족할 경우 신경성 질환, 빈혈 등이 나타날 가능성이 크고, 나이아신이 부족할 경우에는 피부염이 나타난다. 오렌지, 고추, 딸기 등에 풍부한 비타민 C가 부족할 경우 입이나 장에서 괴혈병이 나타난다. 오렌지와 시금치에는 엽산이 풍부하게 함유되어 있다. 엽산은 핵산의 구성성분인 염기(타이민, 아데닌, 구아닌)와 메치오닌 아미노산을 합성하는 데 필수적인 조효소로 작용한다. 엽산이 부족할 경우 거대적아구성 빈혈(megaloblastic anemia)이 발병한다. 가임기의 여성에게 엽산의 추가 공급은 이분척추골(spina bifida)이라고 하는 일종의 태아기형을 예방한다.

채소와 과일에는 비타민이나 무기질과 같은 필수영양소뿐 아니라 다양한 생리활성 물질들이 존재하여 만성질환을 예방하고 질병의 증상을 완화하는 효과가 있다. 예를 들어, 녹차의 카테킨 화합물(catechins), 베리의 안토시안 화합물, 양파의 쿼시틴(quercitin), 토마토의 라이코펜(lycopene), 브로콜리의 설포라판(sulforaphane), 마늘의 유기황화합물 등은 항산화 및 동맥경화 예방, 항암효과 등을 가진 것으로 보고되어 있다(표 1-6). 식물체에 함유되어 있는 다양한 건강기능성 성분을 보통 파이토케미컬(phytochemicals)이라고 일컫는데, 그 종류는 수천 종에 달한다. 이들을 분자구조에 따라 카로테노이드(carotenoids), 페놀화합물, 알카로이드, 질소함유물, 유기황 화합물등 5종류로 대별할 수 있다(그림 1-8). 오늘날 약물로 사용하는 상당수가 식물체로부터 유래되었다는 것은 잘 알려진 사실이다. 해열진통제로 잘 알려진 아스피린 전구물질은 버드나무과 식물에서 분리하였으며, 항암제 택솔(taxol)은 주목나무(pacific yew tree)에서 분리되었다. 아직 임상시험단계에 머물러 있는 phytochemicals 가운데 강황에서 분리한 curcumin, 토마토에 함유된 lycopene, 호두의 항비만 및 지질대사 개선 효능 등이 있다.

〈표 1-5〉 비타민의 종류, 기능 및 결핍증

지용성 비타민				
비타민	기 능	결핍증상	급원식품	영양권장량(성인)
비타민 A	시력, 세포분화, 면역	야맹증, 성장둔화, 실명	동물, 생선의 간, 녹황색 채소	700 ㎍ RE
비타민 D	세포 내 칼슘농도 유지	구루병, 골연화증	어유, 햇빛 노출	5~10 ㎍
비타민 E	항산화	용혈성 빈혈, 감각뉴런 퇴화	식물성 유지, 견과류	10mg
비타민 K	혈액응고	출혈	푸른 채소, 장 내 미생물	–

수용성 비타민				
비타민	기 능	결핍증상	급원식품	영양권장량(성인)
비타민 B_1	에너지 대사	각기병	돼지고기, 전곡, 견과류	1~1.3mg
비타민 B_2	에너지 대사, 산화환원대사	입주변 염증	우유, 버섯, 시금치, 간	1.2~1.5mg
나이아신	에너지대사, 지방산 분해 및 합성	펠라그라 (피부염, 설사)	육류, 전곡	13~17mg
판토텐산	에너지대사, 지방산 합성	피곤, 허약, 소화기관 장애	식품 중 다량분포	–
비오틴	탈탄산효소의 조효소	결막염, 신경계 손상	식품 중 다량분포	–
비타민 B_6	아미노산대사, 헴합성	치매, 빈혈, 우울증	동물성식품, 시금치, 바나나	1.4mg
엽산	염기합성, 메치오닌 합성	거대적아구성 빈혈, 기형	시금치, 오렌지, 동물의 간	250 ㎍
비타민 B_{12}	염기합성, 메치오닌 합성	거대적아구성 빈혈, 신경손상	동물성식품	–
비타민 C	콜라겐 합성, 항산화	괴혈병	감귤류, 딸기, 푸른색 채소	70mg
콜린	인지질, 아세틸콜린 합성	없음	자연계에 널리 분포	–

〈표 1-6〉 식물성 기능 성분의 종류

식물성 기능성분	건 강 기 능	분 포
Carotenoids	비타민 A의 전구체, 항산화, 항암	녹황색 채소
Lutein	눈의 망막 보호(항산화효과)	녹황색 채소 (시금치, 케일)
Anthocyanins	항산화	베리, 포도
Sulforaphane	암 예방, 해독효소 증강	블로콜리
Diallyl disulfide	암 예방	마늘
Quercitin	항산화, 암 예방	양파
EGCG (epigallocatechin gallate)	항산화, 항암	녹차
Plant sterol	콜레스테롤 저하	콩
Curcumin	항암, 암 예방	울금(강황)
Isoflavones	암 예방(유방암, 전립선암), 골다공증 예방	콩

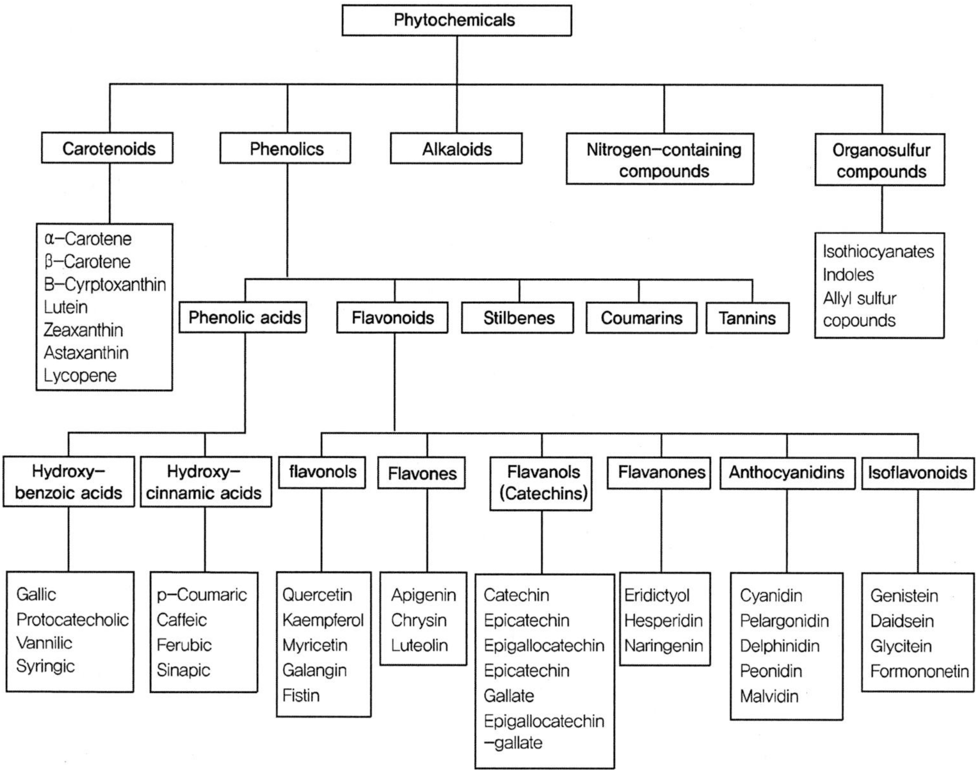

〈그림 1-8〉 파이토케이컬(phytochemicals)의 분류

3. 식품과 지방

식품에서의 지방의 역할은 아무리 강조해도 지나치지 않을 정도로 중요하다. 지방은 물에 용해되지 않는 물질을 총칭하여 이르기 때문에 식품 중 지방의 종류도 중성지질 극성지질 콜레스테롤 등 매우 다양하다.

지방은 탄수화물 및 단백질과 더불어 3대영양소의 하나이나 그램당 에너지는 2배 이상으로 가장 고에너지 영양소이다. 아울러 지방은 식품의 풍미와 섭취 시 포만감을 제공하고 필수지방산이나 지용성비타민의 급원으로서의 역할도 빼놓을 수 없다.

특히 지방은 공기 중에서 쉽게 산화되어 각종 산화물의 생성으로 식품의 풍미를 손상시킬 수 있을 뿐만 아니라 건강에 유해하게 작용할 수 있기 때문에 저장 시 산화방지에 주의를 기울여야 한다.

비수용성 물질지방은 60% 이상이 물로 구성되어 있는 우리 몸에서 섭취 후 세포 내에서 분해될 때까지 각종 운반체에 의존하여 이동하고 있으며, 섭취지방의 종류와 양에 따라 세포대사나 건강에 큰 영향을 줄 수 있기 때문에 식품에 함유된 지방의 종류를 파악하고 식품을 선택하는 것이 바람직하다. 따라서 언론을 통한 건강관련 전문가들의 의견이나 식품광고도 대부분 섭취지방이나 지방대사에 관한 것임을 알 수 있다.

3.1 지방의 정의

지방은 대부분 수소와 탄소로 구성되어 있으며 단백질이나 탄수화물과는 달리 물리적 특성에 의하여 정의된다. 즉, 생물체에서 물에는 잘 용해되지 않으며 ether, chloroform, benzene와 같은 비극성 유기용매에 용해되는 물질을 총칭한다.

상대적으로 2중결합의 수가 적은 지방산으로 구성된 동물성지방은 상온에서 고체를 형성하며 이를 고체지방(fat)이라고 부르고, 상대적으로 2중결합의 수가 많은 지방산으로 구성된 식물성지방은 상온에서 액체를 유지하며 이를 액체지방(oil)이라고 한다. 고체지방이나 액체지방을 막론하고 중성지방(triacylglycrols, TG)을 흔히 지방이라고 부르기도 한다.

Triglyceride

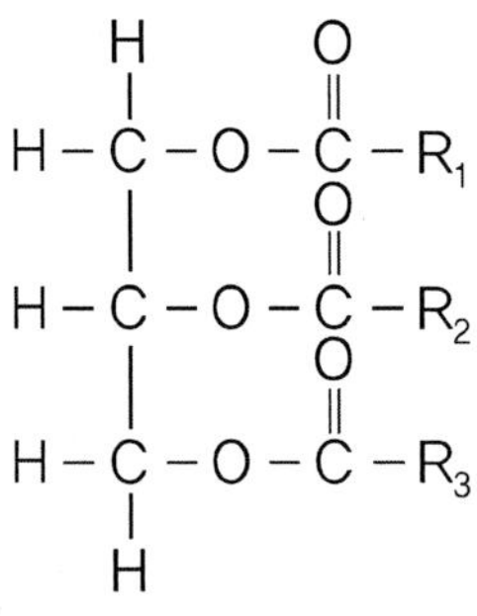

3.2 지방의 분류

1) 단순지방

(1) 지방산

가. 지방산의 종류

탄소 수가 2~7개인 단쇄지방산(short chain), 탄소 수가 8~12개인 중쇄지방산(medium chain), 탄소 수가 13개 이상인 장쇄지방산(long chain)으로 구분되며, 단쇄지방산 중 탄소 수가 6개 이하인 것을 휘발성지방산이라 한다. 동식물에서 생합성되는 지방산은 주로 짝수 탄소를 가지며, 홀수 탄소를 가진 지방산은 주로 어류나 미생물에 의해서 합성되고, 가지 달린 지방산(branched hydrocarbon chain)은 주로 미생물에 의해서 합성된다.

나. 지방산의 명명

지방산의 명칭은 IUPAC(international union of pure and applied chemists)에서 정한 체계적인 화학 명칭과 일반명(common name)을 혼용하고 있다(표 1-7).

ㄱ. 화학 명명법(IUPAC name)

- 지방산의 탄소 수에 따른 명명

  2중결합이 없는 경우에는 탄화수소의 마지막 'e'를 'oic'로 대체하여 명명한다.

- 지방산의 2중결합의 수에 따른 명명

  2중결합이 1개 존재하는 경우에는 단일불포화지방산(monounsaturated fatty acid)이라고 총칭하며, 2중결합을 2개 이상 가진 지방산은 다가불포화지방산(polyunsaturated fatty acids)이라고 총칭한다. 그러나 각 지방산에 따라 2중결합이 1개인 경우에는 탄화수소의 마지막 'e'를 'enoic'으로, 2중결합이 2개인 경우에는 탄화수소의 마지막 'e'를 'dienoic'으로, 2중결합이 3개인 경우에는 탄화수소의 마지막 'e'를 'trienoic' 등으로 명명한다.

ㄴ. 일반 명명법(common name)

오래전부터 전해 온 속칭으로서 주요 지방산들은 흔히 일반명을 사용하고 있다.

ㄷ. 지방산의 이중결합의 위치에 따른 명명법

지방산에 존재하는 2중결합의 위치에 따라 지방산족(fatty acid family)을 구분하기 위하여 'n-'(혹은 'ω')를 사용하여 지방산 탄화수소의 이중결합의 위치를 표시한다. 2중 결합의 위치에 따라 n-3(ω3), n-5(ω5), n-6(ω6), n-7(ω7), n-9(ω9), n-12(ω12) 등이 존재한다(그림 1-9).

ㄹ. 지방산의 기하이성체에 따른 명명법

지방산의 2중결합을 중심으로 수소의 결합위치에 따라 '*cis*'와 '*trans*'로 구분되며, '*cis*'는 생체에서 합성되고 '*trans*'는 주로 식품의 불포화지방산이 산소와 반응하여 생성된다. '*trans*'는 '*cis*'에 비해서 융점이 높고 필수지방산의 기능을 가지지 못하며 섭취 시 혈중 콜레스테롤을 증가시킨다.

〈표 1-7〉 지방산의 명명

Common Name	Systemtic Name	Structural Formula
Saturated Acids		
Butyric	n-Butanoic	$CH_3(CH_2)_2COOH$
Isovaleric	3-Methyl-n-Butanoic	$(CH_3)_2CHCH_2COOH$
Caproic	n-Hexanoic	$CH_3(CH_2)_4COOH$
Capylic	n-Octanoic	$CH_3(CH_2)_6COOH$
Capric	n-Decanoic	$CH_3(CH_2)_8COOH$
Lauric	n-Dodecanoic	$CH_3(CH_2)_{10}COOH$
Myristic	n-Tetradecanoic	$CH_3(CH_2)_{12}COOH$
Palmitic	n-Hexadecanoic	$CH_3(CH_2)_{14}COOH$
Stearic	n-Octadecanoic	$CH_3(CH_2)_{16}COOH$
Arachidic	n-Eicosanoic	$CH_3(CH_2)_{18}COOH$
Behenic	n-Docosanoic	$CH_3(CH_2)_{20}COOH$
Lignoceric	n-Tetracosanoic	$CH_3(CH_2)_{22}COOH$
Unsaturated Acids		
Palmitoleic	Hexadec-9-enoic	$CH(CH_2)_5CH{:}CH(CH_2)_7COOH$
Oleic	Octadec-9enoic	$CH_3(CH_2)_7CH{:}CH(CH_2)_7COOH$
Linoleic	Octadeca-9,12-dienoic	$CH_3(CH_2)_4CH{:}CHCH_2CH{:}CH(CH_2)_7COOH$
Linolenic	Octadeca-9,12,15-trienoic	$CH_3CH_2CH{:}CHCH_2CH{:}CHCH_2CH{:}CH(CH_2)_7COOH$
Arachidonic	Eicosa-5,8,11,14-tetraenoic	$CH_3(CH_2)_4CH{:}CHCH_2CH{:}CHCH_2CH{:}CHCH_2CH{:}CH(CH_2)_8COOH$

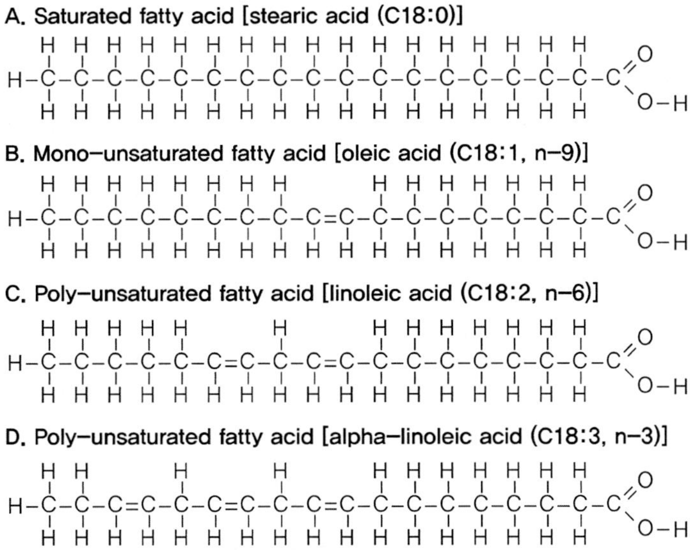

〈그림 1-9〉 지방산에 존재하는 2중 결합의 위치에 따른 지방산족

(2) 중성지방

Glycerol에 1개의 지방산이 ester결합을 한 monoacylglycerol(MG), 2개의 지방산이 ester결합을 한 diacylglycerol(DG), 3개의 지방산이 ester결합을 한 triacylglycerol(TG)로 구분된다. 생물체 내에 존재하는 축적지방의 대부분은 TG로 존재하기 때문에 TG는 흔히 지방이라고 불린다.

(3) Waxes

Sterol이 지방산과 ester결합을 하고 있는 구조이며 콜레스테롤, ergosterol 등이 존재한다.

2) 복합지방

인지질(인을 함유하는 지방으로서 레시틴 세파린 등), 당지방(당을 포함하는 지방), 기타 복합지방(황함유지방, 아미노함유지방, 지단백질), 비검화물(aliphatic alcohols, sterols, hydr-ocarbon), 지용성 비타민(비타민 A, D, E, K) 등이 존재한다.

3) 유도지방

지방의 가수분해 시 생성되는 물질인 글리세롤, 스테로이드, 지방 알데히드, 케톤체 등이 있다.

3.3 지방의 물리적 성질

1) 지방의 형태와 결정구조(Polymorphism and crystal structure)

(1) 지방산

지방산의 탄화수소(R-)의 길이가 짧을수록, 이중결합 수가 많을수록 융점이 낮아진다. 지방산은 서로 강력한 수소결합을 하는 2합체(dimer)로 존재하기 때문에 유사한 분자량을 가진 알코올보다 융점이 높다(그림 1-10).

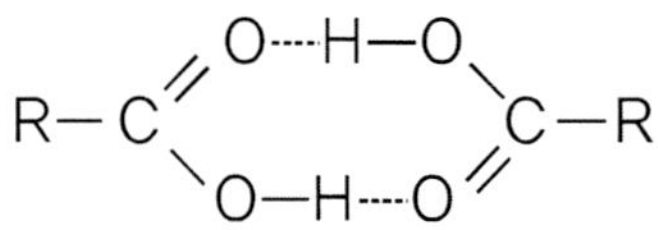

〈그림 1-10〉 지방산 2합체(dimer)의 구조

포화지방산은 탄화수소의 수가 많아질수록 비극성 성질이 증가되므로 물에 대한 용해도는 감소하며, 탄화수소의 수가 적어질수록 극성 성질이 증가되므로 물에 대한 용해도는 증가한다(그림 1-11). 그러나 불포화지방산의 융점은 불포화도(2중결합의 수), 입체구조, 2중결합의 위치 등에 따라 달라진다. 지방산은 각 지방산의 융점의 차이에 따른 물리적 특성에 의하여 지방산 종류별로 추출이나 고순도의 정제가 가능하기 때문에 식품산업체에서는 각 지방산의 융점의 차이를 이용하여 다양한 제품을 생산하고 있다.

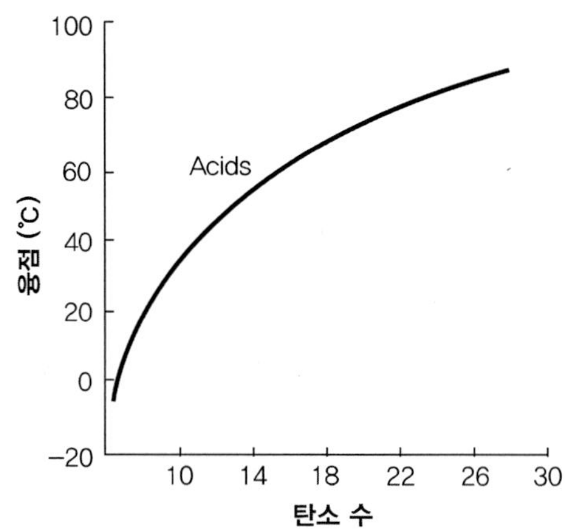

〈그림 1-11〉 지방산의 융점

(2) 중성지방

결정 형태에 따라 alpha, beta, beta prime로 구분되며 특성은 〈표 1-8〉과 같다.

〈표 1-8〉 지방 결정체의 특성

m.p.		short spacing(s) (nm)	Infrared absorption (cm-1)	Hydrocarbon chain	subcell
α	lowest	0.4	720	perpendicular	hexahonal
β'	intermediate	0.42-0.43 and 0.37-0.40	727 719	tileted	orthorhombic
β	highest	0.46 and 0.36-0.39	717	tileted	triclinic

2) 분광학적 특성(spectroscopic properties)

지방산의 구조를 측정하기 위하여 특정 목적에 따라 UV spectroscopy, IR spectroscopy, NMR spectroscopy, mass spectrometry 등을 이용하여 2중결합의 수, 위치, 구조 등을 파악한다.

3.4 지방의 화학적 특성

생체 내 지방의 대부분은 글리세롤에 지방산이 결합된 중성지방이나 극성지방으로 구성되어 있다. 중성지질은 글리세롤에 지방산이 3개 결합된 TG가 대부분을 차지하고 있으며, 일부는 세포막의 주성분인 인지질 당지질 등의 극성지방 형태로 존재한다.

지방산은 입체적으로 다음과 같은 구조를 가지며,

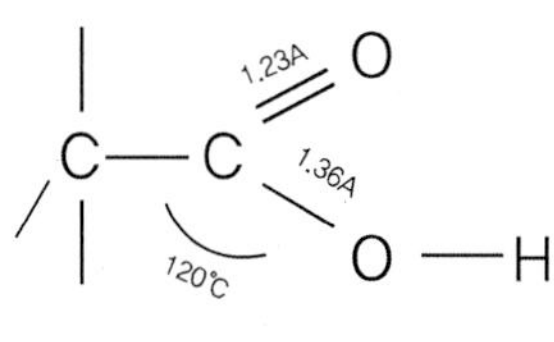

수용액 중에서 산과 카복실 음이온과 하이드로늄 양이온 사이에 평형을 이루고 있다. 산해리상수(Ka)는 이온의 농도를 산농도로 나눈 값이다. 지방산은 보통 무기산보다 매우 약한 산이다.

$$R-COOH + H_2O \rightleftharpoons R-COO^- + H_3O^-$$

$$K\alpha = \frac{[R-COO^-][H_3O^-]}{[R-COOH]}$$

이러한 지방의 기본 단위인 지방산은 다양한 화학적 특성을 가지고 있다.

1) 지방산의 에스테르화 반응

지방산은 소량의 무기산 또는 Lewis 산에 의하여 산과 알코올은 에스테르와 물로 변화된다.

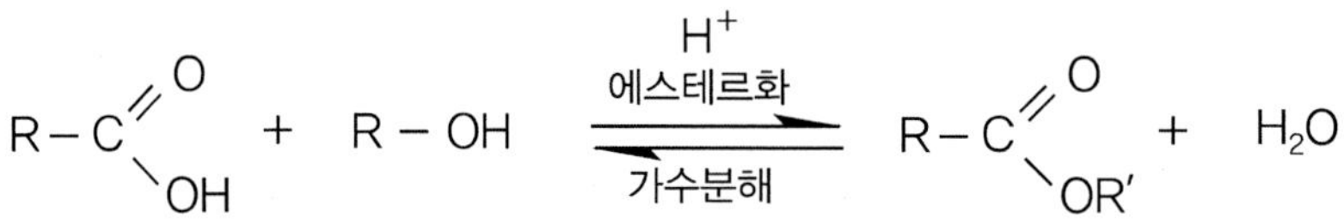

2) 알코올로의 환원

지방산은 무수에테르와 수소화리튬알루미늄에 의하여 1차알코올로 전환된다.

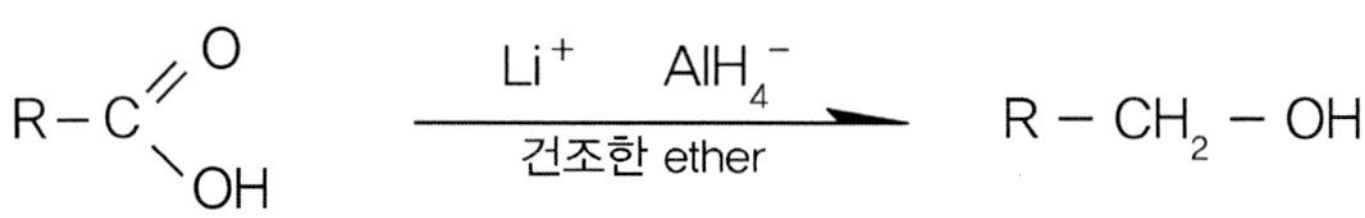

3) 산무수물로 전환

지방산인 초산은 5산화인에 의하여 분자간 무수물로 전환된다.

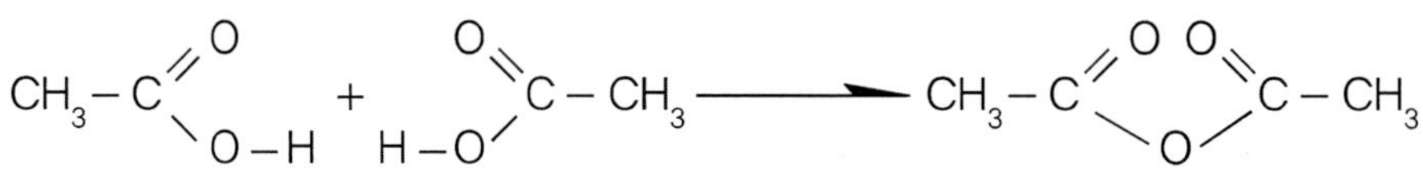

Acetic acid Acetic anhydride

4) 기타

기타 지방산의 카르복시이탈 반응, 할로겐 반응 등 다양한 화학적 반응이 일어날 수 있다.

3.5 지방의 기능

1) 지방의 생체 기능

생체 내에서 지방의 기능은 에너지의 효율적 저장(중성지질인 TG 형태), 외부 온도 변화에 대한 절연(지방축적조직), 체내 기관을 보호하기 위한 완충제, 세포막의 주성분(주로 인지질), 신경섬유 myelin의 주성분(복합지방) 등을 들 수가 있다.

2) 식품에서의 기능

고에너지 물질(9kcal/g 또는 38KJ/g), 필수지방산(linoleic, alpha-linolenic, arachidonic acids)의 급원, 지용성 비타민의 급원, 식품의 풍미 제공, 높은 포만감 제공(소화액의 분비를 지연) 등을 들 수가 있다.

3.6 지방의 섭취

1) 지방의 소화

식품으로 섭취하는 지방의 대부분(약 95% 이상)은 TG 형태이고, 위장에서는 기계적 혼합 작용에 의하여 지방의 유화(emulsion)가 이루어지며 거의 소화나 흡수가 되지 않는다.

2) 지방의 흡수

위에서 운반된 중성지방(주로 TG), 인지질, 콜레스테롤 등은 담낭에서 분비된 담즙에 의하여 적은 크기의 유화성 입자 micelle이 형성된다. Micelle에 함유된 TG는 취장에서 분비된 리파제에 의하여 2개의 지방산과 1개의 모노글리세라이드(MG)로 분해되며 인지질은 phosphalipase-A_2에 의하여 lysophospholipids와 지방산으로 분해된다.

$$\text{Triacylglycerol} + H_2O \xrightarrow[\text{lipase}]{} \text{2-monoacylglycerol} + 2 \text{ fatty acids}$$

$$\text{Phospholipids} + H_2O \xrightarrow[\text{phospholipase}]{} \text{lysophospholipids} + 1 \text{ fatty acid}$$

TG에서 분해된 2-MG과 2개의 지방산은 주로 작은창자의 중간 부위 공장의 상피세포로 흡수된다. 이렇게 흡수된 MG와 지방산은 상피세포의 소포체에서 TG로 재합성되며, lysophospholipids는 지방산과 결합하여 인지질로 재합성된다. 재합성된 TG와 인지질은 콜레스테롤과 함께 지방 운반체인 킬로미크론(chylomicron)을 형성한다(그림 1-12).

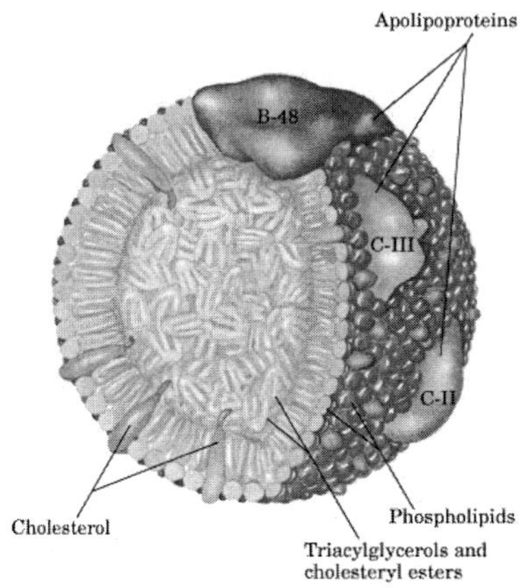

〈그림 1-12〉 Chylomicron의 구조

3) 지방의 운반

흡수된 지방을 각 기관으로 운반하는 운반체를 총칭하여 지단백질(lipoprotein)이라고 하고, 주로 중성지방, lysophospholipids, 콜레스테롤, 단백질로 구성되어 있다. 카일로미크론(chylomicrons)은 지방의 비율이 단백질에 비하여 가장 높은 지단백질이며 초저밀도지단백(VLDL), 저밀도지단백(LDL), 고밀도지단백(HDL) 순으로 지방에 비하여 단백질의 비율이 높아진다(표 1-9).

〈표 1-9〉 혈장 지단백질의 특성

Composition (wt%)						
Apoprotein	Density (g/mL)	Protein	Phospholipids	Free Cholesterol	Cholesteryl esters	Triacylglycerols
Chylomicrons	〈 1.006	2	9	1	3	85
VLDL	0.95~1.006	10	18	7	12	50
LDL	1.006~1.063	23	20	8	37	10
HDL	1.063~1.210	55	24	2	15	4

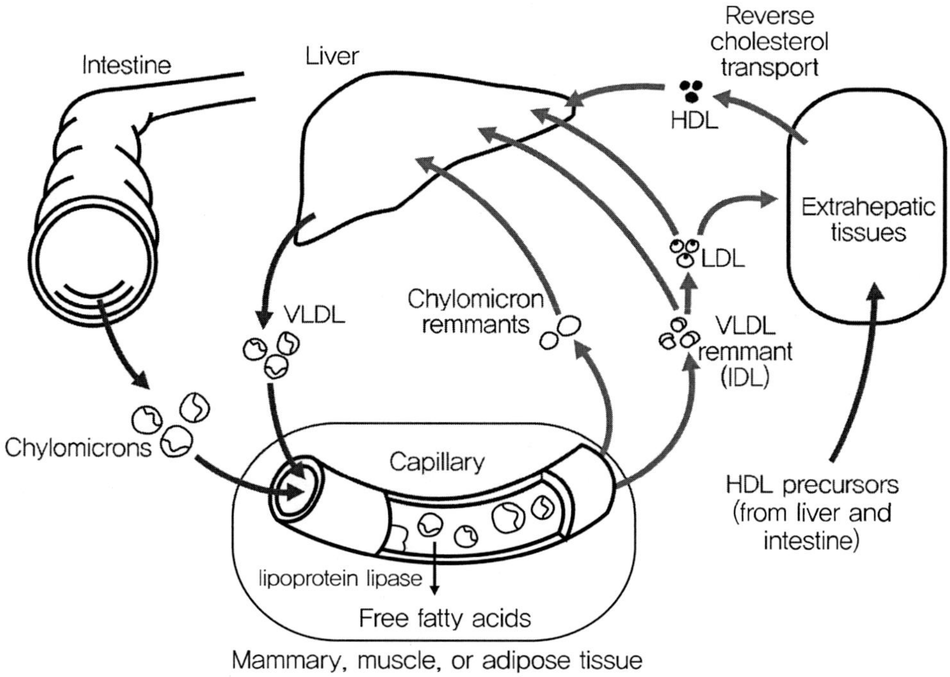

〈그림 1-13〉 지단백질에 의한 지방의 운반

상피세포에서 형성된 카일로미크론은 모세 림프관인 유미관을 통하여 림프관과 심장으로 연결된 대정맥을 통하여 간조직으로 운반된다.

VLDL은 주로 간 조직에서 형성되고 LDL은 VLDL로부터, HDL은 간 조직이나 작은창자의 상피조직에서 형성된다(그림 1-13).

HDL은 콜레스테롤을 간 조직으로 운반함으로써 콜레스테롤에 의한 혈관질환을 예방할 수 있기 때문에 HDL을 구성하는 콜레스테롤은 흔히 좋은 콜레스테롤이라고 불리며, LDL은 혈관에서 약 2일 이상 오래 머물면서 LDL에 존재하는 콜레스테롤이 혈전 등 혈관질환의 요인이 될 수 있기 때문에 LDL에 존재하는 콜레스테롤은 나쁜 콜레스테롤이라고 불린다.

4) 지방의 대사

지방을 비롯한 단백질 탄수화물 핵산 등은 대사적으로 복잡한 경로를 통하여 서로 맞물려 있기 때문에 대사의 경로가 각각 독립적으로 진행되는 것은 아니다(그림 1-14).

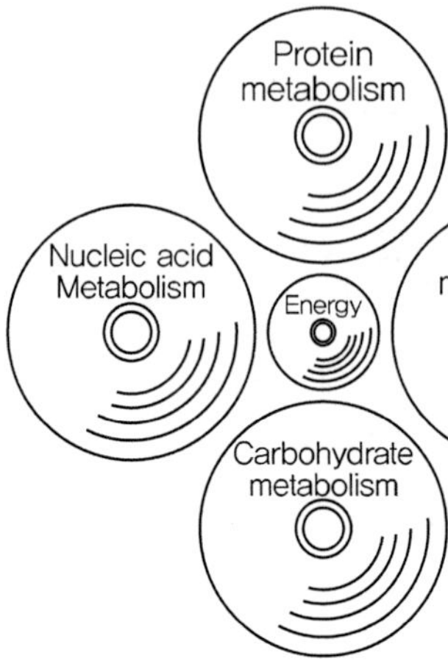

〈그림 1-14〉 지방 단백질 탄수화물 핵산의 상호 대사적 연결

지방산으로부터 생성된 초산(acetic acid)의 탄소는 TCA cycle을 거치면서 이산화탄소(CO_2)로 발산되기 때문에 지방산은 포도당으로 전환되지 않는다. 이러한 현상은 사람의 주영양소가 탄수화물(포도당)이라는 것을 의미하고 있다.

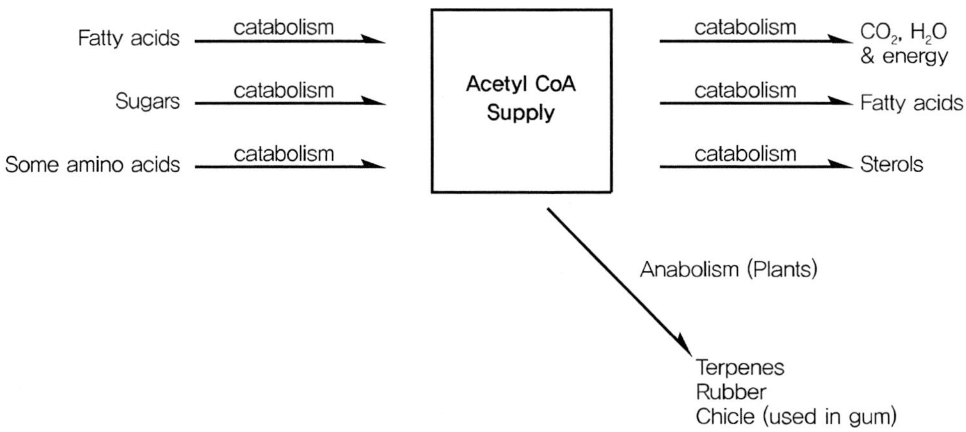

〈그림 1-15〉 지방, 단백질, 탄수화물의 대사적 통로

(1) 중성지질(TG)

가. 중성지질의 분해대사

지방조직에 존재하는 TG는 세포 내 호르몬 민감성 리파제(hormone sensitive lipase,

HSL)에 의하여 유리지방산과 글리세롤로 분해되어 혈관을 통해 각 조직으로 운반된다. 호르몬 인슐린은 리파제를 저해하며 글루카곤은 리파제를 자극한다(그림 1-16).

나. 중성지질의 합성대사

중성지방의 합성대사는 인지질의 합성대사와 마찬가지로 DG(diglyceride)를 전구체로 이용하고 있기 때문에 밀접한 관계가 있으며, 세포 내 소포체에서 주로 합성되며 바로 전단계 전구체인 DG의 acyl-결합(acylation)에 의하여 합성된다. DG는 글리세롤에서 glycerol-3-phosphate를 거쳐 합성되거나 MG로부터 합성된다(그림 1-17).

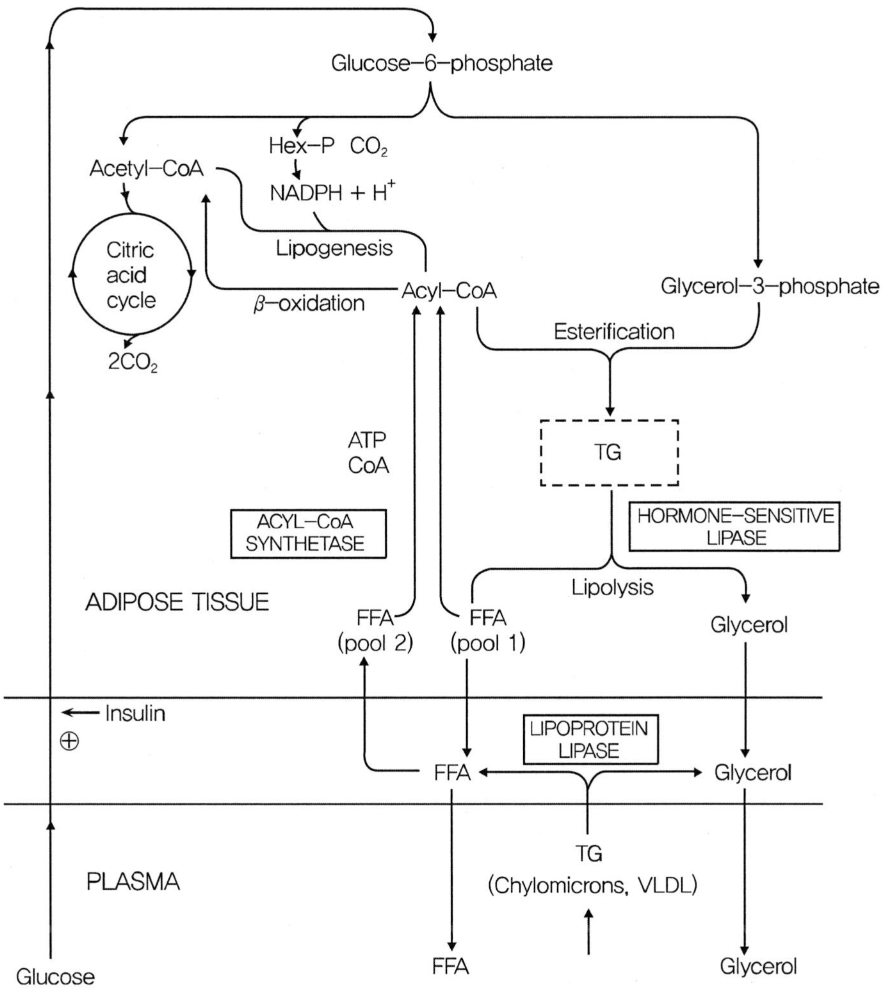

〈그림 1-16〉 지방조직에 존재하는 TG의 대사

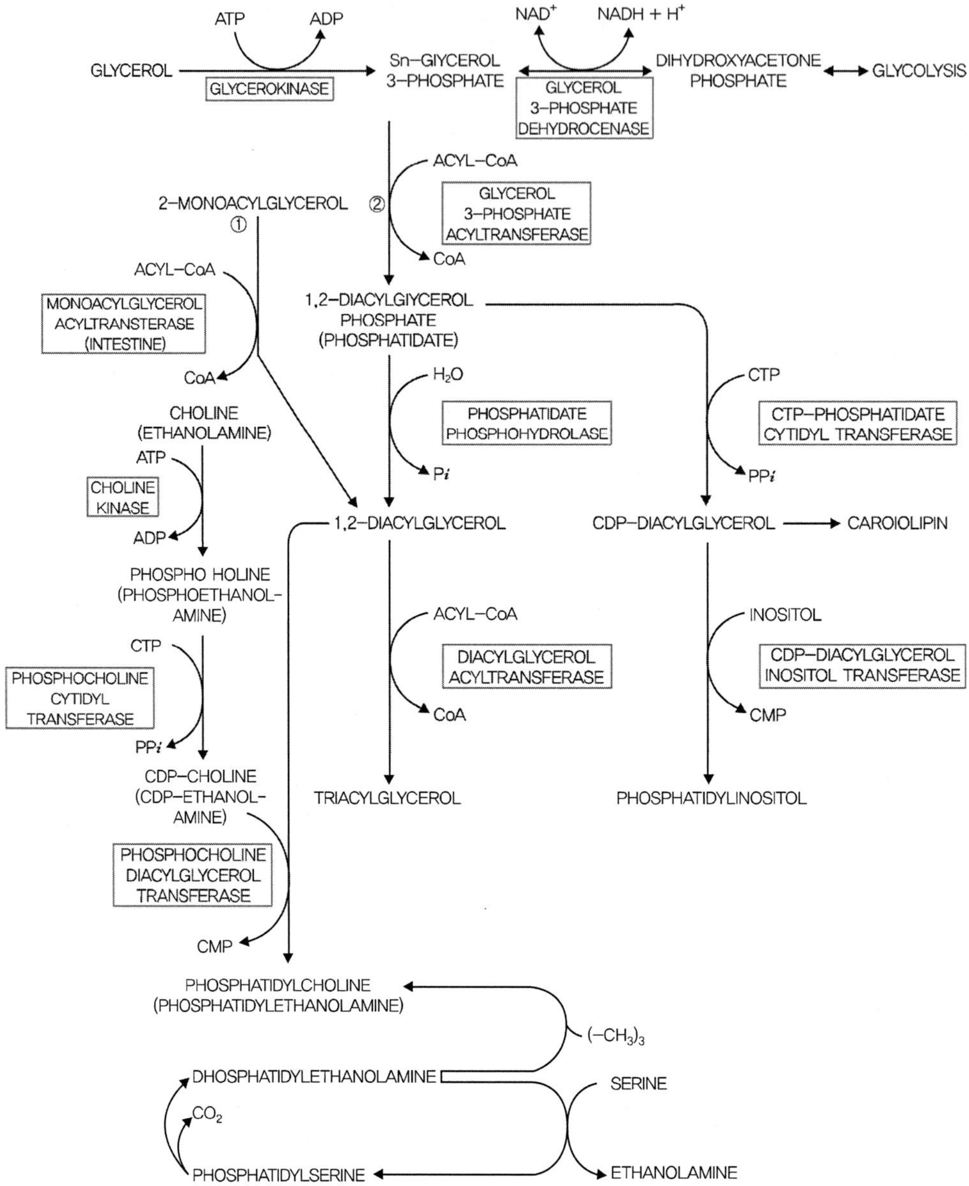

〈그림 1-17〉 Triacylglycerols와 phospholipids의 합성 대사

(2) 인지질

가. 인지질의 분해대사

인지질은 대부분 세포나 세포기관을 싸고 있는 세포막의 주성분이다. 인지질 분해효소로는 phospholipase A_1, A_2, C, D(그림 1-18)가 존재하며 세포의 라이소좀(lysosome)에 존재하는

인지질 분해효소에 의해서 분해되거나 세포막에 존재하는 phospholipase A_2에 의하여 인지질을 구성하는 글리세롤의 2번째 탄소에 결합된 지방산을 분리한다. 세포막에 존재하는 phos-pholipase A_2에 의하여 인지질에서 분리된 불포화지방산인 arachidonic acid(AA)와 eicos-apentaenoic acid(EPA)와, dihomo gamma-linolenic acid(DGLA)는 중요한 생리활성 물질인 eicosanoids의 전구체로 작용한다.

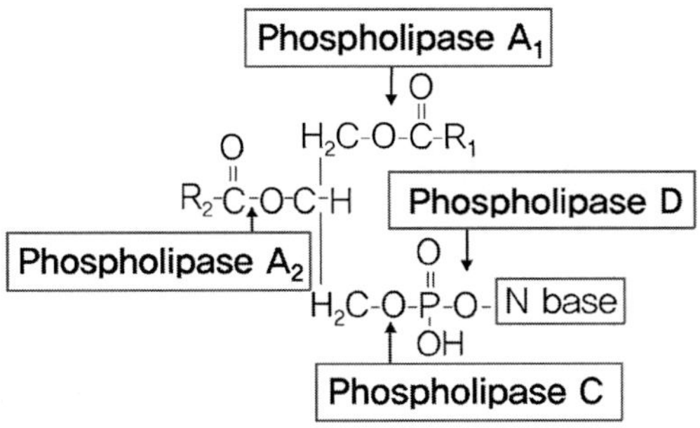

〈그림 1-18〉 Phospholipase에 의한 인지질의 분해 위치

나. 인지질의 합성대사

〈그림 1-18〉에서와 같이 인지질은 중성지방과 마찬가지로 주로 소포체에서 합성되고, 중성지방 합성 때와 같은 경로로 합성된 DG가 바로 전단계 전구체가 되며 이 DG가 CDP-choline이나 CDP-ethanolamine과 결합함으로써 주요 인지질인 phosphatidyl choline(PC)이나 phosphatidyl ethanolamine(PE)으로 합성된다.

(3) 지방산

가. 지방산의 분해대사

인체는 필요한 에너지를 식품 중 탄수화물로부터 충분히 섭취하지 못할 경우 지방조직의 중성지방으로부터 분해된 지방산의 분해대사를 통하여 얻어지는 ATP를 이용한다. 지방산은 세포 내 미토콘드리아나 퍼록시좀(peroxisome)에서 베타산화 경로에 의해 2개의 탄소로 구성된 초산으로 분해되어 운반체인 CoA와 결합하여 acetyl-CoA가 된다(그림 1-19). 포도당대사에서와 마찬가지로 acetyl-CoA는 TCA cycle과 전자전달계 과정을 거치면서 ATP를 생성한다. 대부분의 지방산은 베타산화 경로에 의해 에너지를 배출하며, 지방산의 분해대사는 지방산의 beta 위치에 존재하는 탄소가 산화되는 과정으로 특정될 수 있기 때문에 베타산화는 지방산 분해대사의 대명사로 불린다. 팔미트산(palmitic acid, C16 : 0)인 경우 7회에 걸친 베타산화 경로를 거치면서 8개의 초산(acetic acid)으로 분해되어 총 106개의 ATP를 생성한다.

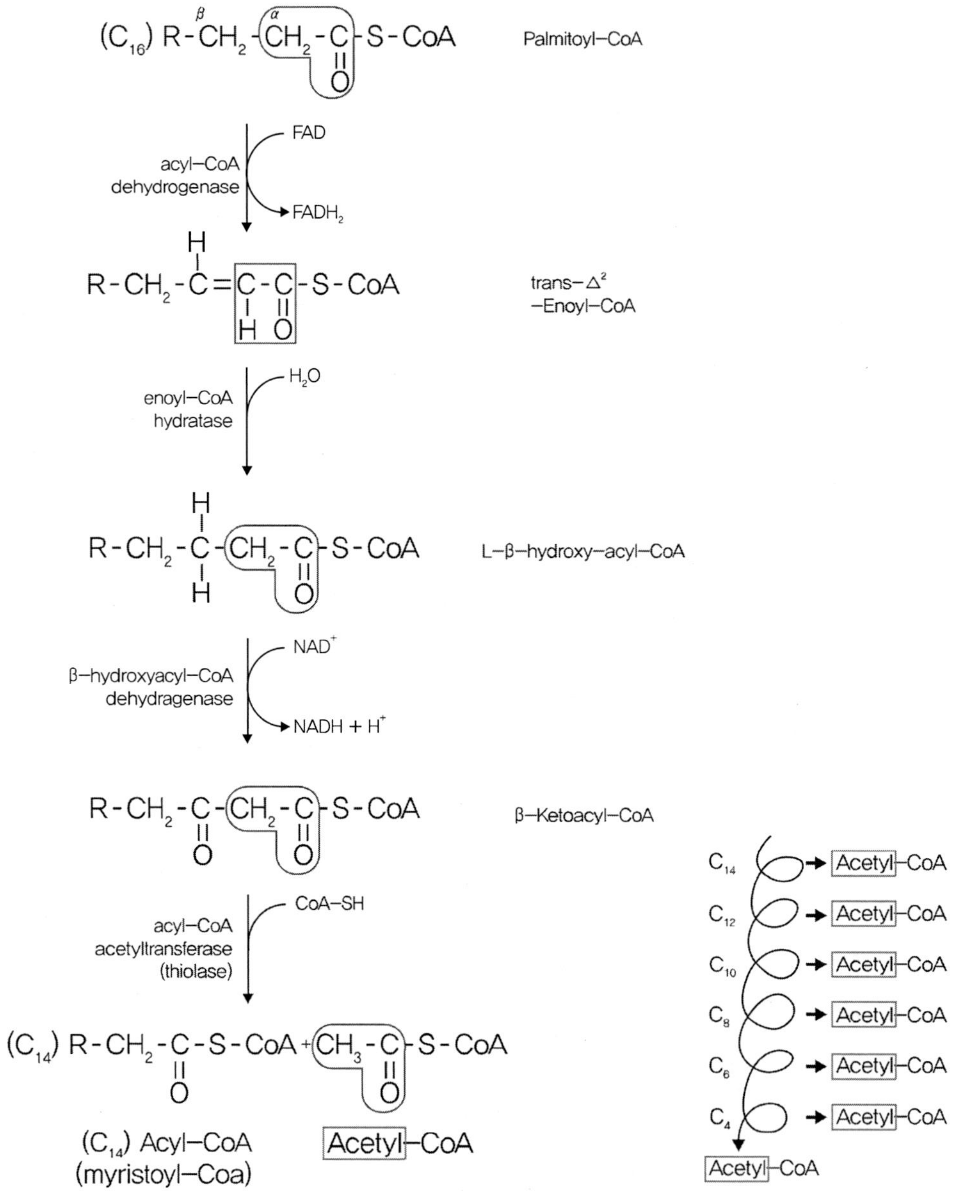

〈그림 1-19〉 지방산 베타산화(beta-oxidation)의 경로

나. 지방산의 합성대사

지방산의 합성은 acetyl-CoA로부터 합성된 malonyl-CoA가 다른 acetyl-CoA에 2개의 탄소를 추가하면서 지방산의 탄소수를 계속 2개씩 늘려 긴사슬지방산(long chain fatty acid)으로 합성된다(그림 1-20). 따라서 동식물에 존재하는 대부분의 지방산은 짝수 탄소로 존재한다. 세포질에 존재하는 지방산 합성효소는 acyl carrier protein(ACP)을 포함한 7개의 단위로 구성된 복합 기능 효소(multifunctional enzyme)로서 지방산 중 탄소 수가 16개인 팔미트산까지 합성할 수 있다. 탄소 수가 16개 이상인 지방산이나 불포화지방산은 주로 소포체에서 합성되며 여러 가지 효소가 작용한다.

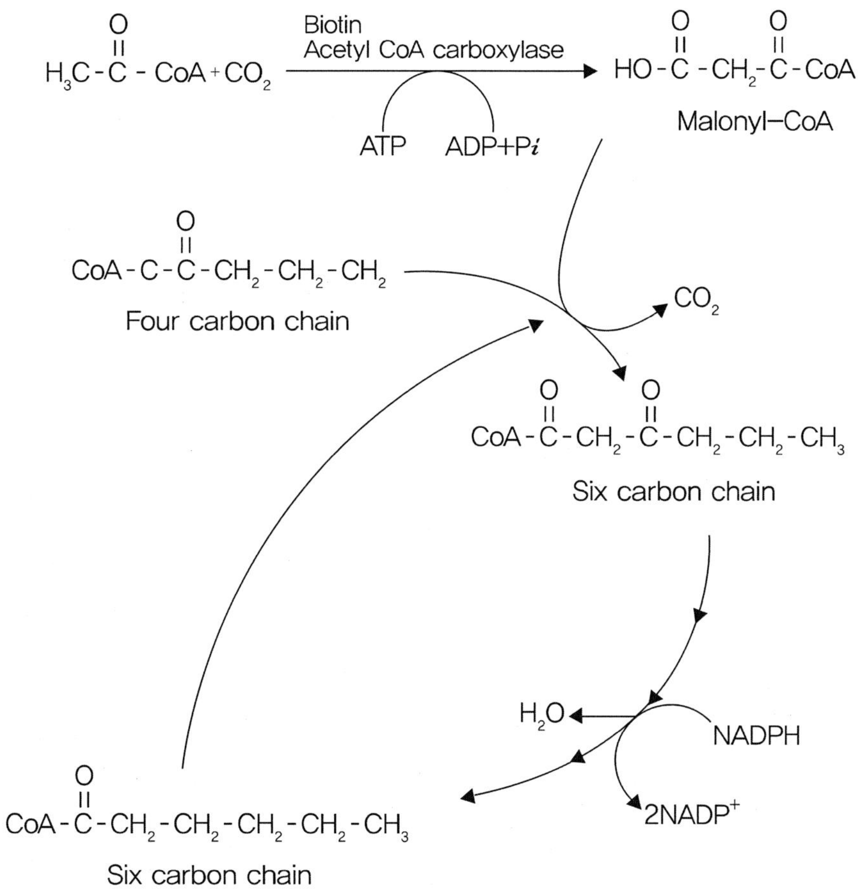

〈그림 1-20〉 지방산의 합성경로

3.7 지방식품의 변질

1) 자가산화(auto-oxidation)

지방의 산화는 식품의 품질을 저해하는 가장 큰 문제이며 산소의 농도, 지방의 불포화도, 항산화제의 존재, 산화촉진제인 특정 금속이온이나 유기화합물의 존재, 햇빛, 온도 등은 지방의 산화율에 영향을 주는 주요 요인들이다. 일반적으로 지방의 산화는 초기단계(initiation), 전계단계(propagation), 종결단계(termination)로 구분한다.

초기단계는 수소가 불포화지방산에서 분리되어 자유기(free radical)를 형성하는 데서 시작된다.

$$RH \longrightarrow R\cdot(\text{R radical}) + H\cdot(\text{H radical})$$

전계단계에서는 형성된 자유기가 산소와 결합하여 과산화 자유기(peroxy-free radical)를 형성하며, 이 과산화 자유기(peroxy-free radical)는 다른 불포화지방산을 공격하여 과산화물과 새로운 자유기를 형성한다. 이러한 반응은 수천 번까지 반복될 수 있는 연쇄반응(chain reaction)의 성질을 가지고 있다.

$$R\cdot + O_2 \longrightarrow RO_2\cdot$$
$$RO_2\cdot + RH \longrightarrow ROOH + R\cdot$$

전계단계는 자유기가 스스로 반응에 의해서 비활성물질로 전환될 때까지 종결되며 이를 종결 단계로 부른다. 이는 다음과 같이 전개된다.

$$R\cdot + R\cdot \longrightarrow R\text{-}R$$
$$R\cdot + RO_2\cdot \longrightarrow RO_2R$$
$$nRO_2\cdot \longrightarrow (RO_2)n$$

지방의 산화과정에서 생성되는 과산화물(hydroperoxides)을 1차 산화물이라고 한다. 이러한 과산화물이 증가하면 알콕시(alkoxy)와 하드록시자유기(hydroxy free radical)로 분해되며 알콕시는 알데하이드(aldehydes)를 형성한다. 여기서 오는 알데하이드를 2차 산화물이라고 하고, 이는 지방의 산화에 의한 이상취(off-flavor)를 불러오는 산패의 주요 원인으로 작용한다. 이 알데하이드는 식품에 존재하는 많은 지방산들 중 주로 리놀렌산(linolenic acid)의 산화에 의해 생성된다. 이들 알데하이드가 증가되면 알데하이드가 다시 산화되어 유리지방산을 형성하는데 이를 3차 산화물이라고 부른다.

지방의 산화율은 지방산의 불포화도에 달려있으며, 탄소 18개의 지방산인 경우 18:0/18:1/18:2/18:3의 상대적 산화율이 1:100:1200:2500 정도인 것으로 보고되고 있다.

2) 지방의 가열

지방을 고온 가열할 경우 자가산화로 인하여 여러 가지 물성의 변화가 초래된다. 가장 중요한 변화는 중합체의 형성이며, 다른 글리세라이드(주로 TG)와의 부가반응을 통하여 더 큰 구조를 형성한다. 즉, 지방에 고열을 가할 경우 산화가 크게 증가될 뿐 아니라 중합체가 형성된다(그림 1-21).

중합체는 지방의 점도를 증가시켜 식용유인 경우 거품현상을 초래하게 된다.

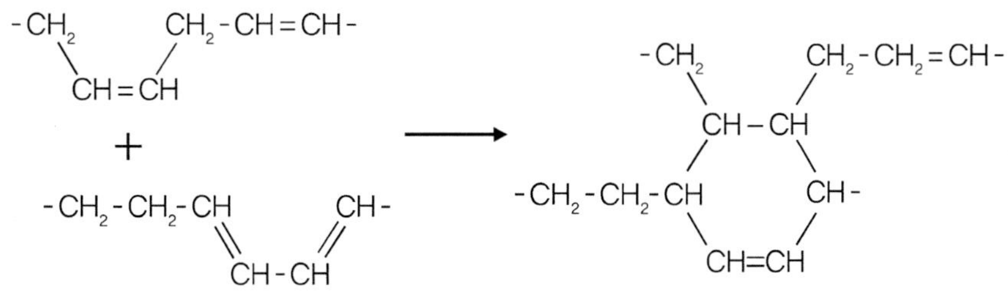

〈그림 1-21〉 불포화지방산의 중합

3) 풍미의 전환(Flavor reversion)

지방의 풍미전환은 지방의 산화로 일어나는 특이한 풍미이며 비교적 산화 수준이 낮은 경우에 일어난다. 식품에서 리놀렌산(linolenic acid)의 산화에 의한 산패가 풍미전환의 결정적인 요인으로 알려져 있다.

4) 지방의 항산화

항산화제는 지방산의 산화과정에 생성되는 자유기를 흡수하여 자유기에 의한 연쇄반응을 종결시키는 역할을 함으로써 지방의 산화를 멈추게 한다.

항산화제 A는 다음과 같이 자유기를 흡수하여 산화를 종결시킨다.

$$AH + R\cdot \longrightarrow RH + A\cdot$$

$$AH + RO_2\cdot \longrightarrow RO_2H + A\cdot$$

(1) 주요 항산화제

지방의 변질을 예방하기 위한 많은 종류의 항산화제가 보고되어 있다. 주로 tocoph-erol(vitamin E), polyphenols, gum guaiac, gallic acid esters, nordihygroguiaretic acid (NDG), BHA, BHT, TBHQ 등이 존재하며 특히 tocopherol은 생물학적 활성력을 가지기 때문에 가장 효과적인 항산화제로 알려져 있다.

(2) 시너지용 항산화제(Synergistic antioxidants)

시너지효과를 주는 항산화제로서는 주로 과일에 많이 함유된 구연산, 아스코르브산, 주석산, 그리고 몇 가지 금속이온 등이 있다.

5) 지방의 품질도 측정

(1) 요오드가(Iodine Value)

요오드가는 지방 1g에 흡수될 수 있는 요오드의 그램수(gram number)로 정의되며, 측정지방에 존재하는 2중결합의 수에 따라 결정된다.

(2) 산도(Acidity)

산도는 글리세라이드(주로 TG)에 존재하는 지방산이 글리세라이드에서 가수분해되어 유리된 정도를 측정하는 방법으로서, 시료 1g에 존재하는 유리지방산을 중화하는 데 필요한 KOH의 밀리그램 수로 결정한다.

(3) 검화가(Saponification value)

지방 1g을 검화하는 데 필요한 KOH의 양으로 표시하며, 지방의 평균 분자량과 반비례한다.

(4) 기타

기타 지방의 변질도를 측정하는 방법으로 peroxide value, hydroxy value TBA test, active oxygen method(AOM) 등이 있다.

3.8 식품에서의 지방의 이용성

1) 지방의 추출(Lipid extraction)

지방은 일반적으로 지방함유 종자(oil seeds)로부터 지방(oil)을 추출하는 것을 의미하며 주로 압착법과 용매추출법을 이용하고 있다. 압착법은 종자의 특성에 따라 압력이나 온도를 달리하여 추출하는 방법으로 용매추출에 비하여 수율이 낮다.

용매추출법에서 용매로써 핵산을 가장 많이 사용한다. 이는 핵산이 비교적 융점이 낮고 비가연성이며 독성이 낮기 때문이다.

2) 지방의 정제(Lipid refining)

지방을 정제하는 목적은 조지방 중 TG의 순도를 높이기 위하여 불순물(주로 인지질, FFA 등)을 제거하기 위한 것이다. 지방의 정제로 가장 흔한 방법은 alkali 정제법이며, 이는 일정온도에서 일정량의 NaOH를 사용하여 조지방 중 순수지방인 TG가 아닌 불순물을 제거하는 과정이다.

즉, NaOH와 같은 알카리 용액을 이용하여 비누화가 가능한 유리지방산 등을 비누화시켜 극성물질로 전환시킨 후 물로 제거하여 TG의 순도를 높이기 위한 과정이다. 지방의 정제과정에서 검류(gums)로 불리는 인지질은 알카리처리로 제거되기도 하지만 대부분은 알카리처리를 하기 전에 물로 전처리를 하여 제거한다.

3) 수소화(Hydrogenation)

수소화(경화)는 〈그림 1-22〉에서와 같이 올레산(oleic acid), 리놀레산, 리놀렌산 등 불포화지방산에 니켈(Ni) 등의 금속이온을 촉매로 하여 수소를 첨가하여 일정량의 2중결합을 포화시키는 화학반응을 의미하며, 이 반응으로 액체지방(oil)이 취급하기 편리한 부드러운 고체지방(plastic fats)으로 전환되기 때문에 마가린이나 쇼트닝 등의 제조에 많이 이용된다. 수소화과정에서 불포화지방산 중 포화되지 않은 2중결합 부분은 cis에서 trans로 전환되어 구조적으로 안정화되지만 섭취 시에 혈중 콜레스테롤의 증가 등 각종 생리적 부작용을 초래할 수 있다.

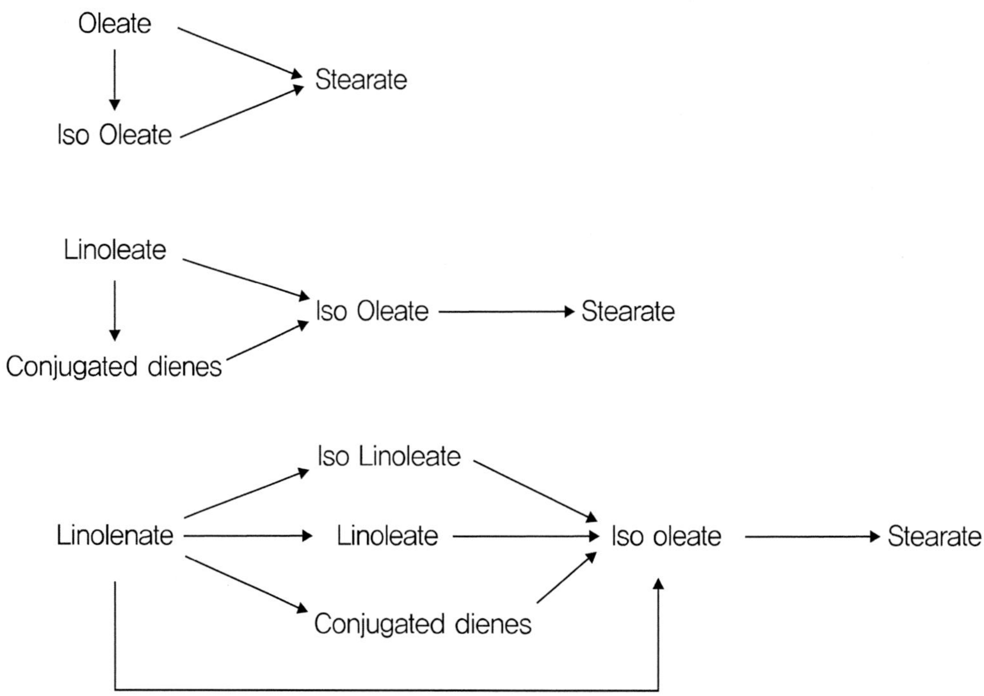

〈그림 1-22〉 불포화지방산의 수소화 반응

4) 교차에스테르화 반응(Interesterification)

글리세라이드에 존재하는 지방산의 위치를 변화시키는 반응을 말하며 특정 촉매제에서 다음과 같이 상호 위치의 변화가 일어날 수 있다. 산업체에서는 이 반응을 통하여 지방의 물리적 성질이나 결정화(crystallization)를 조절할 수 있다.

$$RCOOR_2 + R_1COOR_3 \longrightarrow RCOOR_3 + R_1COOR_2$$

5) 유화(Emulsion)

유화는 계면장력을 감소시키는 표면활성물질인 유화제를 첨가하여 비극성물질인 지방과 극성물질인 물을 물리적으로 결합하여 안정화함으로써 식품 중에서 지방이 고르게 분산되도록 하는 반응을 의미한다. 따라서 유화제는 물과 반응하는 극성분자와 지방과 반응하는 비극성분자를 동시에 가지고 있는 구조로 되어 있다(그림 1-23).

식품에서 유화는 물이 연속형태이고 지방이 분산형태인 O/W(물이 지방을 둘러싸는 형태로 우유와 같이 지방에 비하여 물이 많은 경우)와 W/O(지방이 물을 둘러싸는 형태로 마가린과 같이 물에 비하여 지방이 많은 경우)로 구분되며, 안정된 형태를 유지하기 위하여 유화제의 선택이 매우 중요하다.

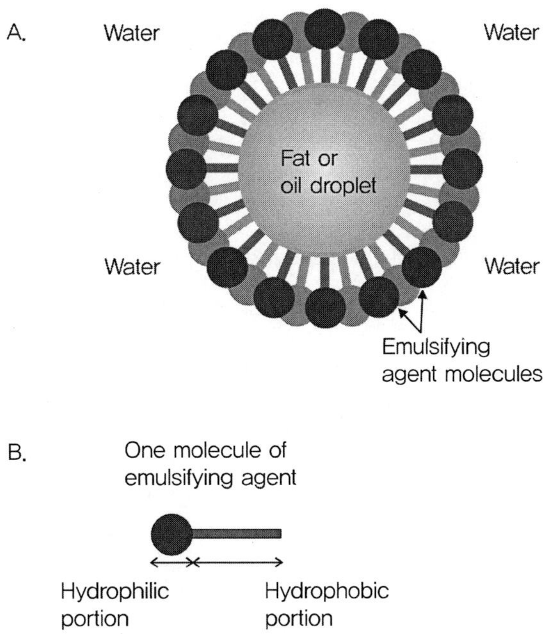

〈그림 1-23〉 유화제에 의한 유화반응

3.9 식품 중 지방의 분석

지방은 주로 크로마토그래피(chromatograph)에 의하여 분석하며 지방의 종류에 따라서 다양한 크로마토그래피법을 사용한다. 크로마토그래피에서 chrom은 '색깔(color)'을, to는 '자른다(cut)'는 의미를 가지고 있으며, 이는 최초로 물질에 함유된 각종 색소를 분리하는 실험에서 유래된 것이다.

1) 중성지방 및 극성지방

중성지방(TG, DG, MG, 콜레스테롤에스터 등)과 극성지방(인지질, 당지질, 콜레스테롤 등)은 각각의 다양한 물리적 특성(극성, 비극성 등)에 의하여 종류별로 분석이 가능하며, 분석 목적에 따라 박층 크로마토그래피(thin layer chromatograph, TLC), high performance liquid chromatograph(HPLC) 등 적합한 방법을 선택한다.

2) 지방산

지방산을 분석하기 위하여 먼저 시료로부터 유기용매(주로 chloroform, methanol 등)를 이용하여 총 지질을 추출한 후 강산(HCl, H_2SO_4 등)이나 강염기(NaOH)를 이용하여 글리세롤에 결합된 지방산을 유리지방산으로 전환시켜 메타놀과의 반응을 통하여 휘발성 물질인 메틸에스터를 합성한다.

지방산을 분석하는 기체-액체 크로마토그래피(gas-liquid chromtograph, GLC)는 특성상 휘발성 물질을 용이하게 분석할 수 있기 때문에 메틸에스터를 GLC에 정착된 분석 컬럼을 통하여 지방산을 분석한다. 지방산은 탄화수소의 길이, 2중결합의 수, 2중결합의 위치 등에 따라 융점이 다양하기 때문에 이러한 물리적 성질을 이용하여 종류별로 분석할 수 있다.

3) 기타

기타 지방성 물질(비타민 A, D, E, K, 왁스, 스테로이드, 지단백질 등)은 각각의 물리적 특성에 따라 다양한 분석방법을 채택할 수 있다.

3.10 주요 지방소재 식품 및 권장량

1) 식품소재별 총지질 및 지방산 조성

〈표 1-10〉에서와 같이 지방의 함량은 대체로 식물종자에 많이 함유되어 있으며, 〈표 1-11〉

에서와 같이 식물 종자유(seed oil)에는 다량의 불포화지방산이 존재한다.

일반적으로 동식물성식품의 대부분을 차지하고 있는 지방산으로 팔미트산, 스테아르산, 올레산, 리놀레산) 등을 들 수가 있으며, 식물에는 동물에 비하여 특히 리놀렌산이 많이 함유되어 있다. 생선에는 일반 동식물에 존재하지 않는 EPA나 DHA와 같은 n-3 지방산이 함유되어 있다.

〈표 1-10〉 식품의 지방 함량

Product	Fat(%)
Asparagus	0.25
Oats	4.4
Barley	1.9
Rice	1.4
Walnut	58
Coconut	34
Peanut	49
Soybean	17
Sunflower	28
Milk	3.5
Butter	80
Cheese	34
Hamberger	30
Beef cuts	10~30
Chicken	7
Ham	31
Cod	0.4
Haddock	0.1
Herring	12.5

〈표 1-11〉 식물 종자유(oil seed)의 지방산 조성

Fatty Acids(%)							
Source	12:0	14:0	16:0	18:0	18:1	18:2	Others
Soybean oil		0.1	10.5	3.2	22.3	54.5	9.4
Cottonseed oil		1.0	25.0	2.8	17.1	52.7	1.4
Corn oil			11.5	2.2	26.6	58.7	1.0
Peanut oil			11.0	2.3	51.0	30.9	4.8
Safflower oil		0.1	6.7	2.7	12.9	77.5	0.1
Safflower oil(high oleic)			5.4	1.7	80.7	12.2	
Sunflower oil			7.0	3.3	14.3	75.4	
Olive oil			6.9	2.3	84.4	4.6	1.8
Rapeseed oil		0.1	4.0	1.3	17.4	12.7	64.5
Coconut oil	48.2	16.6	8.0	3.8	5.0	2.5	15.9
Palm kernel oil	50.9	18.4	8.7	1.9	14.6	1.2	4.3
Palm oil	0.1	1.2	46.8	3.8	37.6	10.0	0.5
Lard		1.0	27.0	14.0	43.0	10.0	5.0
Tallow		3.0	30.0	19.0	44.0		4.0

2) 지방섭취 권장량

지방섭취의 권장량은 국가별, 지역별로 매우 다양하며 대개 지방섭취를 총 섭취식품의 에너지 중 30% 이하, 섭취지방 중 포화지방산을 10% 이하로 권장하고 있다(표 1-12). 불포화지방산은 10~12% 정도 섭취할 것을 권장하고 있다.

식품으로 섭취하는 불포화지방산 중 n-6/n-3 지방산의 비율은 1:1이 가장 이상적이지만, 현재 섭취하고 있는 n-6 지방산의 비율이 n-3 지방산에 비하여 지나치게 높기 때문에 비율 조절 과정으로 n-6/n-3 지방산의 비율을 3~8:1 정도로 권장하고 있다.

세계보건기구(WHO)는 전체 섭취에너지 중 n-6를 5~8%, n-3 지방산을 1~2%로 조절할 것을 권장하고 있으나, 세계적으로 n-6/n-3 지방산의 권장 비율이 매우 다양하다. n-3 지방산 중 주로 생선에 존재하는 EPA와 DHA의 권장섭취량도 국가별, 지역별, 개인별로 매우

〈표 1-12〉 미국 심장재단에 의한 지방 섭취 권장량

1. 총 지방의 섭취는 전체 섭취에너지의 30% 이하로 유지해야 한다.
2. 포화지방의 섭취는 전체 섭취에너지의 10% 이하로 유지해야 한다.
3. 불포화지방의 섭취는 전체 섭취에너지의 10%를 초과하지 않도록 한다.
4. 콜레스테롤의 섭취는 하루에 300mg을 초과하지 않도록 한다.
5. 총 에너지 섭취는 개인별 적정 몸무게를 유지하기에 충분해야 한다.
6. 다양한 종류의 식품을 섭취하여야 한다.

다양하나 EPA와 DHA를 합해 하루에 1g 정도의 섭취를 권장하고 있다.

3.11 지방과 건강

식이지방은 심혈관질환, 당뇨, 암 등 다양한 만성질환과 관련이 있다. 특히 혈중 콜레스테롤의 과도한 증가는 각종 혈관질환의 원인이 될 수 있으며, 혈중 TG의 과도한 증가는 비만으로 이어져 비만에 따른 각종 후유증의 원인이 될 수 있다. 선진국에서는 동물성지방과 콜레스테롤의 섭취를 낮추도록 권장하고 있으며, 성인의 경우 혈중 콜레스테롤을 200mg/dL 이하로, 청소년인 경우 150mg/dL 이하로 조절하도록 권하고 있다.

심혈관질환의 원인으로는 흡연, 고혈압, 당뇨, 비만, 가족력 등이 있으며 이를 예방하기 위하여 총 지방, 포화지방산, 콜레스테롤 등의 섭취를 줄이고, 생선에 많이 함유된 EPA나 DHA 등의 다가불포화지방산과 식이섬유소의 섭취를 늘리는 것이 중요하다. 식이를 통한 암을 예방하기 위하여 지방성 식이조절, 다양한 식품섭취, 적정체중 유지, 충분한 전분이나 섬유소 섭취, 설탕, 소금, 알코올 섭취의 제한 등을 들 수 있다. 지방성 식이조절로는 심혈관질환의 경우와 같이 총지방, 포화지방산, 콜레스테롤의 섭취를 줄이는 것이 중요하다.

그러나 콜레스테롤은 세포 내에서 스테로이드 호르몬(steroid), 담즙산, 비타민 D 등의 전구체로서 매우 중요한 물질이며, 식품을 통하여 필요한 양을 섭취하지 못할 경우 세포 내에서 합성하게 된다.

따라서 혈관질환 등 혈중 콜레스테롤에 의하여 부정적 영향을 받는 생리적 질환을 가진 경우를 제외하고는 과민하게 콜레스테롤 섭취를 피할 필요는 없다.

〈표 1-13〉 지방식품에 대한 주요 쟁점

1. Linoleic acid가 필수영양소인가?
2. n-3 지방산과 심혈관질환과의 관계
3. Medium-chain TG의 치료효과
4. 콜레스테롤 기피 현상에 관하여
5. 콜레스테롤이 없다(콜레스테롤 free)는 식품표시(food labeling)의 문제점(trans 지방산의 존재 유무)
6. 마가린 등 수소화된 식품에서 불포화지방산과 포화지방산 비율의 문제점
7. 식용유로 가열한 생선에 함유된 다가불포화지방산(EPA, DHA 등)의 변화

요약

지방은 비수용성이라는 물리적 특성상 매우 다양한 물질들로 구성되어 있으며, 식품 중에서나 인체 내에서 특이한 역할을 가지고 있다. 식품에 함유된 지방의 대부분(약 95% 이상)은 TG 형태로 존재한다. 이는 글리세롤에 3개의 지방산이 결합되어 있는 TG가 가장 효율적인 에너지 저장 물질이기 때문이다.

식물성지방은 동물성지방보다 상대적으로 불포화도가 더 높은 지방산을 많이 함유되어 있기 때문에 상온에서 액체성을 유지하고 있으며, 동물성지방은 불포화도가 낮은 지방산이나 포화지방산을 많이 함유하고 있기 때문에 고체성을 유지하고 있다.

지방은 단순지방(지방산, 중성지방, Waxes 등), 복합지방, 유도지방 등으로 분류될 수 있으며 대부분 결정구조를 가지고 있다.

식품으로 섭취된 지방은 생체 내에서 에너지의 효율적 저장, 외부 온도 변화에 대한 절연, 체내기관을 보호하기 위한 완충제, 세포막의 주성분, 신경섬유 myelin의 주성분(복합지방) 등 다양한 기능을 가지고 있다. 우리가 과잉 섭취한 영양소들은 대부분 지방으로 전환되어 체내 지방조직에 저장되며 지나친 영양섭취에 따른 과다한 지방 축적은 비만을 비롯한 각종 성인병의 원인이 되기도 한다. 그러나 저장된 지방은 필요시 다른 조직 세포로 운반되어 에너지원으로 이용되기 때문에 우리 몸은 기아상태에서도 상당기간 기능을 유지할 수 있다

식품 중 지방은 보관 상태(온도, 기간, 산소농도 등)에 따라서 잘 변질될 수 있기 때문에 보관에 주의해야 하며, 특히 불포화지방산을 많이 함유한 지방일수록 변질율이 높다.

이러한 지방의 특성을 고려하여 지방의 추출, 정제, 수소화, 유화 등의 과정을 거친 다양한 가공식품이 시판되고 있다.

식품에 함유된 각종 지방의 특성에 따라 세포대사나 건강에 큰 영향을 줄 수 있기 때문에 올바른 식품 선택이 매우 중요하다. 따라서 서적이나 언론을 통해서 지방과 관련한 건강 정보가 난무하고 있다.

4. 식품과 미생물

지구 상에 생명체가 존재하기 시작하면서 미생물은 기초생명체로서 처음 지구 상에 존재하기 시작했다고 볼 수 있다. 미생물(micro+organism)은 용어에서 나타내는 바와 같이 인간의 눈으로는 볼 수 없는 크기이지만 동물과 식물, 그리고 다른 미생물과의 사이에서도 긴밀한 관계를 형성하며 지구 상 어디에나 존재한다. 미생물의 세계는 자세히 공부하면 할수록 경이로워서 우리로 하여금 놀라움을 금치 못하게 한다. 미생물로 분류되는 생물체의 형태가 너무나 다양하며 이러한 다양성에서 나타나는 생활상도 너무나 다양하기 때문이다. 또한 이러한 다양한 미생물들이 인간의 생활에 어떻게 영향을 미치는지에 대해 우리가 아는 것이 너무 부족하다는 점에서 다시 한 번 놀라게 된다.

이 절에서는 보이지 않는 미생물의 세계에 대한 대략적인 이해와 미생물이 인간의 삶에 어떻게 관여하고 있는지에 대해 이해를 돕고자 한다. 먼저 미생물의 세계가 농업, 산업, 연구, 환경, 기능성소재 개발 등의 분야에서 인간의 세계에 어떤 영향을 미치는지 이해하게 될 것이다. 각각의 분야에서 미생물이 우리의 삶의 질 향상에 영향을 주는 많은 예를 알게 될 것이다. 이러한 예들을 통해 미생물의 다양성을 이해하게 될 것이고, 미생물학의 이해가 생명현상을 이해하고 더 나아가 식품분야에서 어떻게 이용될 수 있는지에 대해 큰 도움을 줄 수 있다는 사실을 알게 될 것이다. 미생물이 인간의 삶 속에 관여하고 있다는 것을 보여주는 많은 예들을 통해 인간의 삶의 질 향상을 위해 또한 식품산업에서 미생물을 어떻게 응용할 수 있는지에 대한 아이디어를 생각하게 될 것이고 좀 더 깊이 있는 공부를 통해 앞으로 미생물을 더 많이 이해하고자 하는 동기부여가 될 수 있기를 바란다.

4.1 미생물의 일생과 역할

우리가 외부에서 한 줌의 흙을 가져와 흙 속에 살아 있는 미생물을 조사한다면 인간의 눈으로는 볼 수 없지만 그 속에는 세균, 바이러스, 곰팡이, 원생동물, 그리고 그 외 다양한 미생물들이 다양한 형태와 다양한 생활상을 가지고 존재하는 것을 발견할 수 있다. 찾아낸 미생물의 수를 세어 본다면 쉬지 않고 1초에 한 개씩 세기 시작할 경우 약 33년이 걸릴 것이다.

그러나 우리는 여기서 미생물의 수를 일일이 셀 필요는 없다. 다만 이처럼 많은 수의 미생물들이 주어진 환경 속에서 어떤 일을 하고 있으며 어떻게 살아가고 있는지를 이해하는 것이 더 흥미로울 것이다. 흙 속이라는 환경 속에서 미생물의 다양한 생명 활동의 목적은 주어진 환경 속에서 살아남는 방법을 찾는 것이다. 어떤 미생물은 하나의 생명체로부터 다른 생명체로 병을 유발하는 병원성 미생물일 수 있고, 다른 종류는 병원성을 갖고 있지 않은 종류일 수 있다. 또는 병원성을 가지고 있는 미생물일지라도 환경에 따라 병원성을 나타내기보다 전혀 다른 양상의 결과를 초래할 수도 있다.

이러한 다양한 역할을 갖고 있는 각종의 미생물들이 각자의 생명을 유지하기 위한 최선의 길을 택함으로서 토양이라는 환경 속에서 외부로 드러나는 환경을 만들어 낸다. 토양 내·외부로는 환경을 만들기 위해 각자의 역할을 하는 것이 아니라 각자의 생명을 유지하기 위한 최적의 생화학적 반응의 결과로서 환경을 만들어 각자의 역할이 만들어지게 된 것이다. 이러한 각자의 역할에 의해 토양 내에서 병원성 미생물의 수가 조절되고 자연환경의 균형이 유지되는 결과가 나타난다.

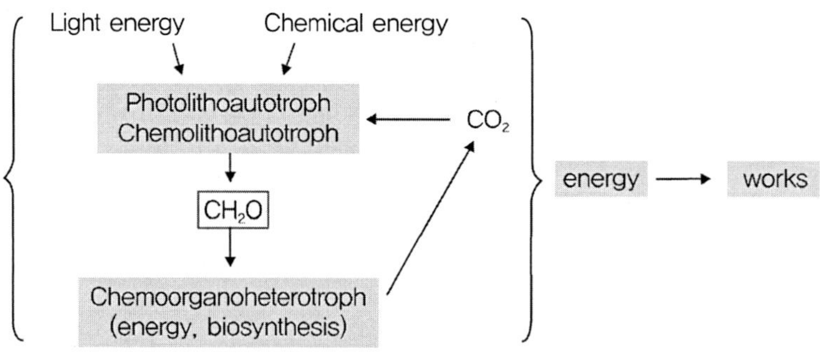

〈그림 1-24〉 미생물의 대사와 물질 순환

예를 들면, 미생물 중의 많은 종류는 태양의 빛에너지를 받아들여 탄수화물분자의 형태로 에너지를 저장한다. 이를 위하여 광합성을 해야 하고, 그 과정에서 대기 중의 이산화탄소를 소비하고 산소를 만들어 내게 된다. 이러한 종류의 미생물들은 광합성을 하지 않는 다른 종류의 미생물과는 구별된 대사반응을 거쳐야 한다. 또 다른 종의 미생물은 분해자로서 그리고 자연의 물질 순환자로서 탄소와 질소, 황 등을 포함하는 다양한 원소를 대기 중으로 되돌려서 생물체가 살아가는 데 필요한 화학분자를 만드는 데 이용되는 필요 원소를 공급하게 된다(그림 1-24).

미생물이 살아가는 환경은 지구 상의 극한지역을 포함하여 매우 다양하게 나타나고 있다. 북극의 빙하 속이나 90°C가 넘는 온천수 주변에서도 미생물은 발견된다. 이러한 다양한 환경 속에서 서식하는 미생물들이 각자의 삶의 결과에 따라 지구라는 큰 생태계의 조절에 있어 필수적 역할을 담당하고 있는 것이다(그림 1-25).

일반적으로 대부분의 사람들은 미생물을 생각하면 질병을 떠올린다. 이러한 연관성은 그동안 역사 속에서 나타났던 질병과 관련된 많은 사건들은 미생물과 관련이 있었다는 사실이 확인됨으로써 정설로 받아들여지기도 한다. 물론 지금까지 알려진 질병의 원인 중 많은 부분이 미생물에서 기인하기는 하지만 미생물은 인간의 삶을 유지하는 것뿐 아니라 인간 삶의 질적 향상을 위해서도 필수적인 역할을 담당하고 있다. 한 예로, 미생물이 존재하지 않는다면 지구의 표면은 죽은 동물들의 사체, 나무뿌리, 시든 식물체들로 가득 덮여 있을 것이다. 이러한 일이 발생하지 않는 이유는 미생물이 동물의 사체(死體)와 죽은 식물체를 분해하기 때문이다.

〈그림 1-25〉 미국 옐로우스톤의 온천수 주변 미생물서식지

미생물에 의해 분해되어 작은 분자로 나누어진 물질들은 미생물 성장의 필수영양원으로 이용되고 미생물의 구성분자로 재생산된다. 우리가 매일 들이마시는 공기는 미생물 대사반응의 생성물이다. 위에서 언급한 바와 같이 울창한 숲과 바다에서 특정 미생물들이 광합성과정을 수행하는 과정에서 우리가 필요로 하는 산소를 생산해 내기 때문이다. 또한 많은 종류의 미생물들은 인간의 입과 피부, 소화관, 호흡관, 그 외 다른 신체 부위에 서식하면서 인체에 병을 일으킬 수 있는 다른 미생물의 생장을 억제하고 있기도 하다. 우리가 먹는 음식물, 특히 요구르트나 버터와 같은 유가공품 생산에는 미생물이 필수적으로 이용되며 특히 절임과 발효를 이용하는 한국의 전통음식은 미생물이 없으면 존재할 수 없다. 이처럼 인간의 삶과 불가분의 관계를 맺고 있는 미생물의 세계를 잘 이해하는 것은 인간의 삶을 좀 더 풍요롭게 발전시키는 데 있어 꼭 필요할 것이다. 인간의 삶에 미치는 미생물의 역할을 몇 페이지의 짧은 지면에 나타낸다는 것이 무리이기는 하지만 우리가 평소에 크게 의식하지 않고 살아가는 동안에도 미생물은 인간과 불가분의 관계를 유지하면서 공존하고 있다는 것을 알게 되고 미생물이 사람과 우리 사회에 미치는 영향에 대해 다시 한 번 인식하게 되는 기회가 될 것이다.

4.2 농업과 미생물

지금은 많이 잊힌 광경이기는 하지만 우리는 시골 풍경으로 화창한 날 오후 한 마리의 소가 초원의 나무 그늘 아래에서 편안하게 되새김질을 하며 쉬고 있는 것을 상상해 볼 수 있다. 겉으로 보기에는 그저 한가하고 평안해 보이는 영화 속의 한 장면으로만 생각할 수 있지만, 그 이면을 자세히 살펴보면 또 다른 세상이 존재하고 있음을 알게 된다. 소의 위장에서는 셀 수 없이 많은 미생물들이 각자의 삶을 영위하기 위해 열심히 바쁘게 움직이고 있다. 그들은 소의 첫 번째 위(rumen)에서 소가 삼킨 들풀과 섞여, 들풀의 구성성분인 탄수화물을 분해하고 이들을 에너지원으로 이용하며 일부는 단백질로 전환하고 생명이 다한 미생물체는 소에 의해 분해·흡수된다. 결과적으로 소가 먹은 들풀의 일부분을 소의 근육과 우유로 바꾸어 준다. 이러한 결과로 인해 우리는 햄버거와 유제품을 얻게 된다.

이뿐 아니라 농업의 다른 영역에서 인간은 미생물을 살충제나 제초제로 이용하기도 한다. *Bacillus thuringiensis*라는 세균을 식물에 뿌려 줌으로써 이들이 생산하는 독성물질이 농작물

해충의 애벌레를 죽게 한다. 한걸음 더 나아가 생명공학자들은 이들 세균으로부터 독성물질의 생산에 관련된 유전자를 분리하여 이 유전자를 식물세포 내에 삽입해 식물체 내에 이 독성물질이 생산되도록 할 수 있다. 놀랍게도 이러한 식물은 자라면서 살충작용을 하는 이 독소를 합성함으로써 해충으로부터 식물체를 보호할 수 있게 한다. 이러한 식물체를 GMO(genetic-ally modified organism)라 부르며 현재 미국에서 생산되는 대부분의 콩과식물은 이러한 세균 유전자를 가지고 있다. 이러한 일이 가능하게 된 것은 미생물에 대한 이해와 생명공학의 발전이 있어서 가능한 것이다. 그러나 이러한 일은 앞으로 수십 년 안에 펼쳐질 농업 혁명의 시작에 불과하다.

4.3 산업과 미생물

미생물에 대한 이해가 깊어지면서 미생물의 생장과 대사에 관련된 효소시스템에 대한 연구가 급속도로, 성공적으로 진행되고 있다. 또한 미생물의 배양기술의 발달은 필요한 미생물을 대량으로 배양해 낼 수 있게 되었다. 따라서 필요한 경우 높은 빌딩 크기에 버금가는 큰 발효탱크를 이용하여 대량의 미생물을 생산할 수 있게 되었으며 결과적으로 배양된 미생물로부터 얻을 수 있는 다양한 생물공학적 생산물들을 산업현장에서 이용할 수 있게 된다(그림 1-26).

〈그림 1-26〉 소형 발효탱크에서 배양되고 있는 미생물

이렇게 얻은 생산물로는 대표적으로 효소를 꼽을 수 있으며 산업적으로 이용할 수 있는 다양한 효소들이 개발되어 있다. 효소뿐 아니라 단백질을 구성하는 데 이용되는 아미노산, 젖산, 초산 그리고 다른 유기산들도 미생물 배양을 통해 대량으로 생산된다. 탄산음료의 새콤

한 맛을 내는 구연산의 경우 미생물에 의해 만들어진 것이다. 공장에서 대량으로 만들어진 세균 단백질은 세탁 세제나 접착제, 제빵 등에도 이용된다. 식품에 있어서 미생물 단백질은 육류를 연하게 하거나 과일주스를 깨끗하게 할 때 이용되고, 특히 한국 전통식품의 경우 미생물 발효에 의한 생성물을 이용하기보다 미생물 발효 자체를 이용하는 경우가 대부분이다. 김치를 비롯하여 고추장, 된장, 다양한 젓갈류, 막걸리 등 대부분의 전통식품이 미생물 발효를 이용하고 있다. 공장 시설이 작다고 하더라도 실제로 생산물의 경우 고가의 단백질제품을 생산할 수 있는 경우가 많으므로 미생물발효산업의 경우 고부가가치산업으로 발전할 수 있는 여지가 많다. 대부분의 자연 감미료는 식물로부터 전통적인 방법에 의해 생산되지만, 미생물을 이용하면 값싼 원료를 사용하여 고부가가치의 감미료나 향료 첨가제의 대량생산이 가능해진다. 이렇게 생산되는 첨가제는 식품이나 음료뿐 아니라 화장품, 제약 산업에도 폭넓게 이용된다.

4.4 생물공학과 미생물

현재 미생물에 대한 폭넓은 이해가 이루어지면서 미생물을 가장 잘 이용하고 있는 분야는 생물공학분야일 것이다. 물론 생물공학분야에서 미생물을 이용하기까지는 유전공학 및 분자생물학의 발전이 중요한 역할을 했지만, 유전공학이나 분자생물학의 경우도 미생물에 대한 이해가 이루어지지 않고는 불가능한 것이었다. 왜냐하면 유전공학이나 분자생물학과 관련된 연구를 위해서는 미생물의 이용이 필수적으로 요구되고 있기 때문이다. 분자수준에서의 생명체의 이해와 유전공학의 발전으로 인해 필요한 유전자를 얻은 후 미생물체 내에 삽입시키는 것이 가능해졌고, 삽입된 유전자가 미생물체 내에서 성공적으로 발현되게 되었다. 따라서 필요한 효소 혹은 단백질의 유전정보를 확인하고 유전자를 확보하여 미생물을 이용하여 생산하는 일련의 과정을 포함하는 생물공학산업은 가장 흥미롭고 도전을 요구하는 분야로 발전해 왔다. 생물공학산업에서는 다양한 세균과 효모가 살아 있는 공장으로서 질병치료를 위한 치료약 혹은 예방약의 생산과 산업용 효소 생산, 기능성소재 생산 등 다양한 가능성을 가지고 이용되고 있다. 미생물, 그중에서도 특히 바이러스는 유전자 치료에 이용되어 유전자를 조직세포 안으로 운반하는 역할을 한다. 식물의 질병저항성을 높이거나 환경에서 병원성 곤충을 죽이는 데 이용하기 위하여 다른 바이러스들을 유전적으로 변형시키기도 하며, 몇몇의 효모는

B형 간염백신 생산을 위해 바이러스 유래의 단백질을 생산할 수 있게 변형되기도 하였다. 향후 생물공학의 발전은 무궁무진할 것으로 판단되고 있으며 또한 생산되는 생산물의 종류도 더욱 다양해질 것으로 보인다.

4.5 식품산업과 미생물

요즘의 한국인의 식생활은 과거와는 많이 달라지고 있다. 서양식 레스토랑에서 외식하는 기회가 많아졌고, 식단도 많이 변하고 있다. 특히 젊은층에서의 변화는 더욱 확연하게 나타나고 있다. 그렇지만 한국의 전통적 식단이든, 혹은 서양식 식단이든 우리의 일상의 식생활은 미생물에 의존하는 경우가 대부분이다(그림 1-27).

〈그림 1-27〉 미생물을 이용하여 생산되는 다양한 식품류들

예를 들면, 소시지의 독특한 맛을 나타내는 것은 미생물대사에 의해 생성된 생성물이다. 한국의 김치나 서양식 양배추절임, 피클, 식초 등의 생산은 미생물에 크게 의존한다. 낙농산업에서 미생물의 역할은 젖소의 성장과 우유 생산에 있어 필수적이고, 또 우유를 이용한 많은 대표적인 유제품(요구르트, 버터, 치즈 등)들은 미생물의 발효활성을 이용하여 우유를 가공하거나 숙성시킨 것이다. 빵의 맛이나 질감은 모두 미생물에 의해 결정된다. 빵을 굽기 전 부풀리는 단계에서부터 미생물이 이용되며 미생물의 생장과정에서 빵의 원료인 밀가루를 부분적으로 분해하여 빵의 조직감을 좋게 해 준다. 고대로부터 발효산업의 중요한 산물이었던 포도주와

맥주 또한 미생물의 역할이 없이는 생산할 수가 없다. 식품 생산에 있어서 미생물의 역할은 매우 다양해서 일일이 다 열거할 수 없지만 최근에는 식품에 기능성을 부여한 기능성식품이 각광을 받고 있다. 그러나 이 또한 미생물을 이용한 기능성물질의 생산과 밀접하게 연결되어 있어서 향후 식품에서의 미생물의 역할은 더욱 커질 것으로 생각된다.

그러나 부정적인 관점에서 보면 식품에는 미생물에 의해 이용될 수 있는 다양한 영양원이 포함되어 있고 식품은 적당한 수분을 포함하고 있어 식품에 유리하게 작용하는 미생물뿐 아니라 병원성 미생물들도 쉽게 번식할 수 있는 좋은 조건을 갖추고 있다. 따라서 식중독과 같은 심각한 문제를 야기하기도 한다. 그 예로 닭이나 달걀, 그 외 가금류 제품은 *Salmonella*라는 병원균을 가지고 있어 제대로 조리가 안 된 상태로 섭취하게 되면 사람이 이 균에 감염될 수 있다. 경우에 따라서는 자기도 모르는 사이에 조리되지 않은 음식을 오염시킬 수 있다. 생닭을 자르는 데 사용한 칼을 씻지 않은 채 야채를 썰었을 경우 생닭의 오염되어 있던 병원균을 야채로 전달하는 결과를 가져오게 된다. 그렇지만 이러한 부정적인 측면이 존재하더라도 식품산업에 있어 미생물의 역할은 매우 중요하다.

4.6 환경과 미생물

일반적인 관점을 가진 많은 사람들이 미생물이 수질오염의 주원인으로 생각하고 있지만 미생물에 대한 이해가 깊어지면서 최근에는 오히려 수질오염의 원인물질을 정화하는 데 효과적으로 이용될 수 있는 것으로 관점이 바뀌고 있다. 이처럼 미생물을 이용하여 오염된 환경을 깨끗하게 만드는 것을 생물정화(bioremediation)라 한다. 예를 들어, 원유 유출 사고가 발행했을 때 기름 제거 기술자들은 질소와 인, 그리고 다른 미네랄 영양원을 기름이 유출된 지역의 물에 첨가해줌으로써 기름을 분해하여 성장할 수 있는 미생물이 잘 성장할 수 있는 환경을 만들어 미생물이 기름을 분해하면서 증식하여 결과적으로 오염된 원유를 제거할 수 있는 기술을 개발하고 있다. 이와 같이 처리된 지역에서는 그렇지 않은 지역보다 오염된 기름이 더욱 효과적으로 제거된다. 한국에서도 최근 서해안에서 발생한 기름 유출 사고처럼 환경오염을 해결하기 위한 연구에 미생물을 이용하고자 하는 시도가 필요할 것으로 보인다(그림 1-28). 이러한 생물정화 방법은 폭발성 폐기물이나 세제 또는 방사능 폐기물의 제거에도 효과적으로 이용될 수 있다.

미생물은 산업 시설의 폐수 처리 과정에서도 중요한 역할을 담당하고 있다. 공장에서 만들어지는 산업용 폐수나 일반 생활폐수의 정화를 위해 폐수를 호기조에 모은 후 폐수 내에 미생물을 배양시킴으로써, 미생물이 유기물을 분해하거나 복잡한 물질을 단순한 물질로 바꾸어 재순환하게 한다. 일부 기초 지방 자치 단체에서는 대도시에서 발생하는 폐수에 포함된 다량의 오수와 음식물 쓰레기를 처리하기 위해 미생물 화학을 이용하기도 한다. 여러 단계에 걸친 처리 과정은 다양한 형태의 쓰레기를 처리하는 데 역점을 두고 있으며 이 방법을 통하여 처리된 쓰레기는 화학비료로 농업에 사용될 수 있다.

〈그림 1-28〉 원유 유출 사고 현장

5. 기능성식품소재

최근 생활수준이 급속하게 향상됨에 따라 개인 건강에 대한 관심이 고조되고 있으며, 국가적으로도 풍요로움과 건강사회가 구현되는 복지사회국가를 건설하고자 하는 것이 중요 목표가 되고 있다. 한편 산업화 사회에서는 영양의 과잉섭취와 노인 인구의 증가로 고혈압, 뇌졸중, 암, 당뇨 등 각종 성인병이 보건상의 가장 큰 문제가 된다. 이들 성인병은 그 발병원인의 약 1/3이 매일 섭취하는 식품과 관련 있는 것으로 알려져 있어 좋은 식품의 개발이 영양에서뿐만 아니라 국민보건 향상에도 크게 기여할 수 있음을 말해 주고 있다.

기능성식품은 영양소의 공급이나 풍요로움의 제공뿐만 아니라 생체조절 기능을 부여하는 식품을 말한다. 따라서 혈압강하, 항암, 혈전예방, 당뇨예방 등의 각종 건강기능성을 나타냄으로써 식품과 약품의 중간적 성질을 갖는다. 인간에게 질병이 일단 발생하면 개인, 가정, 국가적으로 모두 육체적, 정신적, 경제적인 부담을 크게 주게 되므로 발병 전의 예방이 무엇보다 중요하다. 기능성식품은 일상 섭취하는 식품의 형태로 각종 성인병 등을 예방할 수 있는 기능을 갖는다.

우리나라에서는 전통적으로 '의식동원(醫食同源)'이라 하여 일상에서 섭취하는 식품을 통하여 건강을 유지할 수 있다는 생각이 보편화되어 있고 또 전통의약도 식품의 형태를 가진 것이 많은데, 이 개념은 현대적인 기능성식품과 아주 흡사한 개념이다. 이 전통을 바탕으로 우리나라에는 기능성식품소재로 활용할 수 있는 한의학, 천연물과학 자료와 소재 등이 오랜 동안 광범위하게 축적되어 왔다. 한편, 최근 들어 특정 질병에 대한 여러 영양소의 기능이 새롭게 인식되고, 생물공학 등을 응용하는 생물산업 분야의 신기술이 빠르게 발전하면서, 새로운 건강증진 기능을 갖는 식품소재에 관한 연구가 진행되어 이들을 이용한 제품개발이나 대량생산이 여러 나라에서 활발하게 이루어지고 있다. 건강기능성 식품을 개발하기 위한 식품 신소재는 대부분 생물공학 등의 첨단기술을 응용하게 되며, 생물산업 중 비중이 큰 식품이나 제약산업과 직접연계가 가능하므로 앞으로 더욱 크게 발전될 것으로 예상된다.

5.1 식품과 기능성식품

1) 식품의 정의

우리나라 식품위생법 제2조에서는 식품을 "의약품을 제외한 모든 음식물"로 정의하고 있다. 또한 약사법 제2조에서 약품은 "사람 또는 동물의 질병 진단, 치료, 경감, 처치 또는 예방의 목적으로 사용되는 것"으로 정의되고 있다. 따라서 식품은 의료 이외의 목적으로 섭취되는 모든 음식물을 의미하는데, 일반적으로 영양소나 수분을 공급함으로써 배고픔 또는 갈증을 해소시키거나 맛, 향, 또는 씹는 느낌에 대한 욕망을 만족시키는 경구 섭취물질을 뜻하게 된다.

2) 식품의 기능

식품의 기능은 여러 가지가 있으나 크게 3가지로 나누는 것이 일반적이다. 제1차 기능은 '영양기능'이라고도 하며, 식품 중의 영양소가 장·단기적으로 주는 기능으로 기아해결이나 체위 향상 등의 효과를 나타내게 된다. 제2차 기능은 '감각기능'이라고도 하며, 식품의 맛, 향기,

물성 등이 감각에 영향을 주어 풍요로운 식생활을 제공하는 기능이다. 제3차 기능은 '생체조절기능'으로 식품 중에 들어 있는 여러 생리활성 성분이 생체조절 기능을 나타냄으로써, 예방의학적으로 건강을 향상시킬 수 있도록 해 주는 기능이다. 〈표 1-14〉는 식품의 기능을 요약한 것이다.

〈표 1-14〉 식품의 기능

기 능	관련 성분	기대효과
제1차 기능 (영양 기능)	각종 영양소	기아해결, 체력유지, 건강 유지, 체위 향상
제2차 기능 (감각 기능)	맛, 향기, 색깔, 물성 성분	쾌감 유발, 풍요로움의 제공
제3차 기능 (생체조절 기능)	생리활성 성분	건강 유지 및 향상, 질병 예방

3) 식품의 종류

식품의 종류는 나라마다 관습이나 법규에 의해 매우 다양하게 정의되고 있어 일괄적으로 구분하기가 쉽지 않으나 일반적으로 다음과 같이 나누어 볼 수 있다.

(1) 기능성식품(Functional food 또는 Health functional food)

건강기능성 식품이란 위의 3가지 식품기능 중에서 제3차 기능, 즉 생체조절기능이 효율적으로 나타나도록 설계되어 가공된 식품을 말하며, 줄여서 기능성식품이라고도 한다. 기능성식품은 그 기능에 있어서 식품과 의약품의 중간 성격을 갖고 있지만, 일상적으로 섭취된다는 점과 발병 후 치료보다는 발병 전의 예방의학적인 효과를 기대한다는 점에서 의약품과 구별된다. 우리나라를 비롯한 대부분의 나라에서 기능성식품은 의약품과의 중첩 부분이 있으므로 기능표시 등에 관한 논란이 많아 아직 법적으로 규정되어 있지 않은 경우가 대부분이다.

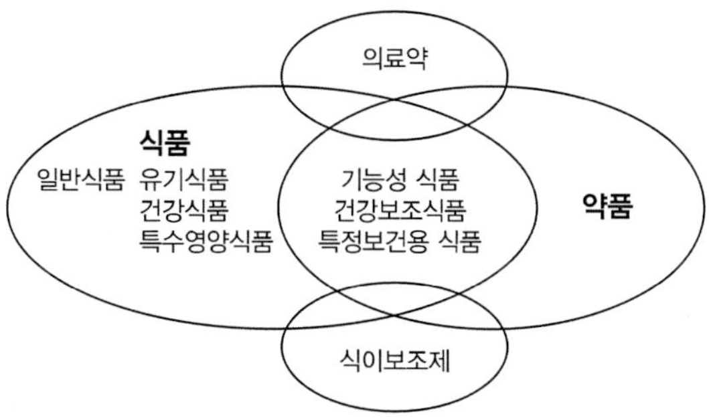

기능성식품에는 일반적인 식품의 형태를 취하고 있는 것과 그렇지 않은 종류로 나누어 볼 수 있다. 일반식품 형태의 기능성식품에는 일본의 특정보건용식품의 예가 있고, 일반적인 식품 형태가 아닌 기능성식품의 예로는 우리나라의 건강보조식품, 미국의 식이보조제, 유럽의 식품보조제 등이 있다.

일본의 경우 1991년부터 '특정보건용식품(Food for Special Health Use, FoSHU)' 제도를 식품위생법의 일부로 정하여 시행하고 있다. 이 법에서 기능성식품은 "생체방어, 생체리듬의 조절 등에 관계된 기능이 충분히 발현되도록 설계되어 일상적으로 섭취되는 식품"으로 정의되어 있으며, 그 허용 범위는 "식품으로서 통상 이용되는 소재나 성분으로 구성되며, 동시에 통상의 형태 및 방법에 의하여 섭취되는 것"으로 정해져 있다.

우리나라의 건강보조식품이나 외국의 식이 또는 식품보조제는 식품원료에 들어 있는 특정 성분을 추출, 농축, 정제, 혼합 등의 방법으로 제조·가공한 것으로서 정제, 캡슐, 분말 등의 형태를 취해 일반적인 식품과는 다른 형태를 갖는다.

(2) 약효식품(Nutraceuticals)

약효식품(Nutraceutical)이라는 용어는 1989년 미국에서 제안된 것으로서 'Nutrient'와 'Pharmaceutical'의 합성어이며, '의약품적 효과를 기대할 수 있는 식품성분'이라는 뜻을 갖고 있다.

약효식품은 '질병의 예방과 치료를 포함한 의약적 또는 건강상의 이익을 주는 식품 또는 그의 일부'로 정의되며 이것에는 분리된 영양소, 식이보조제(dietary supplement), 유전공학적으로 제조된 설계식품(designer food), 향초(herb) 제품, 그리고 곡류, 수프, 음료 등과 같은 가공식품이 포함된다.

(3) 건강식품(Health food)

건강식품은 어느 나라에서도 법적으로 명확히 정의되지 않은 용어로서 매우 다양한 의미로 사용되고 있다. 건강식품은 일반식품에 비해 그 성분에 특징이 있어 보다 적극적인 건강유지나 증진의 목적 또는 기대효과를 갖는 식품이라고 할 수 있다. 건강식품에는 건강보조식품, 특수영양식품, 식이보조제, 자연식품, 유기식품, 다이어트 식품 등 또는 그의 일부가 포함된다.

(4) 특수영양식품(Special purpose nutritional food)

우리나라 식품공전 상에 특수영양식품은 "영유아, 병약자, 노약자, 비만자 또는 임산부 등을 위한 용도에 제공할 목적으로 식품원료에 영양소를 가감시키거나 식품과 영양소를 배합하는 등의 방법으로 제조·가공된 조제유류, 이유식류, 영양보충용식품, 특정용도식품, 식이섬유가공식품 등의 식품을 말한다"로 정의되어 있다.

이들 식품의 종류는 다음과 같다.

- 조제유류 : 영유아의 성장 발육에 필요한 영양소를 첨가하여 모유 성분과 유사하게 제조한 것
- 이유식류 : 영유아의 이유 또는 영양보충의 목적으로 제조된 것
- 영양보충용식품 : 일상의 식이에서 부족한 성분을 보충할 목적으로 비타민, 무기질, 아미노산, 지방산류를 첨가하여 제조된 것
- 특정용도식품 : 식품에 영양소, 열량, 소금 등을 가감시키거나 영양소를 배합하여 가공한 것으로서 비만자, 병약자 등을 위한 식품
- 식이섬유가공식품 : 난소화성 성분을 분리하여 식용에 적합하도록 가공한 것

(5) 식이 또는 식품보조제(Dietary or Food Supplement)

일반 식품에 특정 식품성분의 섭취를 보강하기 위하여 사용하는 제품이다. 미국과 호주에서는 식이보조제(dietary supplement)로, 유럽연합에서는 식품보조제(food supplement)로 일컬어지는데, 미국과 유럽에서는 식품으로 분류되지만 호주와 뉴질랜드에서는 각 성분에 따라 식품 또는 의약품으로 분류된다.

이에 해당되는 제품군으로는 비타민, 미네랄, 향초 및 기타 식물유래 생리활성성분(phytoch-emicals), 아미노산, 기타 이들의 농축, 추출, 혼합물 등이 있다. 이들 식이보조제는 대개 정제, 캡슐, 분말, 액체 등 비식품 형태를 취하고 있으나 일반식품 형태를 하고 있는 것도 포함될 수 있다.

미국의 경우 식이보조제에 포함되는 품목의 예는 다음과 같다.

- 비타민 : 비타민 A, C, D, E, B_1, B_2, B_6, B_{12}, Niacin, Folate, Biotin, Panthotenic acid 등

• 미네랄 : Ca, Fe, Zn, Mg, Mn, Se, Cu, Cr, I 등
• 향초 또는 식물성분 : 은행잎, 마늘, 고추나물, 알로에, 인삼, Echinacea 등
• 아미노산 : Lys, Trp, Cys, Ile, Met, Val 등
• 보조제 : 어유, 조류(algae), 화분, 골분, 멜라토닌 등
• 기타 농축물 : 마늘 알리신, 은행 진세노사이드, 빌베리 추출물, Chamomile tea 등

(6) 유기식품(Organic food)

농산물 재배 시 화학비료를 사용하지 않고 유기질 비료만을 사용하며 농약을 사용하지 않거나 적게 사용하여 재배한 농산물을 말한다.

(7) 다이어트식품(Dietary food)

저칼로리, 감염, 저단백 등 영양소를 조정한 식품이며 스포츠 음료를 포함한다. 우리나라의 특정용도식품에 해당한다고 볼 수 있다.

(8) 설계식품(Designer food)

유전자 재조합에 의해 유전자를 변형함으로써 특정 유용성분이 많이 함유되도록 설계된 식품이다. 이 설계식품은 특정성분을 목적으로 한다는 점에서 단순히 수확량이나 내병성, 내충성 등을 강화하기 위해 육종된 유전자변형 농산물과는 구별된다.

(9) 의료식품(Medical food)

'의약적 성질을 본질적으로 갖고 있거나 부가시킨 식품'으로 예로는 콜레라 백신을 함유한 바나나 등이 있고 의사 처방에 의해 구입이 가능하다.

5.2 기능성식품소재

1) 탄수화물 소재

탄수화물 중 기능성식품소재로 이용되는 것에는 식이섬유, 올리고당, 키토산, 다당류 등이 있다.

(1) 식이섬유(Dietary fibers)

식이섬유란 인간의 소화효소로서 소화되지 않는 식품 성분을 말하며 물에 녹지 않는 불용성 식이섬유와 물에 잘 녹는 수용성 식이섬유로 나눌 수 있다.

불용성 식이섬유에는 식물의 세포벽을 구성하고 있는 Cellulose, Hemicellulose, Lignin, 불용성 pectin 등이 있고, 수용성 식이섬유에는 수용성 pectin, 검류, 해조 다당류, 합성 다당류 유도체 등이 있다. 식이섬유는 대부분 식물조직에서 유래된 것이지만 Polydextrose와 같은 것은 합성된 것이다. Polydextrose는 포도당, Sorbitol, 구연산 등을 혼합한 후 고온·진공 하에서 반응시켜 얻는다.

식이섬유는 식품에서 보수성, 용해성, 점성, 흡착성 등의 중요한 물리화학적 특성에 관여한다. 또한 이 같은 물리화학적 특성 외에도 변비 억제, 혈당상승 억제, 혈중 콜레스테롤 저하, 비만 억제, 혈압 강하, 무기질 및 비타민의 흡수 촉진, 대장암 및 유방암 억제, 담석 예방 등 여러 가지 생리활성을 나타낼 수 있다.

가. 변비 억제

변비의 원인에는 여러 가지가 있으나 식이섬유는 장의 기능을 조절하여 변비를 억제할 수 있다. 일반적으로 식이섬유들은 소장에서 소화되지 않고 세균에 의해서도 잘 분해되지 않는다.

또한 식이섬유는 복합 다당류와 수분을 흡수하는데 복합 다당류는 미생물의 생육을 촉진하여 대변 중 세균의 함량을 증대시키고 식이섬유의 발효는 대변의 크기와 가소성을 증대시킨다. 증가된 대장 내용물은 대장운동을 촉진하여 장 통과시간을 단축시키고, 부피가 크고 부드러우며 통과가 쉬운 대변을 만드므로 변비를 억제하게 된다.

나. 혈당상승 억제

점질성 다당류 등의 식이섬유는 소장에서의 당 흡수를 지연시켜 혈당 증가와 당 부하에 따른 인슐린 분비를 저해하는 효과를 나타낸다. 이 같은 효과는 식이섬유가 전분 등 다른 탄수화물의 소화를 저해하고, 위에서 소장으로의 탄수화물 이동을 지연시키며, 소화기관 내용물의 점도를 증가시켜 상피세포에서의 소화산물 흡수를 지연시키기 때문이다. 특히 과일에 많이 함유된 펙틴이나 검류 등 수용성 식이섬유는 혈당 상승과 인슐린 분비를 억제하는 효과가 크다.

다. 혈중 콜레스테롤 저하

식이섬유 특히 수용성 구아검(guar gum)은 혈중 총 콜레스테롤과 LDL-콜레스테롤을 감소시키는 것으로 보고되었다. 식품 중에 함유된 식이섬유는 소화기관 내에서 담즙산과 결합하여 흡수를 억제하고 대변으로 배출시키게 된다. 이때 혈중 콜레스테롤의 일부는 손실된 담즙산을 합성하는 데 사용되므로 콜레스테롤의 저하효과를 나타내게 된다.

라. 비만 억제

식이섬유는 일반적으로 식품 섭취량에 영향을 주는 것으로 알려져 있다. 특히 펙틴이나 검류 등과 같은 수용성 식이섬유는 위의 공복 상태를 지연시키고 만복감을 증가시킴으로써 식품 섭취욕구를 억제하여 간접적으로 비만을 억제하는 효과를 나타낼 수 있다.

마. 혈압 강하

식이섬유의 함량이 높은 식사를 급여한 경우나 채식주의 집단에서는 고혈압의 발생이 억제되는 것으로 보고된 바 있다. 일반적으로 나트륨염은 혈압을 상승시키고 칼륨염은 혈압을 강하시키는 효과가 있는데, 펙틴(Pectin), 알긴산(Alginic acid), 셀룰로(Cellulose), 만난(Mannan) 등의 식이섬유 성분은 나트륨염과 결합하여 흡수를 저해함으로써 혈압강하작용을 나타낸다고 알려져 있다.

바. 대장암 및 유방암 억제

많은 연구 결과에서 고섬유식이가 대장암의 발생을 저하시킨다고 나타났다. 식이섬유의 섭취를 증가시키면 여러 발암물질이 식이섬유에 흡착되고 장 내 체류시간이 단축되며 장 내 유용미생물의 활성화에 의한 대장 내용물의 변화로 대장암이 억제되는 것으로 알려지고 있다. 또한 상대적으로 곡류, 채소, 과일의 섭취가 적은 사람에게서 유방암의 발병률이 높은 것으로 나타나고 있다. 유방암 발생은 성호르몬 농도와 관련되는 것으로 알려져 있는데 곡류, 채소, 과일 등 식이섬유가 많이 함유된 식품을 섭취할 경우 에스트로겐(estrogen)이나 테스토스테론(testosterone) 등과 같은 호르몬의 수준이 변화되는 것으로 보고된 바 있다.

사. 담석 예방

일반적으로 과영양은 담석의 원인으로 알려져 있고 특히 탄수화물이 중요한 역할을 하는 것으로 보고되었다. 식이섬유는 대장에서의 담즙대사에 영향을 주어 담석의 예방효과를 나타낸다고 알려져 있다. 식이섬유는 십이지장으로 분비되는 담즙산과 결합하여 담즙산의 재흡수를 억제하게 되는데 이렇게 되면 간장에서 콜레스테롤을 분해하여 담즙산을 합성하는 반응이 활발해진다. 이 결과 담즙 중 담즙산이 콜레스테롤보다 많이 존재하여 용해성이 증가하게 되면 담석 결정이 어렵게 되므로 담석 형성이 예방될 수 있다.

(2) 키토산(Chitosan)

키토산의 원료인 키틴(Chitin)은 게나 새우와 같은 갑각류, 곤충의 외피 및 미생물의 세포벽에 많이 분포하면서 단백질과 복합체를 이루고 있는 다당류이다. 키틴에서는 N-acetyl glucosamine이 β1→4 glucosidic 결합을 하고 있다. 키토산은 일반적으로 키틴을 50% 정도의 뜨거운 수산화나트륨(NaOH) 용액으로 처리하여 제조하는데, 이때 일어나는 탈아세틸화 반응에 의해 대부분의 acetyl기가 분리되고 자유 아미노기를 가진 키토산이 형성된다. 키틴은 상처치료 촉진제, 인공피부, 의료용 봉합사, 기능성 비료, 사료 원료 등으로 이용될 수 있다. 키토산은 항균성, 보습성, 흡착성, 유화안정성 등의 특성을 식품에서도 이용할 수 있고 기타 인공피부, 봉합사, 투석막, 살충제, 토양 개량제, 오수 처리제, 중금속 흡수제 등으로 이용되기도 한다.

키토산은 물에 녹지 않으나 pH 6.5 이하의 산성에서는 용해되어 자유 아미노기가 수소화함으로써 양이온(Polycation)으로 작용하게 된다. 이때 키토산은 점액성 용액으로 변하고 떫은맛과 쓴맛을 나타내므로 식품에 그대로 이용하기에는 부적합하다. 키틴이나 키토산을 Chitinase나 Chitosanase 등으로 처리하면 중합도 10 미만의 키틴 올리고당이나 키토산 올리고당이 생성되는데 이들은 항균, 면역기능 강화, 콜레스테롤 저하, 항종양, 비피더스 생육촉진 등의 생리활성을 나타내는 것으로 알려져 있다. 일반적으로 키토산이 나타낸다고 알려진 건강기능성은 다음과 같다.

가. 항균

키토산과 키토산 올리고당은 *Fusarim* 등의 식물병원성 곰팡이에 대하여 생육억제효과를 나타낸다고 보고된 바 있으며, 기타 *Staphylococcus aureus* 등의 식중독균이나 *E. coli, Bacillus subtilis* 등의 부패균에 대해서도 항균효과를 나타낸다. 키토산 올리고당의 항균효과는 6량체 이상의 크기에서 잘 나타나며, 키토산의 항균 능력은 분자량 수백만의 고분자 키토산보다는 분자량 수만 정도의 저분자 키토산에서 훨씬 크게 나타났다. 키토산의 항균작용은 양전하를 띠고 있는 키토산의 아미노기가 곰팡이 등 미생물의 세포벽과 결합하여 정상적인 세포활동을 저해함으로써 생육을 저해시키는 작용에 의해 나타나는 것으로 알려져 있다.

나. 콜레스테롤 저하

키토산을 실험동물과 사람에게 섭취시키면 분변 중에 배출되는 담즙산이 증가되어 혈중 콜레스테롤 농도가 감소하는 것으로 보고되었다. 이와 같은 키토산의 콜레스테롤 저하효과는 분자량 5,000 이상의 키토산에서 특히 잘 나타난다.

담즙산은 분자 내에 음이온의 전하를 갖고 있는 카복실기를 함유하고 있기 때문에, 유리 아미노를 갖고 있는 키토산과 쉽게 이온 결합을 형성한다. 이렇게 형성된 담즙산 결합물이 체외로 배출되면 체내에 담즙산이 부족하여 지방산 가수분해 효소의 활성을 저하시키는 원인으로 작용하게 된다. 또한 위장에서 용해된 키토산의 양이온은 소장 상부에서 음이온 상태의 담즙산과 강한 이온결합을 형성하여 체외로 배출되는 것으로 알려져 있다.

다. 면역기능 강화 및 항종양

키토산과 키토산 올리고당 등은 면역증강효과와 함께 항종양 및 항암효과를 나타내는 것으로 발표되었다.

키토산 등의 종양억제효과는 항체 생산, killer T cell 및 natural killer(NK) cell 세포생산, 활성화 helper T(Th) cell의 유도, 대식세포, 림프구, 사이토카인(cytokine)이 관련된 면역계의 부활 또는 증강 등에 의한 것으로 분석되었다. 이와 같은 항종양효과는 6량체 이상의 키토산 및 키토산 올리고당에서 특히 잘 나타난다. 또한 키틴과 키토산은 인체의 면역력을 부활 내지 증강시켜 항암효과가 기대된다는 보고도 있었다.

라. 비피더스균 생육촉진

키틴과 키토산은 키틴 가수분해 효소를 분비하는 장 내 세균에 의해 가수분해될 수 있다. 생성된 키틴올리고당 등은 장 내 비피더스균의 생육을 촉진하여 유당의 분해에 필요한 β-galactosidase의 생산을 촉진한다. 또한 모유는 비피더스 생육촉진 인자인 N-acetyl-β-D-glucosaminide를 함유한 올리고당이 있음에 비해 우유는 이것을 함유하고 있지 않은데, 이 glycoside 결합이 키틴올리고당에는 존재한다.

따라서 저분자 키틴과 키틴올리고당이 장 내 유용 비피더스균의 증식 촉진과 유당불내증 개선에 이용될 수 있다.

2) 아미노산, 펩타이드, 단백질 소재

(1) 아미노산

일반적인 아미노산은 여러 단백질의 전구체로 작용하고 맛과 식품의 물성에도 관여하지만 그 자체로서 생체조절 기능을 나타내는 경우는 드물다. 그러나 타우린(taurine, 2-aminoethanesulfonic acid, $+H_3N-CH_2-CH_2-SO_3$)은 분자 구조 내에 아미노기와 sulfonic acid 구조를 갖는 일종의 아미노산으로서 여러 가지 생리활성을 나타낸다고 보고되었다. 타우린은 포유류의 여러 조직 중에 분포하며, 식품 중에는 오징어와 문어 등의 어패류에 비교적 많이 함유되어 있다. 타우린은 태아 및 신생아에서 두뇌 등 신체 주요기관의 발달에 관여하므로 조제분유에 모유 수준으로 강화하도록 권장된다. 또한 타우린은 담즙산의 분비, 망막 광수용체 세포막의 보호, 심장근육의 보호 등에 관여하는 것으로 알려져 있다.

(2) 펩타이드

펩타이드는 다양한 조합의 아미노산이 펩타이드 결합에 의해 중합물을 형성하고 있는 것으로 일반적으로 분자량 10,000 이하의 것을 말한다. 식품 중에 존재하는 펩타이드는 아미노산을 공급하는 영양기능, 맛이나 용해성, 유화성 등에 관여하는 감각기능, 여러 생리활성을 나타내는 생체조절기능 등에 모두 관여하는데 최근에는 특히 펩타이드의 생체조절기능에 대한 관심이 높아지고 있다.

생체 내에 존재하는 펩타이드는 여러 가지 생리활성을 나타내는 경우가 많다. 각종 펩타이드 호르몬은 대표적인 예로 당 대사에 관여하는 인슐린(Insulin)이나 글루카곤(Glucagon), 위산과 펩신분비를 조절하는 가스트린(gastrin), 성장촉진 호르몬인 somatotrophin, 갑상선자극호르몬, 자궁수축에 관여하는 oxytocin, 염증을 제어하는 bradykinin 등이 있다.

기타의 펩타이드 생리활성 물질로서는 면역반응에 관여하는 interleukins, 신경전달물질로서 통증에 관여하는 eukephalin, 펩타이드 항생물질 등이 있다. 이와 같이 각종 펩타이드가 생체 내에서 다양한 생리활성을 나타내므로 대두발효식품이나 기타식품에 존재하는 펩타이드도 여러 가지 생체조절기능을 나타낼 수 있고 또 이를 응용할 수 있을 것으로 기대된다.

생체조절기능을 갖는 식품성분으로서는 탄수화물, 펩타이드 혹은 단백질, 지질, 배당체 등이 알려져 있는데 그중 펩타이드 성분은 항암, 혈압강하, 혈청콜레스테롤 강하, 면역증강, 칼슘흡수 촉진 등의 광범위한 생리활성을 나타내는 것으로 보고되었다.

가. 혈압강하

안지오텐신전환효소(Angiotensin converting enzyme, ACE)은 안지오텐신 I을 절단하여 강한 혈압상승 작용을 나타내는 안지오텐신 II를 활성화시키는 한편, 혈압강하작용을 하는 bradykinin을 분해함으로써 고혈압의 원인이 되는 효소인데, 이 효소에 대한 저해물질은 혈압강하작용을 나타내게 된다. 식품 중의 여러 펩타이드도 ACE 저해효과에 의해 혈압강하효과를 낸다고 보고되었는데 카세인, 젤라틴, 정어리, 참치, 무화과, zein, ovalbumin, lactoferrin, 대두단백질, 보리 단백질, 돼지혈액, 청주, 발효유 등과 함께 멸치젓, 된장, 대두단백 가수분해물 등이 그 예이다.

나. 아편상 활성

Enkepahlin 등의 내인성 펩타이드는 진통, 마취, 평활근 수축 등에 관여하는 endorphin으로 작용하는데, 식품 중 이들과 유사한 작용을 하는 아편상 펩타이드(opioid peptide)가 존재하는 것으로 알려져 있다. 식품 중의 아편상 펩타이드는 진통, 마취 이외에도 장관연동, 동맥이완, 혈압강하, 수면 조절, 식이섭취 조절에도 관여하는 것으로 보고되었다. 이러한 아편상 펩타이드로 카세인으로부터 β-casomorphin이 보고된 이래, 우유와 모유의 αs1-, β-casein, α-lactalbumin, β-lactoglobulin에서 많이 발견되었고, 밀의 gluten 가수분해물에서도 보고된 바 있다. 한편 opioid antagonist 활성의 펩타이드도 분리되었는데, 이들은 opioid 활성은 갖지 않으면서 opioid 수용체와 결합하여 opioid의 작용을 저해한다. Opioid antago -nist 펩타이드는 우유와 모유의 αs1-, κ-casein 및 lactoferrin, 쌀 단백질 등에서 발견되었다.

다. 혈소판 응집저해

혈관 내에서 혈액이 응고하게 되면 혈전이 형성되어 혈액순환이 방해받게 되는데 이 결과 심근경색증, 뇌졸중, 폐동맥 경색증, 혹은 부종이나 염증을 유발할 수도 있다. Fibrin -ogen, fibronectin, laminin 등의 세포접착성 단백질은 수용체인 integrin과 접착성을 나타내는데 이들 단백질에 함유되어 있는 RDG의 tripeptide 서열이 그 상호작용에 관여하고 있다. 따라서 RDGS 등 RDG 서열을 갖는 펩타이드는 혈소판 응집 및 암의 전이에 대한 저해활성을 나타낸다고 알려져 있다. 혈소판 응집저해 펩타이드는 모유의 lactoferrin, 우유의 κ-casein, 쌀 단백질 등에서 유래된 것이 보고된 바 있다.

라. 혈중 콜레스테롤 감소

식품 중에 포함되어 있는 펩타이드 중 일부는 소화과정 중 담즙산과 결합하여 분변 중에 배설되는 콜레스테롤 양을 증가시키고 혈중 콜레스테롤 함량을 낮추는 것으로 보고되었다. 대두단백질 가수 분해물에 함유된 펩타이드의 경우, 펩타이드의 표면소수도가 높을수록 콜레스테롤 감소효과는 더욱 커지는 것으로 보고되었고 그중 일부 펩타이드는 분리된 바 있다.

마. 면역증강

생체방어를 위한 면역반응의 초기단계에서 호중구나 대식세포의 탐식작용 등이 관여하게 되는데, 많은 펩타이드가 탐식작용 등을 촉진함으로써 면역증강효과를 나타내는 것으로 보고되었다. 우유와 모유의 αs1- 및 β-casein, immunoglobulin, 그리고 대두 globulin, ovalbu-min, 쌀 단백질 등에서 탐식작용 촉진 펩타이드가 발견되었는데 이들 펩타이드들은 탐식작용 활성화, 항체생산 증가, 병원균 감염에 대한 방어작용 등의 효과가 있는 것으로 알려졌다.

바. 칼슘 흡수촉진

칼슘은 식품 중에 불용성 상태로 존재하거나 소화관 내에서 인산과 결합함으로써 흡수가 어려울 수 있는데 펩타이드 중 인산 그룹을 함유하고 있는 phosphopeptide는 칼슘의 침전을 방지하여 흡수를 촉진하는 효과를 나타내게 된다.

사. 항암효과

최근에 펩타이드는 각종 종양세포에 대하여 세포독성을 나타냄으로써 항암효과를 나타낸다고 보고된 바 있다. 즉 우리나라의 재래식 간장, 된장, 콩단백 가수 분해물, 액젓, 치즈곤죽에서 분리된 각종 펩타이드가 생쥐의 대식세포 종양세포주, 생쥐 섬유아세포주, 인간 대장암세포주 등에 대하여 항암활성을 나타낸다고 보고된 바 있다.

아. 기타 건강기능성

이상에서 살펴본 펩타이드 이외에도 몇 종의 펩타이드가 건강기능성을 나타내는 것으로 알려져 있다. 우유를 응고효소인 chymosin으로 처리할 때 κ-casein으로부터 해리되는 glycomacropeptide는 위액 분비 및 위 운동 억제작용, 독소중화작용, 면역증강작용, 비피더스 생육촉진 효과를 보이며, 기타 αs1-, β-, κ-casein으로부터 유래된 펩타이드가 항균효과,

세포증식작용, 효소저해 역가를 나타낸다고 보고된 바 있다.

식품단백질에서 유래된 주요 기능성 펩타이드를 정리하면 〈표 1-15〉와 같다.

〈표 1-15〉 식품에서 유래된 기능성 펩타이드

기능	이름	구조	기원
혈압강하		HHL FFVAPFPEVFGK IVGRPRHQG VAF LINS IIY YRILEF	한국 된장 우유 αs1-CN 정어리 근육 Lactoferrin Ovalbumin 보리 gluten 콩 단백질
아편상 활성	β-Casomorphin 5 α-Lactorphin β-Lactorphin Gluten exsorphin A Oryzatensin	YPFPG YGLF-NH2 YLLF GYYPT GYPMYPLPR	우유 β-CN 우유 α-Lactalbumin 우유 β-Lactoglobulin Gluten 쌀 단백질
혈소판 응집저해		MAIPPKKNQDK KRDS RGDLER DEGLPR	우유 κ-CN 모유 Lactoferrin 쌀 Albumin 콩 단백질
혈중 콜레스테롤 감소		소수성 41잔기	콩11S acidic subunit
면역증강(탐식작용)	Albutensin Ovokinin Soy metide	PGPIPN ALKAWAVAR FRADHPFL MITLAIPVNKPGR	우유 β-CN 모유 serum albumin 난백 Albumin 콩 7S globulin
칼슘흡수촉진		β-CN(f1-25) αs1-CN(f43-79)	우유 β-CN 우유 αs1-CN
항암		MLPSYSPY FD, FA	콩단백 가수분해물 까나리 액젓

(3) 단백질

콩에 함유되어 있는 여러 가지 단백질분해효소저해제(protease inhibitors) 특히 Bowman-Birk inhibitor(BBI)와 같은 트립신 저해제(Trypsin inhibitor)들은 항암효과를 나타내는 것으로 보고되었다. BBI는 결장, 구강, 폐, 간, 식도암 등을 예방 또는 발생저해하는 것으로 알려졌는데, BBI의 trypsin 저해작용이 발암의 촉진단계를 저해하는 것으로 보고되었다. In vitro 연구에서 단백질분해효소 저해제들은 정상세포가 종양세포로 전환되는 것은 예방하였으나 종양세포에 대해서는 효과가 없는 것으로 나타났다.

3) 지질 소재

여러 가지 지질소재는 혈중 콜레스테롤 저하, 동맥경화 및 심혈관 질환 예방, 혈전 예방, 항염증, 항암 등의 건강기능성을 나타내는 것으로 알려져 있다. 기능성식품 소재로 활용되는 지질 소재로는 Eicosapentaenoic acid(EPA), Docosahexaenoic acid(DHA) 등의 고도불포화지방산, 공액리놀레산(Conjugated linoleic acid, CLA), 정제어유, 감마리놀렌산, 레시틴, 옥타코사놀, 알콕시글리세롤, 포도씨유, 스쿠알렌(Squalene) 등이 있다.

(1) 고도불포화지방산(Highly unsaturated fatty acid, HUFA)

고도불포화지방산은 이중결합을 4개 이상 갖는 다가불포화지방산(polyunsaturated fatty acid, PUFA)으로서 Arachidonic acid(AA), EPA, DHA 등이 해당된다. Linolenic acid는 콩기름이나 들깨기름 등 식물성 유지에 많이 함유되어 있고 EPA와 DHA는 등푸른생선에 많이 들어 있다. 인체 내에서 지방산의 가장 중요한 기능은 세포막, 핵막, 미토콘드리아 등 막조직 인지질의 필수성분이 되어 세포 내외간의 수송, 효소의 활성, 호르몬, 단백질 수용체, 신경조직에서의 신호전달 등에 관여하는 것이다.

EPA, α-Linolenic acid, DHA 등과 같은 ω-3 지방산의 건강기능성으로서는 혈청 중성지방이나 콜레스테롤의 농도를 낮추며 관상동맥 질환, 혈전증의 유발을 억제하는 것으로 알려져 있다. DHA는 망막 및 뇌조직의 주요 성분이 되며 모유에는 우유보다 ω-3 지방산의 함량이 높으므로 필요할 경우 이의 보충이 필요하다. 고도불포화지방산의 여러 가지 생체조절기능성을 살펴보면 다음과 같다.

가. 혈압강하효과

EPA와 DHA는 혈압강하효과가 있어서 고혈압환자의 혈압을 낮추어 주는 것으로 나타났다. 아마도 그것은 내피세포층 유래 완화인자의 생성물인 PGE_2를 감소시키고 PGI_2를 증가시키기 때문이다.

실제 다량의 생선기름으로 영양을 보충하면 최고혈압 6mmHg, 최저혈압 3mmHg 정도를 감소시키는 것으로 보고되었다. 이러한 효능은 EPA와 DHA에만 국한되는 것이 아니며, w-6인 arachidonic acid도 혈압강하효과를 나타낼 수 있다.

나. 혈중 콜레스테롤 감소

고도불포화지방산은 혈중 지질을 감소시키는 효능이 있으며 식품 중에 함유된 EPA나 DHA를 섭취하면 LDL이 감소되어 세포 내 Triglyceride의 수준을 저하시킨다고 알려져 있다.

다. 항혈전효과

생선기름은 항혈전효과가 있다고 알려져 있는데 이것은 혈소판 응고감소, TXA_2 저하 및 PFI_2와 PGI_3 생성증가, 전체 혈액의 점성저하 등에 의하여 출혈시간을 증가시켜 주기 때문으로 해석되었다. ω-3 지방산을 섭취하면 혈관의 재협착을 방지한다고 알려져 있다. 재협착은 주로 혈소판 응고, 평활근 세포의 증식 및 관상 혈관경련 등에 의하여 야기된다.

라. 항염증효과

EPA와 DHA는 AA와 경쟁적으로 작용하여 lipoxygenase 효소에 의한 LTB_4의 생성을 감소시킨다. LTB_4는 염증, 주화성, 관절염, 건선, 궤양성 대장염 등을 유발하는 경향이 있는데 이런 환자에게 생선유를 투여하면 대부분 그 심각성이 감소된다. 생선, 생선기름 혹은 해조류 등으로부터 EPA와 DHA를 섭취하면 항염증성 등을 나타내는 Leukotrienes과 Prostanoid 생성에 의하여 특정한 생리상태가 된다.

마. 암에 대한 효과

EPA나 DHA와 같은 ω-3 지방산을 다량으로 섭취하면 유방암, 전립선암, 결장암 등 여러 가지 유형의 악성 종양이 억제되는 효능이 있다고 알려져 있다.

바. 뇌 및 망막조직의 성분

DHA는 사람 뇌의 전두엽에 있는 회백질에 존재하는 인지질 즉 phosphatidyl ethanol -amine(PE)와 같이 혼합되어 DHA가 20~25% 정도 함유되어 있다. 이 인지질에는 EPA가 상대적으로 적으며 망막에도 동일한 지방조성으로 구성되어 있으므로, DHA는 뇌 및 망막과 관련된 고유한 생리활성을 갖고 있을 것으로 추정된다.

(2) 공액 리놀레산(Conjugated linoleic acid, CLA)

천연계에 존재하는 리놀레산은 두 개의 이중결합이 cis 9, cis 12 상태로 존재하는 비공액

(non-conjugated) 지방산이다. 공액 리놀레산은 이 이중결합이 cis 9, trans 11이나 trans 10, cis 12 등 공액상태로 존재하는 리놀레산을 말한다. 공액 리놀레산(CLA)은 체지방 감소, 항암성, 성장촉진, 항동맥경화, 콜레스테롤 감소, 당뇨 억제 등의 활성을 갖고 있는 것으로 판명되었다. 다양한 생리활성을 나타내는 CLA를 생산하는 기술은 두 가지가 알려져 있다.

첫 번째 방법은 리놀레산을 다량 함유하는 잇꽃씨 기름 등에 수산화나트륨(NaOH)을 가한 후 200°C 정도의 높은 온도에서 반응시키는 알칼리 이성화법이다. 이 방법은 수율이 비교적 높으나 고온반응 도중 유지의 트리글리세리드가 가수분해되므로 유리지방산 형태의 CLA가 생산되게 된다. 다른 방법은 혐기성 미생물을 이용하여 미생물이 증식할 때 생산하는 리놀레산 이성화효소가 기질인 리놀레산을 이성화시켜서 CLA를 생산하는 방법이다. CLA의 기능성 연구는 이를 이용한 건강보조식품들이 이미 상업화되어 있는 미국, 일본 등 기술 선진국에서 더욱 빠르게 진행될 것으로 보인다. 최근 국내에서도 CLA 강화 우유, 돼지고기, 닭고기, 계란 등의 상품화가 이루어지고 있다. 이러한 CLA의 기능성은 추후 이를 이용한 신제품의 개발로 이어질 것으로 예상되는데 특히 기능성을 강조한 조리유, 샐러드, 라면, 마가린, 쇼트닝, 제과, 제빵, 아이스크림 등에의 적용이 예측되고 있다.

4) 식물성분 소재(Phytochemicals)

〈표 1-16〉 중요한 Phytochemical과 그 생리활성

Phytochemicals	화합물 예	생리활성
Flavonoids	daidzein, genistein, glycitein	항산화, 콜레스테롤 저하, 심혈관질환 예방, 암 예방, 골다공증 예방
Polyphenols	catechin, quercetine, epigallocatechin gallate, phytosterol, curcumin, proanthocyanidins	항산화, 항균, 암 예방, 심혈관질환 예방, 항염, 항바이러스
Terpenes	β & α-carotene, lycopene, lutein, zeaxanthin	암 예방
유황함유 화합물	thioallyls, isothiocyanates, glucosinolates	혈압 강하, 암 예방, 항혈전,
기타	saponins, ginkgolides, inositol phosphates	혈행 개선, 암 예방

식물체에 광범위하게 분포하는 여러 화합물들은 대개 영양소로서 작용하지는 않으나 최근 들어 다양한 생리활성이 보고되면서 기능성식품소재로 활발하게 이용되고 있다.

여러 가지 생리활성을 나타내는 식물성분들을 Phytochemical이라고 한다. 이 Phytochemical은 종류가 매우 다양하고 생리활성 또한 매우 광범위하게 나타나는데 중요한 Phytochemical은 〈표 1-16〉과 같다.

(1) 항산화작용

식물체에 들어 있는 폴리페놀화합물은 정도의 차이가 있으나 모두 항산화효과를 나타낸다. Polyphenol이 항산화작용을 나타내는 것은 ① 환원제, ② 자유 라디칼 소거, ③ 산화촉매제인 금속과의 복합체 형성 ④ 강력 활성산소인 Singlet oxygen 소거 등의 작용에 의한 것이다. 생체 내에서는 산화적 대사과정에 의해 많은 활성산소 등이 생성하게 된다. 이들 활성산소들은 세포막의 인지질과 혈중의 지질을 산화시키고, 이들 지질 산화물들은 이차적으로 단백질과 핵산에 다시 작용하여 최종적으로는 암, 동맥경화와 허혈성 심장질환, 뇌장애 등의 원인이 될 수 있다.

대표적인 천연 항산화제로는 Flavonoids, Polyphenols, Cinnamic acid 유도체, Coumarins, Tocopherols, Polycarboxylic 유기산 등이 알려져 있다. 콩의 Isoflavones 중 Malonylgenistin과 Malonyldaidzin은 Chicken fat, Chicken olein, 리놀레산(Linoleic acid)을 베타카로틴(β-carotene) 존재 하에, 자외선 또는 가열조건에 의해 촉진된 산화 실험에서 항산화효과를 나타내는 것으로 보고되었다. 녹차는 약 30%의 폴리페놀(Polyphenol)을 함유하고 있으며, 가장 중요한 플라보놀(Flavonol) 또는 Catechins이다. 이 중에서 Epigallocatechin gallate(EGCG)는 총 카테킨(Catechins)의 50~60%를 차지하는데 탁월한 항산화효과를 나타낸다. 녹차의 항산화 지표는 EGCG의 함량에 의해 나타낼 수 있다.

(2) 항균 및 항진균효과

식물체에 함유된 폴리페놀 성분은 대부분 항균활성으로 병원성 미생물 등에 대한 저항성을 나타내는데 폴리페놀은 사람의 건강에 있어서도 유효성을 보이고 있다. 예를 들면 카테킨(catechin)은 장 내 균총의 개선, 충치의 예방 그리고 위암의 원인이 되는 *Helicobacter pylori* 균의 증식을 억제한다고 보고되었다.

(3) 심혈관질환 예방효과

역학조사 결과 과일이나 과일 가공식품에 많이 들어 있는 플라보노이드(Flavonoids)의 섭취량이 많을수록 동맥경화 및 허혈성 심장질환의 발병률은 감소하는 것으로 보고되고 있는데 이 같은 효과는 플라보노이드(Flavonoids)를 비롯한 폴리페놀 (Polyphenol)의 항산화작용에 의해 나타나는 것으로 알려져 있다.

마늘은 thioallyl($CH_2 = CH-CH_2-X$) 화합물을 함유하고 있는데 이를 함유한 마늘 추출물이나 그 활성성분인 S-allyl cysteine(SAC)을 실험동물에 급여했을 때, 혈중 총 콜레스테롤과 LDL 콜레스테롤 등이 30~50% 감소하고 혈전 관련효소 활성도 감소하는 것으로 나타났다. 또한 마늘은 혈액 응고에 관여하는 Thromboxane B_2와 Fibrinogen을 억제하여 혈전저해효과를 보이며, 마늘 추출물과 그 활성성분인 SAC, S-allyl mercaptocysteine(SAMC)는 혈소판부착 억제로 동맥경화 예방효과를 나타낸다. 은행잎은 혈행개선 특히, 뇌혈관의 혈행을 개선하여 두뇌작용을 개선한다는 보고가 많이 있었는데 은행잎 추출물이 뇌 혈행 개선, 말초신경확장으로 혈압강하, 두뇌의 저산소증 경감, 혈전 저해, 모세혈관 혈행개선 및 재활성화, 자유라디칼에 의한 망막손상 보호, 하지 말초혈관, 혈행개선 등의 효과를 나타내는 것으로 알려져 있다. 임상실험에서는 은행잎 성분인 Ginkgetin과 Isoginkgetin을 투여하였을 때, 혈중 콜레스테롤이 감소하고 관상동맥 심질환 환자의 뚜렷한 개선이 있었다고 보고되었다. 심혈관계질환을 예방할 수 있는 또 하나의 식물성분으로 보고된 것에는 Phytosterol이 있다. Phytosterol은 식물체에서 유래한 Sterol류와 Sterol이 수소화된 Stanol을 포함한다. 대표적인 Phytosterol에는 β-sitosterol, Stigmasterol, Campesterol 등이 있으며 이들은 과일, 채소, 견과류, 곡류, 콩류 등 식물계에 널리 분포한다. Phytostanol에는 Sitostanol, Campestanol 등이 있으며 이들은 보리, 옥수수 등의 곡류와 식물성 유지에 소량 분포한다. Phytosterol은 콜레스테롤의 흡수를 저해하여 혈중 총 콜레스테롤 수치와 LDL 콜레스테롤 수치를 감소시키는 것으로 알려져 있다.

(4) 항종양 및 항암효과

콩에 함유된 Isoflavone에는 Daidzein, Genistein, Glycitein 등이 있는데 이들은 암과 심혈관질환 예방효과가 있는 것으로 알려져 있다. 이들 Isoflavone의 효과는 에스트로겐(Estrogen) 활성, 항산화 활성, 항염증 활성 등이 관여하는 것으로 밝혀졌다. 콩에 함유된 Saponin은 항암,

콜레스테롤 저하, 면역증강효과가 있는 것으로 보고되었다. Saponin은 식물계에 널리 분포하는데 구조적으로 지용성 비배당체(Aglycon)와 당으로 구성된 배당체(Glycoside)이며, Aglycon은 대개 Sterol이나 Triterpenoid로 되어 있다.

또한 콩에 함유된 inositol phosphates도 암 예방효과를 나타낸다고 보고되었다. 식품 중 Flavonoid 등 페놀 항산화제는 과산화 반응 특히 지질산화 반응에서 유도된 변이원성에 대해 보호작용을 함과 동시에 발암물질의 생물활성을 감소시키는 것으로 보고되었다.

녹차 등에 함유된 Epigallocatechin gallate(EGCG), Epicatecihin gallate(ECG), Ellagic acid 유도체 등은 암 예방효과를 나타낸다고 보고되었는데, 이들은 구조상에 o-dihydroxy 구조를 갖는 Polyphenol형 항산화제로서 세포막 지질에서 자유 라디칼 산화반응뿐만 아니라 변이원성과 DNA 손상 반응도 억제하는 것으로 알려져 있다. 녹차의 Polyphenol은 암 발생 과정에 관여하는 촉진제에 대하여 강력한 억제제로 작용함으로써 암의 발생을 예방하는 것으로 나타났다. 그 밖에도 암 예방효과를 보인다고 보고된 폴리페놀(Polyphenol) 성분에는 Catechin, Quercetin, Ellagic acid, Chlorogenic acid, Curcumin, Tocopherol, Alkaloids, Anthraquinones, Coumarins, Flavonoids, Lignans, Naphthoquinones, Carcophytol 등이 있다.

Phytosterol은 담즙대사에 영향을 미쳐 대장암 억제효과가 있는 것으로 역학조사 및 동물실험에서 밝혀졌다. 이는 Phytosterol의 콜레스테롤 흡수저하효과와 관련이 있는 것으로 판단된다.

Lycopene, β- 및 α-carotene, Lutein, Zeaxanthin, β-cryptoxanthin 등의 화합물은 녹황색 채소 및 과일에 많이 들어 있는데, 이들 성분은 암 예방효과가 있는 것으로 밝혀졌다. 이들 성분은 암 발생의 관여하는 유전자의 발현을 억제하는 것으로 보고되었다.

마늘 추출물은 발암물질을 처리한 흰쥐에서 종양발생 억제, 종양의 수 감소, 종양형성 지연 등의 효과를 보이는데 마늘 추출물은 암의 초기화와 촉진 단계를 억제하여 암 예방효과를 보이는 것으로 나타났다.

5) 유산균 소재

유산균은 전통적으로 요구르트와 같은 발효유제품이나 김치와 같은 발효 채소류를 제조하기 위하여 이용되어 왔던 미생물이다. 유산균은 건강 유지나 장수 등과 관련하여 여러 가지 생리활성을 나타내는 것으로 알려져 왔고 따라서 기능성식품 소재로도 활발하게 응용되고 있다.

유용 유산균 제제를 활생균(Probiotics)이라고도 하는데 활생균은 일반적으로 '숙주의 건강에 유익한 효과를 나타내는 미생물 또는 그 성분'을 말한다. 유산균이 나타내는 건강증진효과로는 장 내 유해세균 억제에 의한 정장작용, 유당불내증(Lactose intolerance)의 경감효과, 변비 방지, 혈중 콜레스테롤의 감소, 항종양작용, 당뇨 예방, 혈압강하효과 등이 알려져 있다.

(1) 정장작용(整腸作用)

유산균은 장 내 세균의 일부로서 존재하고 있는데 유산균이 생성하는 유기산, 과산화수소, 박테리오신 등에 의하여 병원균이나 식중독균의 번식을 억제함으로써 정장작용을 나타내며, 설사에 대해서도 방지효과를 나타낸다.

유산균은 *Salmonella typhimurium, Listeria monocytogenes, Pseudomonas aeruginosa, Escherichia coli* 등의 식중독균과 유해균에 대한 억제작용이 알려져 있다. 정장작용을 나타내는 유산균으로는 요구르트 균주인 *Lb. bugaricus, Str. thermophilus* 등과 함께 *Lb. casei, Lb. rhamnosus, Lb. acidophilus, Lb. salivarius, Bifidobacterium breve, Enterococcus faeciium* 등이 보고된 바 있다.

(2) 영양학적 효과

동양 성인의 약 70%는 유당분해효소가 결핍되어, 유당이 함유된 우유 등을 과량 섭취할 때 설사나 복통 등과 같은 유당불내증 증상을 나타낼 수 있는데, 유산균은 유당분해효소를 분비하므로 이와 같은 유당불내증 현상을 경감하게 된다. 또한 *Bifidobacteria*는 Thiamine, Nicotinic acid, Folic acid, Pyridoxine, 비타민 B_{12} 등의 수용성 비타민이나 Biotin을 생산하는 것으로 알려졌으며 *Lb. acidophilus*의 경우에는 철의 이용성을 높이는 것으로 보고되었다.

(3) 변비 방지

*Bifidobacterium*이나 *Lactobacillus* 등의 유산균으로 발효된 발효유를 섭취할 경우, 변비의 증상이 완화되는 것으로 나타났다. 또한 이때 Lactulose나 갈락토올리고당을 함께 섭취하면 개선효과가 더욱 증진되는 것으로 보고되었다.

(4) 콜레스테롤 조절

요구르트 등의 발효유제품을 섭취하면 혈중 콜레스테롤 수치가 낮아지는 예가 많다. 유산균 대사물에 의한 콜레스테롤 저하인자로는 Hydroxymethyl glutarate 등이 보고된 바 있고, 또한 유산균은 콜레스테롤 분해효과를 나타내는 것으로 알려져 있다. 그러나 일부 실험에서 요구르트 등이 혈중 콜레스테롤 농도에 별 영향을 주지 않는다는 보고도 있으므로 연구가 더 필요하리라 생각된다.

(5) 항종양 및 항암효과

유산균 또는 발효유제품은 병원균 감염 억제, 종양 및 암세포의 억제 등으로 면역증강 및 항암효과를 나타내는 것으로 알려져 있다. 암환자에 *Lb. casei*를 처리했을 때 식욕부진, 구역, 가슴 통증 등의 증상을 완화시키는 것이 보고되었다. 또한 방사선 치료와 함께 처리하였을 경우 종양 감소, 생존기간 증가 등의 효과가 관찰되었는데, 발암물질 형성 관여효소의 역가가 1/2~1/4 수준으로 감소된 것으로 나타났다.

(6) 당뇨예방

실험용 생쥐에 *Lb. casei*를 경구 투여했을 때 혈당량이 감소하고, 인슐린 의존 당뇨의 발생이 줄어들었다는 결과가 보고된 바 있다.

(7) 혈압강하

*Lb. casei*의 자가소화물을 자발성 고혈압 흰쥐에 경구 투여했을 때 혈압이 강하하는 것으로 보고되었다. 혈압 강하를 위하여 가장 좋은 성분은 세포벽에 포함된 polysaccharide-glycopeptide 복합체로 나타났다.

제2장
식품공학기술과 가공식품

1. 식문화의 형성과 식품산업의 발달
2. 식품의 구성성분과 기능
3. 식품재료와 가공식품
4. 식품의 저장과 유통
5. 발효미생물공학과 발효식품
6. 식품가공공정과 주요 신기술
7. 식품생물공학기술에 의한 식품의 기능 향상

1. 식문화의 형성과 식품산업의 발달

인간은 살기 위해서 먹지만, 때로는 먹기 위해서 살기도 한다. 수렵과 채취의 원시 시대를 지나서 야생의 동물과 식물 들을 순화하면서 먹거리를 더욱 쉽게 확보하게 된 신석기 시대부터 인구는 급속도로 증가한다. 먹거리는 식량(食糧)으로, 식량에서 다시 식품(食品)이 된다. 인류의 먹거리 확보, 식량화, 식품과 그 산업의 발달 과정을 고찰하여 보자.

1.1 원시문화 속의 먹거리

지구 상에 인류(*Homo erectus*)가 모습을 나타낸 것은 대개 200만 년 전으로 이들은 야생의 과실이나 종자 등을 채취하고, 짐승을 사냥하고, 강과 바다의 물고기를 잡아 먹고 살았다. 빙하기를 거쳐 주로 동굴 생활을 하면서 동물성 위주의 인간(*Homo sapiens*)의 먹거리가 식물성화한 것은 대개 약 1만 년 전이라고 한다.

〈표 2-1〉 주요 작물의 재배연대, Hancock, 1992

연대(기원전)	주요 작물
11,000~7,000	밀, 벼, 보리, 옥수수, 강낭콩, 렌즈콩, 마 등
7,000~5,000	수수,호밀, 조, 상치, 수박, 호박, 목화, 대마, 아보카도, 포도, 망고, 카사바, 감자, 고구마, 올리브
5,000~2,000	귀리, 샐러리, 고추, 가지, 양파, 마늘, 아마, 사과, 바나나, 코코넛, 복숭아, 오렌지, 멜론, 코코아, 차 등
2,000~250	토마토, 파파야, 파인애플, 클로버, 커피, 겨자, 호프, 담배, 사탕무
250~	딸기, 블루베리, 고무나무, 알팔파

이들이 이용한 식물 종류는 아주 다양하여 거의 수백 종에 달하는 것으로 보고되고 있다. 또한 아메리카 인디언의 경우도 거의 천여 종의 식물을 식량으로 하였다는 보고도 있다. 대개 신석기 시대에 들어서서 부족 국가가 형성되고 농경문화가 시작되어 인구의 급속한 증가가 일차적으로 이루어진 것으로 알려져 있다. 즉 야생의 식물, 주로 밀과 벼 등의 곡식이

인간에 의하여 파종, 재배, 수확되면서 대량 생산이 이루어지게 된다. 먹거리가 해결되면서 시간적, 공간적인 여유를 가지는 인간은 드디어 그 이상의 것을 추구하게 된다.

자연 현상에 대하여 관심을 가지고 인간의 생활의 질서나 규칙을 만들면서 공동 사회를 만들고, 기본적인 의식주 생활을 탈피하여 편리함과 멋을 추구한다. 먹거리에 편이함과 보존성, 맛이 더하여 추구되면서 드디어 식품이 탄생하게 된다. 작물의 재배와 식량 생산의 증가로, 신석기 시대가 시작된 약 1만여 년 전 백만에서 천만 정도로 추정되는 인구는 기원 후 어느새 벌써 1억 이상을 넘어서게 된다.

1.2 문명의 형성과 식품

서남아시아의 이집트와 메소포타미아 문명권에서는 밀이 재배되고, 황하 유역의 동북아시아에서는 벼(*Oryzae sativa*)가 자라서 인류의 주식이 된다. 밀과 보리는 약 4,000년 전 중국에 전해졌으며, 이 당시 중국의 문헌 들에 오곡(五穀)이 언급되는데, 이는 벼, 밀, 콩, 조, 차조를 의미한다. 밀 재배 지역에서는 빵이 만들어지게 된다. 고대 인류가 만든 빵은 이스트를 넣지 않은 비(非)발효빵으로 생각된다. 이후 밀의 저장 과정에서 습기나 비에 젖어서 우연하게 발효가 되어 알코올이 생성되어서 이것이 발전하여 맥주가 된 것으로 생각된다. 이후 이집트에서 맥주는 소금과 같은 주요한 재화로 생산되어 국가에 조세로 바치거나 사원에 헌납되었다. 오늘날 남아 있는 파피루스에서 그 당시 맥주의 제조 과정을 볼 수가 있다. 포도의 재배 또한 성행하여 건포도 제조, 포도주 양조 기술 또한 어느 정도 발달하였다. 그리고 꿀이 중요한 감미료로 채취되고 이용되었음을 알 수 있다. 한편 사원을 중심으로 정부에서는 생산된 밀을 비롯한 식량과 식품의 보존과 저장도 대규모로 이루어진 것으로 생각된다.

문명의 중심이 그리스와 로마로 옮겨 가면서 식량의 생산과 이의 가공을 통한 식품화 기술은 더욱 발달하게 된다. 즉, 군주와 귀족을 중심으로 한 지배와 피지배 계급, 수도와 변방의 생활권의 이원화 사회에서, 이 시기에는 문물의 이동과 집산, 교역이 교통과 문화의 기본 단위인 여러 도시를 중심으로 이루어지고, 상인이 등장하면서 계급의 분화, 도시의 발달 등 다원화 사회로 접어들게 된다. 생존 위주의 주곡 생활에서 기호적인 맛과 향 등을 추구함으로써 기초적인 조리와 가공 기술이 발달하였다. 발효 빵의 제조와 포도 재배, 포도주 양조가 성행하였으며 지중해 연안의 특산품인 올리브 재배와 이를 유지 자원 등으로 활용하였고, 목축이 성행하여 우유, 치즈 등의 기본적인 낙농제품도 이용하였을 것으로 추정된다. 또한 고대 의학의 아버지라고 불리는 히포크라테스는 질병의 치료와 예방을 위하여 약 250여 가지의 허브를 이용한 것으로 기록되어 있다.

소클라테스는 대주가였다. 아테네 광장의 심포지아에서 애용된 음료는 주로 와인이었다. 연설하고 반박하고 또 경청하며 아테네 사람들은 간간이 목이 마를 때마다 와인을 물에 타 마셨다. 그리고 사람들이 격론에 지치고, 취기에 떨어지면서 자연스럽게 술이 세고, 논리적인 소크라테스가 가장 오래 남아서 토론을 주재했다고 한다. 영웅은 두주불사(斗酒不辭)라는 말과도 일맥상통한다. 원정에서 돌아온 로마의 장군들은 공여받은 로마 주변의 땅에 당시에 경제성이 가장 큰 포도를 심어 포도원을 만들고 포도주를 빚었다. 세계 각지의 변방에서 가져온 진귀한 과일을 비롯한 다양한 먹거리들, 로마의 원로원과 귀족, 장군들은 밤새도록 먹고 마시며, 토했고, 로마는 멸망하였다.

1.3 중세 유럽의 식품과 문화

서남아시아의 밀은 유라시아를 가로질러 동으로 이동하고, 당시 비옥한 평야지대였던 오늘날의 신강(新疆)지역에서 인류 최초로 국수가 만들어진다. 중국이 시초로 알려져 있는 국수의 발명이 기원 약 3천 년 전에 이주해 온 또 다른 인종에게서 전파된 것이라는 사실은 비교적 최근의 고고학적 발굴에 의하여 알려진 사실이다.

현재 신강박물관에 당시의 미이라와 함께 국수의 화석이 보존되어 있다. 영양적으로 거의 완벽한 성분을 구비한 쌀과 가공적성이 뛰어난 밀의 재배, 그리고 국수의 제법을 서양으로부터 전수받아 명실공히 중국은 당시에 세계 최고의 식문화 대국이 된다. 송대의 수도 카이펑(開封)에는 세계 각국의 다양한 요리를 만들어 파는 식당과 식료품점이 즐비하였으며, 이 중에도 양고기를 넣은 국수, 만두 등이 성행하였다.

사라센 제국의 침입과 이슬람 문화의 유입으로 유럽의 식품은 더욱 다양해진다. 실크로드를 타고 전래된 면은 이탈리아 반도에서 스파게티와 파스타가 되었다. 음료로는 커피가 전래되었있는데 더욱 다양한 식생활과 재료를 추구하는 유럽의 왕과 귀족들은 동방으로의 항해를 시작하여 드디어 대항해 시대가 시작된다. 후추를 비롯한 육두구, 계피 등의 다양한 향신료의 등장은 유목에서 시작된 육식 위주의 중세 유럽인에게 결여되었던, 거의 완벽하게 조화로운 식품 문화를 만들어내게 된다.

문화와 문명의 암흑기라고 하는 중세 시대를 거쳐 유럽은 이제 다양한 요리와 식품을 즐길 수 있게 된다. 해적과 흑인노예들 그리고 앞서 만들어진 화약과 총의 사용 덕분이었다.

그러나 뜻하지 않은 천재지변인 흑사병(黑死病)은 전 유럽을 죽음의 공포와 도가니로 몰아넣게 된다. 14세기와 17세기의 연이은 1, 2차 흑사병의 창궐로 인하여 전 유럽 인구의 1/3 정도가 몰살되면서, 노동력을 잃은 장원제도가 붕괴되므로 영주들은 농노를 내쫓고 울타리를 치고 양을 사육하게 된다. 이를 엔클로우저 운동이라고 하며, 방황하는 농노들은 시장과 도시에 몰려들어 가내수공업의 길드 제도 아래에서 값싼 노동력을 제공하면서 살아가거나 무작정 신대륙과 동방으로 항해를 통하여 새로운 삶터를 개척하게 된다. 이는 전형적인 농업과 자급자족 시대의 식생활에서 한시적인 시간과 공간에서 동시에 많은 인구의 먹거리를 충족하여야 하는 오늘날과 같은 대량생산과 가공과저장의 신기술을 요하는 새로운 패러다임의 식품산업의 필요성을 예고하게 된다.

1.4 르네상스와 대항해 시대: 동서양의 접목 식문화

인도를 통하여 서구에 전래된 다양한 향신료들은 유럽 열강들의 식민지화된 인도네시아, 말레이시아 등지에서 집단적으로 재배되어 오늘날까지 이들 나라의 주요한 수출 품목의 하나가 되었다. 로즈마리, 타임 등의 향신료는 주로 이탈리아의 베니스 등지를 중심으로 일차 가공되어 전 유럽에 고가로 판매되었으며, 비싼 것은 같은 가격의 금값에 해당하는 금액으로 거래되었다. 또한 이들 향신료는 항균성 등의 약리성이 있어서 흑사병을 예방하는 효과가 있다고 하여, 치료약으로 혹은 수도사들에 의하여 주술적으로 이용되기도 하였다. 연금술과 관련하여 중세의 수도원의 수사와 수녀들에 의한 향신료의 활용 연구는 오늘날 천연물과학의 모태가 되었다고 할 수 있다. 한편 콜롬부스가 중남미 지역에서 발견하여 스페인에 가지고 온 고추는 후추와는 또 다른 매운맛으로 아직까지 스페인을 비롯한 유럽인들에게 사랑을 받고 있다. 이는 다시 임진왜란 중에 일본에서 우리나라에 유입되어 김치에 빠질 수 없는 색과 맛을 내는 부재료가 된 것은 너무나도 유명한 사실이다.

한편 차(茶)는 기원전 3,000여 년 전 중국의 전설적인 황제, 신농(神農) 때부터 재배되고 음용되어 왔다고 한다. 비교적 고온 다습한 중국의 운남과 사천 지역에서 재배되어 온 차(*Camelia sinensis*)는 황하와 양자강의 탁한 물을 마셔야 하는 중국인들에게 없어서는 안 되는, 식량 이상의 필수품이 되었다. 또한 주변의 히말라야 고원지대에 거주하는 오늘날의 티벳, 네팔 지역의 사람들이 부족한 비타민과 무기질을 안정하게 공급하는 소재로써 그 지역의 특산품인 말과 교환하여 거래되었다. 운남, 사천에서 티벳의 라사에 이르는 수천 리의 멀고도 험한 차마고도(車馬高道)가 이루어진 배경이다. 당나라 시대의 마르코폴로는 실크로드를 수차례 왕복하면서 중국의 차와 국수 등의 식문화를 서양에 전래하는 역할을 하였다. 카테킨 등의 폴리페놀 화합물이 풍부한 차는 수송 과정 중에 자연히 효소의 영향으로 발효가 되어 갈변되는 과정에서 홍차, 우롱차, 흑차 등의 제품이 나온다. 당시 유럽에서는 이미 커피가 기호음료로 자리 잡아 런던, 파리 등지의 대도시에는 오늘날의 다방과 같은 커피하우스가 등장했다. 이곳에서 회교도 복장을 한 무어인이 커피를 팔고, 문인, 예술인, 정치가 등의 지식인과 귀족들의 사교계가 되었다. 또한 상인들의 거래와 국제 교역 등도 이곳에서 이루어졌다고 한다. 중국의 비싼 녹차 대신에 영국은 인도에서 이와 같은 품종의 식물을 발견하여 재배하였는데, 바로 대엽종의 차로서 홍차 제조에 아주 적합하였다. 이후 인도는 동인도회사를 통하여 영국과 유럽의 차의 원료 생산과 교역의 중심지 역할을 담당하게 된다.

1.5 산업혁명과 근대적 식품산업

바야흐로 중세가 끝나면서 화학과 물리, 수학과 생물 등의 기초 학문과 과학, 천문, 지리를 바탕으로 한 항해술, 수력과 석탄 등을 활용한 동력 기술의 발전으로 물질의 대량생산의 막을 여는 산업혁명의 시대가 태동된다. 전술한 바와 같이 장원에서 내쳐진 농노들은 도시와 신대륙에서 산업의 역군이 되어 공장으로 출근하게 된다. 공장과 작업장에서 분업과 기계화가 이루어지며, 인간은 서로 격리된 공간에서 재화의 대량생산을 위한 작업에 몰두하고, 다양한 환경 스트레스에 노출된다. 물과 와인을 대신하여 새롭게 자극을 주고 활력을 충전할 수 있는 기호음료가 요구되면서 동방에서 수입된 커피와 홍차 등이 애용되지만 노동자에게는 그림의 떡처럼 귀한 기호식품이었다.

특히 영국인의 기호식품으로 자리 잡은 홍차는 종교적 탄압과 박해를 떠나 미국 대륙으로 건너간 청교도들에게도 향수를 달래 주는 유일한 식품이었다. 그러나 보스턴을 통하여 미국에 들어가는 차의 조세를 영국 정부가 인상하자, 이는 평소 불만이 많던 식민지의 영국인들의 감정을 촉발하여 미국의 독립전쟁이 일어나게 된다. 한편, 인도에서 생산된 아편을 중국의 차로 바꾸어서 본국에 공급하던 영국과 청나라 간에 유명한 아편전쟁이 일어나게 된다. 미루어 보면 정녕 글자 그대로 사람에게 이로운 풀과 나무이어야 할 차에 의하여 수천 수만의 인간이 고통을 받고 또 전쟁으로 죽게 되거나, 차 맛에 길들여져 고삐에 꿰여 살아가게 되니 차는 어쩌면 인간이 멀리해야 하는 요물이 아닌가 생각되기도 한다. 오직 어머니에 대한 효심으로 가문의 전래 보검과 바꾼 차를 몸에 지니고 천리 길을 멀다 않고 달려 온 아들의 면전에서 보란 듯이 그 차를 팽개친 유비 모의 결연한 의지가 아니면, 차는 담배보다 더 끊기 어려운 중독성 기호음료이기도 하다.

이러한 배경에서 도시 생활 하의 사무원, 노동자들의 아침과 휴식을 위한 값싼 기호 음료로서 소다수가 영국의 회계 서기 조셉 프리슬리(1767)에 의하여 개발되었다. 당시 미국 대륙 횡단 철도가 완공되고, 자동차와 도로 등이 수송망이 서서히 갖추어짐에 따라서 이러한 음료를 비롯한 가공식품 들은 서서히 대량생산과 유통의 체재를 갖추어 산업화하게 된다. 그리고 호주에서 영국으로 배로 수송하던 소고기의 보존을 위하여 암모니아 냉동기술이 개발되며 이는 신대륙에서 생산되던 다양한 식품과 그 원료들의 대규모 유통과 저장을 가능하게 하였다.

1886년, 약제사인 존 펨벨톤은 오늘날까지 인류가 개발한 가장 가치 있는 브랜드로 알려지고 있는 코카콜라를 우연히 개발한다. 코카나무 잎은 잉카제국의 신성한 식물로 머리를 맑게 하고, 강장효과 및 식용 증진 등의 효과가 있는 것으로 민간에 전래되어 왔는데 여기에 서아프리카의 콜라 열매 추출물이 첨가되어 '코카콜라'가 되었다. 2차대전 중 미국 정부의 지원하에 전 세계의 미군 주둔지에 건설된 코카콜라 공장이 건설되면서 판매되는 콜라는 미국의 힘과 문화를 상징하는 명실공히 아메리칸 드림의 표상으로서 전 세계와 미국 국민에게 애용되어 왔다. 두 번의 세계대전 중에 가장 필수적인 식량의 보급을 위하여 다양한 식품 보존과 저장, 살균, 포장 기술이 개발되고 또 직접 응용되었다. 고압솥에서 증기를 이용한 고온 살균법인 레토르트, 통조림, 방사선 살균, 동결건조, 마이크로웨이브 등의 기술이다. 2차대전 이후 이러한 기술들로 가공식품과 식품산업은 더욱 융성하게 발전하였고 전후의 산업사회에 값싸고도 질 좋은 식품을 제공하게 되었다.

1.6 현대의 식품산업

근대 화학의 발달과 함께 질소 비료의 생산, 제초제, 살충제 등 농약의 사용으로 19세기 말부터 식량생산이 급속도로 증가하기 시작한다. 기하급수적으로 증가하는 인구에 비하여 식량생산은 산술급수적으로 증가한다고 역설한 맬서스의 말과 다른 양상으로 미국과 유럽 등지의 국가에서 식량작물과 축육의 대량생산이 이루어졌다. 작물에 의한 식량 생산과 농경문화가 정착한 일만여 년 전을 1차 농업혁명이라고 하면, 이 시기는 2차 농업혁명이라고 부를 수 있다. 그러나 과도하게 사용된 합성비료와 농약, 이차 산업에서 유래된 중금속, 유해화학물질 등이 오랫동안 지구 환경에 축적되면서 농작물의 오염은 심각하게 인류의 먹거리뿐만 아니라 지구 생태계 전반을 위협하게 된다. 2차대전 이후 서구 열강의 식민지에서 독립하는 약소국들은 선진국의 도움과 자발적인 육종 기술의 향상으로 식량의 자급을 이룩하게 되는데, 1960~1970년대에 들어서 동남아시아를 비롯하여 남미, 아프리카 등지에서의 육종과 농업 기술의 개발로 다시 세계는 급속한 식량의 증가를 이룩하는 3차 농업 혁명, 녹색 혁명의 시대를 열게 된다. 대표적인 경우가 통일벼의 육종에 의한 한국의 녹색 혁명이다. 또한 일본에서 개발된 라면 또한 보다 신속, 간편해지고 또 품질이 좋아지면서 인류의 식량 부족을 부분적으로 해소하면서 산업화 역군의 영양과 에너지를 편리하게 충족하는 역할을 한다.

이제 지구는 아프리카의 빈민국을 제외하고는 풍족한 동물성, 식물성 식생활을 영위하면서 심지어는 식도락을 즐기게 되었다. 교통과 통신 수단의 발달, 대량 생산에 의한 풍족한 물자, 기업 규모의 식량 생산의 풍족한 식생활 탓으로 전 미국민의 30% 정도가 비만인구로 추정되고 있다. 비만은 다시 당뇨, 고혈압, 동맥경화, 심장질환, 치매와 각종 암을 유발하고, 드디어 미국과 일본은 '비만과의 전쟁'을 선포하면서, 국민들의 체질량 지수와 식생활의 자주적 관리를 유도한다. 각국은 건강보조식품(dietary supplement), 건강기능성식품의 개발과 판매를 법제화하여 권장하고 있다. 왓슨과 클릭에 의하여 유전자를 구성하는 DNA의 구조가 밝혀졌고, 생화학과 생명공학 분야의 다양한 기술의 개발과 과학의 발달은 품종을 넘어선 동식물

신품종의 육성과 개발을 가능하게 했고, 또 인류의 숙원인 암과 각종 질병의 예방과 치유가 가능하도록 했다. 건강기능성을 구비한 개인별 맞춤식의 식사가 환자뿐만 아니라 정상인에게도 자신의 유전적 소양에 맞게 섭취할 수 있는, 꿈만 같은 사회가 이제 곧 도래할 것이다.

1.7 글로벌식품 시대와 식품안전

중화학, 기계, 전자 등의 산업화, 경제 성장에 힘입어 한국도 1988년도 서울올림픽을 개최하면서 글로벌시대를 맞이하게 된다. 한국의 전통식품인 김치와 장류, 인삼 등이 해외에서 각광을 받고 세계 각국의 다양한 식품 원료 교역이 이루어지면서 다양한 식품을 즐기는 식생활이 각광을 받았다. 한편 세계적으로도 식품 원료의 교역과 완제품의 수출입 등이 본래 농산대국인 미국, 캐나다를 중심으로 활발하게 전개가 되었다. 1993년도에 유럽은 기존의 유럽경제공동체 조직을 더욱 강화하여 유럽연합(Europe Union)으로 거듭나면서 단일 통화권과 함께 완전한 자유무역을 실현한다. 사람과 물자, 농산물과 식품에 이르는 광범위한 교역은 다양한 생활의 즐거움과 아름다움을 추구하지만, 전염병과 식중독 등 보건 위생적인 측면에서는 대규모의 사고가 다발적으로 초래되는 등 그 대가도 만만치 않았다. 1996년도 영국에서 일어난 광우병 파동으로 영국은 수백만 마리의 자국 소를 화장·도살 처리하여야 하였다. 또한 미국의 햄버거 등이 원인 식품으로 발생 시 전량 회수하는 O157 : H7 대장균 식중독이 일본과 우리나라에서도 잦게 발병하기도 하였다. 그리고 21세기에 들어서서 중국과 동남아시아에서 발생한 조류 독감에서도 취급자의 감염과 사망이 일어나고 있으며, 닭고기를 소비하는 모든 나라에서 초유의 관심을 가지고 예방과 방역에 대처하고 있다. 1995년도 세계무역기구(WTO)가 결성되어 산업과 무역의 새로운 국제무역환경기반이 조성되면서 식품의 교역에 필요한 CODEX 규격이 제정되게 되어 수출입 식품의 품질 규격, 기준과 신뢰성을 보장하는 데 중요한 역할을 하게 되었다. 또한 미국의 우주식품의 개발을 위하여 도입된 식품위해분석 중점관리제도(HACCP)가 신선 농축수산식품을 중심으로 점차 전 세계적으로 실시되고 있어서 전통식품을 비롯하여 세계화되어 가는 식품산업의 안전성 구축에 일익을 더하고 있다.

인류의 역사와 함께 발전하여 온 식품은 시대와 함께 영양과 열량 위주의 주곡 중심의 생존형식품, 이에 맛과 향이 적절하게 가미되어 가공되거나, 천연 과일과 채소 등이 보완되는 기호형의 식품, 질병과 건강, 평소의 쾌적한 생활을 겨냥하여 특수하게 제조된 건강기능성식품, 건강과 질병에 관여하는 개인의 유전적 소양을 고려하여 제조된 맞춤식 기능성식품으로 발전하고 있다. 한편으로 새로운 우주 공간에서의 생활과 활동에 요구되는 우주식품 개발은 21세기 식품과학도를 위한 숙제이기도 하다.

2. 식품의 구성성분과 기능

2.1 식품과 건강생활

우리 사람의 생명 유지와 건강한 생활은 균형 잡힌 의(衣)·식(食)·주(住) 생활에 바탕을 두고 있다. 이 중 식생활은 인간의 건강과 행복한 삶을 위한 가장 기본적인 조건이다. 특히 균형 잡힌 식생활은 현대인의 건강유지와 질병예방에 가장 중요한 생활습관으로 밝혀지고 있다.

최근 삶의 질이 중시되면서 육체적, 정신적 건강의 조화를 통하여 행복한 삶을 추구하는 라이프스타일, 즉 웰빙(wellbeing) 생활이 새로운 삶의 문화로 정착되고 있다. 이는 '행복, 안녕, 복지, 복리' 등의 사전적 의미를 내포하면서 현대인의 바쁜 일상과 인스턴트 식생활 문화를 벗어나 우리의 삶에서 풍요로움과 건강 지향적 생활을 강조하고 있다.

이와 더불어 로하스(LOHAS, Lifestyle of Health And Sustainability)는 건강과 지속가능함(지속 성장성)을 추구하는 생활방식이다. 개인을 우선하는 웰빙과는 달리, 로하스는 이웃과 사회, 나아가 환경과 후세의 건강과 행복한 삶을 추구하는 사회적 웰빙의 의미를 포함하고 있다.

2.2 식품의 기능

식품이란 사람에게 필요한 영양소를 한 가지 이상 함유하고 유해물질을 포함하지 않는 천연식품 또는 가공품으로 총칭된다. 우리가 매일 섭취하는 식품은 균형 있는 영양소와 기호성 및 안전성을 구비하면서 타당한 값으로 구입할 수 있는 조건을 갖추어야 한다.

식품에는 세 가지 기능이 있다. 제1기능은 생명유지기능으로 칼로리 공급과 신체구축을 위한 영양적 기능이다. 제2기능은 식품이 의약품과는 구분되게 인간의 감각에 의해 느껴지는 기호적 기능을 말하며, 제3기능은 식품 섭취를 통하여 인체의 면역강화, 노화억제, 질병예방 등의 생체조절기능을 말한다.

이는 종래 식품의 기능인 영양적 기능과 기호적 기능을 넘어 우리 인체의 건강유지와 질병예방을 위한 식품의 생리적 기능성을 중요하게 강조하는 의미를 담고 있다.

2.3 식품의 구성성분

우리가 섭취하는 음식물은 대부분 생명체에서 비롯되었다. 생명체는 물(water)을 주성분으로 하고 있으며, 우리가 식품의 구성성분을 말할 때는 우선 식품 전체를 수분(moisture)과 고형분(solid)으로 구분하게 된다. 고형분은 유기물과 무기물로 구분되며, 무기물은 연소가 되지 않는 부분으로서 무기질 또는 회분(ash)이라고 부른다. 그리고 유기물은 탄소를 포함한 화합물로서 탄수화물, 지방질, 단백질, 비타민과 색, 맛, 향 등의 기호성분(luxury compon-ents), 생리활성성분, 효소, 호르몬 등의 특수성분을 포함한다.

1) 식품의 일반성분

식품을 구성하는 기본성분은 수분, 탄수화물(당질+섬유질), 지방질, 단백질, 비타민, 무기질이며, 이들은 식품의 일반성분(proximate composition)이라 부른다. 보통 식품의 일반성분은 그 식품의 대략적 성분 구성비(%)를 나타낼 때 사용되며, 일반성분에 대하여 미량성분이라 일컫는 성분으로는 비타민류와 무기질이 있다. 이들은 미량이지만 생리적으로 매우 중요한 역할을 하게 된다.

그동안 단백질, 지방질, 당질, 무기질, 비타민 등은 사람의 생명유지에 필수적인 영양소로서 중요시되어 왔다. 탄수화물의 구성성분인 식이섬유(dietary fiber)는 그 생리적 작용이 밝혀짐에 따라 점점 더 그 중요성이 인식되고 있다. 이상의 5대영양소 이외에도 생명유지에 필수불가결한 성분으로는 물을 들 수 있다.

이상의 식품영양소는 체내의 생리작용에 따라 아래와 같이 구분된다.

· 열량을 내는 열량소(탄수화물, 지방질, 단백질)

· 몸을 구성하는 구성소(단백질, 지방질, 무기질, 물 등)

· 생체반응을 조절하는 조절소(비타민, 무기질, 단백질, 물 등)

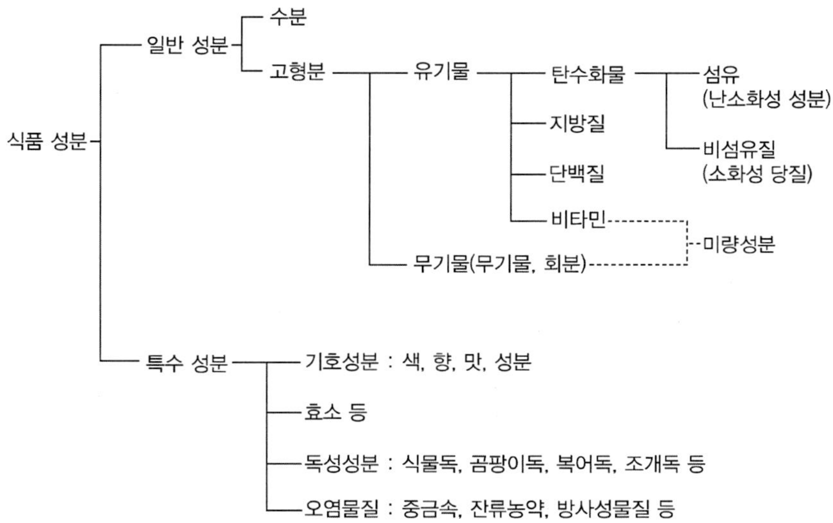

2) 식품의 특수성분

식품에는 이상에서 설명한 일반성분과 미량성분 외에도 특수성분이 함유되어 있다. 식품의 특수성분에는 플라보노이드, 카로테노이드, 안토시아닌, 배당체, 알칼로이드, 알데히드, 케톤, 알코올, 유기산, 에스테르 등의 생리기능성분과 색, 향, 맛 등을 내는 기호성분들이 포함되어 있으며 식품에 존재하는 독성성분, 효소, 호르몬 등도 특수성분으로 구분하기도 한다.

2.4 식품성분표

1) 식품성분표(Food composition table)

〈식품성분표〉는 국민의 건강유지에 필요한 식품의 여러 가지 영양성분 조성이 있다. 이는 식품의 품질평가와 식생활 지침으로써 활용되며 나아가 국가 식량계획 수립, 국민영양 조사평가, 단체급식 식단작성 기초자료 등으로 활용되고 있다.

우리나라 〈식품성분표〉는 1970년 농촌진흥청에서 〈식품분석표〉란 이름으로 처음 발간된 이래, 1981년부터 5년 주기로 내용과 체계가 보완·개정되어 왔다. 현재 제7개정판(2006)이 농업과학기술원 농식품자원부에 의해 발간되었다. 제I편은 2,500여 종 식품의 일반성분, 무기성분 및 비타민을 수록하였고, 제II편에서는 식품의 비타민, 아미노산, 지방산, 콜레스테롤, 식이섬유(수용성, 불용성) 및 미량성분의 함량을 차례로 수록하고 있다.

책에 수록된 식품군은 곡류(276종), 채소류(422종), 육류(238종), 어패류(664종) 등 18개 식품군으로 구분하여 총 2,500여 종에 이른다. 그리고 수록된 성분의 항목 및 배열에서 식품성분 함량은 식품가식부(edible portion) 100g당 함량을 〈표 2-2〉와 같은 단위로 나타내고 있다.

〈표 2-2〉 식품성분 배열 및 단위

영양성분		단위	영양성분			단위
에너지		kcal	성분		나트륨	mg
일반성분	수분	g			칼륨	mg
	단백질	g	비타민	A	Rentinol Equivalent	RE
	지질	g			레티놀	μg
	회분	g			베타카로틴	μg
	탄수화물	g		B_1		mg
	섬유소	g		B_2		mg
무기	칼슘	mg		나이아신		mg
	인	mg		C		mg
	철	mg	폐기율			%

2) 식품성분표의 기재내용

식품성분표에 기재되어 있는 각 항목의 기재내용을 식품의 구성성분 관점에서 요약하면 다음과 같다.

(1) 에너지(Energy)

식품성분표에서 에너지(kcal)는 식품의 종류에 따라 FAO/WHO 에너지 환산계수, Atwater 에너지 환산계수 등에 의하여 산출하였다. 그리고 탄수화물은 섬유소를 제외하고 환산하였다.

(2) 수분(Moisture)

식품 중의 수분 함량은 보통 105°C 전후에서 건조하였을 때 무게가 줄어드는 양을 전체 식품의 무게에 대한 퍼센트(%)로 나타낸 값이다.

(3) 단백질(Protein)

식품의 단백질 함량은 일반적으로 시료 중의 질소(N) 양을 측정하여 이에 환산계수(평균 6.25)를 곱하여 단백질량으로 환산한다. 단백질의 구성원소 중 질소의 비율은 보통 16%이다. 따라서 단백질의 양은 질소의 측정 값에 6.25(100/16)를 곱하여 산출하며 이를 조단백질(crude protein)이라고 한다. 이 수치에는 펩티드, 아미노산, 아미드화합물, 암모니아 등의 함질소화합물이 포함되어 있다.

(4) 지방질(Lipid)

식품 중 지방질 함량 측정은 일반적으로 디에틸에테르를 용매로 하여 Soxhlet 장치로 추출하여 측정한다. 에테르 추출물에는 지(방)질 이외에 소량의 지방산, 복합지질, 스테롤류, 왁스, terpene류, 카로테노이드, 엽록소 등이 포함되어 있으며, 이로써 조지방질(crude lipid)이라고도 부른다.

(5) 회분(Ash) / 무기질(mineral)

회분의 측정은 시료를 550~600°C에서 회(분)화시키는 검식법이 많이 활용된다. 검체 중의 회분량은 시료의 무기질 양을 정확하게 나타내는 것이 아니므로 조회분(crude ash)이라고 부르기도 한다. 식품 중 무기질은 가식부분 100g당 칼슘, 인, 철, 나트륨, 칼륨 등을 mg 단위의 함량으로 나타낸다.

(6) 탄수화물(Carbohydrate)

가. 섬유질(Fiber)

식품의 섬유질은 지방질을 제거한 식품시료를 묽은 산과 묽은 알칼리로 처리하여 남는 찌꺼기를 말하지만, 그 외에도 소량의 lignin, pentosan 및 무기염류를 포함하고 있다. 여기에서 수분과 회분 함량을 제외한 부분을 조섬유(crude fiber)라고 부른다.

그리고 최근 식이섬유(dietary fiber)란 용어가 일반화되어 있다. 이는 식품성분표에 나타난 조섬유와는 조성과 함량에 차이가 있으며, 식이섬유가 더 넓은 개념이다. 따라서 식이섬유를 포괄적으로 정의한다면 '사람의 소화효소에 의해 소화되기 어려운 전분 이외의 다당류(펙틴질, 고무질, 점질물질, cellulose, hemicellulose, 키틴, 키토산 등)' 즉, 'consisting of the remnants of biological cells resistant to digestion by the alimentary enzymes of human'이라고 하는 것이 바람직하다.

나. 비섬유질(당질, 가용성무질소물)

탄수화물에서 섬유질성분을 제외한 부분은 가용성 무질소물(N-free extracts) 또는 당질(sugar substances)이라 부를 수 있다. 이는 일반성분의 정량에서 100%-(수분%+단백질%+지방질%+회분%+섬유%)로 산출되는 수치이다. 여기에는 전분, 호정, 당류 외에도 유기산, 펙틴질, 점질물, 비타민 등의 가용성성분도 포함될 수 있으며, 직접 측정하지 못하는 식품성분으로서 가장 포괄적인 개념과 수치라고 말할 수 있다.

(7) 비타민(Vitamin)

비타민은 대체로 체내에서 합성되지 않는 유기화합물로서 건강한 생명유지에 필수적인 영양소이다. 따라서 반드시 식품으로 섭취되어야 하며, 그 요구량은 1일 μg, mg 단위의 극히 소량이지만 부족 시 여러 가지 결핍증이 유발된다.

(8) 기타

제7개정판(2006) 2권에는 식품시료 가식부 100g당 아미노산 함량(mg), 지방산(g) 및 콜레스테롤(mg) 함량, 수용성 및 불용성 식이섬유 함량(g), 미량원소 함량 등이 포함되어 있다.

2.5 식품의 성분, 물

1) 식품에서 물의 중요성

물은 식품의 주요 구성성분으로서 인체의 생명현상을 유지하기 위한 필수성분으로 탄수화물, 지방질, 단백질, 무기질, 비타민과 함께 6대영양소의 하나로 불린다. 물 분자(H_2O)는 유기물질이 아니며, 따라서 체내에서 에너지를 내지 않는다.

(1) 물의 존재

식품을 포함한 생물체는 수분(물)과 고형분(solid)으로 구성되어 있다. 식품 중에 존재하는 물은 유리수(free water)와 결합수(bound water)의 두 가지 형태로 존재한다.

유리수(자유수)는 염류, 당류, 수용성 성분 등을 용해하는 용매(solvent)로 작용하는 물이다. 결합수는 식품 중의 탄수화물이나 단백질 분자들과 수소결합(hydrogen bond)에 의하여 밀접하게 결합되어 있는 물이다. 그러나 이들은 서로 독립적으로 존재하는 것이 아니라 일부의 결합수는 상황에 따라 유리수가 될 수 있고, 일부 유리수는 결합수로 바뀔 수도 있다. 즉, 이들 간의 이동은 가역적(reversible)이며, 그 평형(equilibrium)은 온도나 물에 녹아 있는 물질들의 종류, 양 등에 의하여 영향을 받는다.

(2) 물의 특이성

물 분자는 2개의 수소원자가 1개의 산소원자와 결합한 형태이다. 물은 기체, 액체 및 고체 등 3가지 상(phase)을 이룰 수 있다.

식품 중에 존재하는 물은 주로 액체 상태이며, 온도 등 환경 변화에 따라 형태 및 분자 간의 이동이 가능하다. 물은 분자량이 유사한 다른 물질들(암모니아, 메탄 등)보다 끓는점과 어느점이 높은 특성을 지니고 있으므로 다양한 특이성을 나타낸다. 아래 그림은 물 분자의 수소결합과 물이 소금을 녹이는 모형이다.

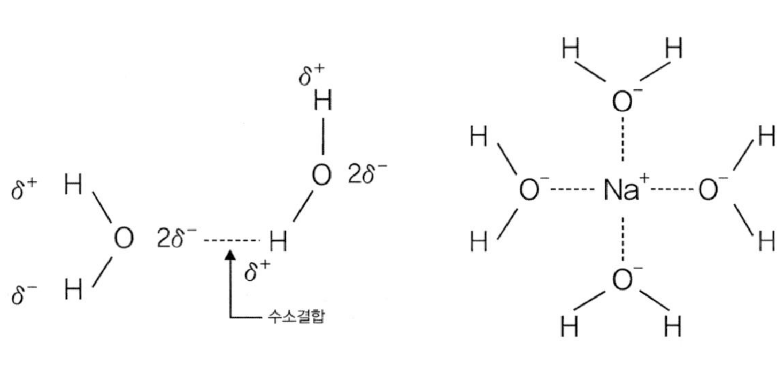

(3) 물의 중요성과 기능

물은 생물체의 생명유지에 가장 필수적인 성분으로, 물이 없으면 수일밖에 버틸 수 없다. 대부분의 식품재료에서는 물이 주성분을 이루고 있다. 식품에서의 물의 중요성과 기능을 요약하면 다음과 같다.

· 물리적 기능 : 식품의 형태 및 조직 유지, 신선식품의 중량 유지 등

· 화학적 기능 : 용매 기능
영양소, 노폐물, 반응물질 등의 운반체 역할
가수분해 반응, 광합성작용 등의 반응물질 기능

· 생물적 기능 : 미생물 생육, 발효, 부패, 생화학적 변화 등

2.6 탄수화물 성분과 기능

식물은 우리 인체와는 달리 몇 가지 원소로부터 복잡한 생체 구성성분을 만들어 내는 능력을 지니고 있다. 즉, 식물은 엽록체(chloroplast) 내에서 태양으로부터의 빛에너지를 흡수하여 공기 중의 이산화탄소와 땅속의 물을 결합시켜 당(糖, sugar)을 생성하는 광합성(光合成, photosynthesis)작용을 하게 된다.

$$6CO_2 + 6H_2O + \text{빛에너지} \rightarrow C_6H_{12}O_6 + 6O_2$$

광합성 식물이 영양분을 만드는 방법은 이상의 화학 반응에서 유기화합물의 근원이 되는 포도당(glucose, $C_6H_{12}O_6$)을 합성하고, 이를 시작으로 다른 유기 분자인 지방질, 단백질, 핵산 등의 생합성이 시작된다.

탄수화물(炭水化物, carbohydrate)이란 탄소, 수소, 산소가 주원소로 구성되어 있는 일련의 유기화합물이다. 탄수화물은 이 지구 상의 생물권(1.2×10^{12}톤, 건물 기준)에서 가장 풍부한 자원으로 식물이나 세균의 세포벽 구성성분으로서 구조를 유지하고, 세포의 성분이나 세포 간 접착제 등으로 존재하면서 동물의 에너지원으로서 중요한 기능을 하게 된다. 따라서 인류의 가장 기본적인 에너지 자원으로 탄수화물은 전체 에너지(calorie) 소요량의 50% 이상을 공급

하며, 식품의 감미(sweetness), 풍미(flavor) 등을 부여할 뿐만 아니라 식이섬유(dietary fiber)의 급원과 생물공학기법에 의해 다양한 기능성 소재가 개발·이용되고 있다.

1) 탄수화물의 분류

탄수화물은 가수분해에 의하여 생성되는 당 분자의 수에 따라 다음과 같이 단당류(monosaccharide), 소당류(oligosaccharides) 및 다당류(polysaccharides) 등으로 분류된다. 탄수화물로서 단당류는 물리·화학적 성질을 나타내는 가장 간단한 구성단위의 당류이다. 소당류는 가수분해되어 2~8분자의 단당류를 생성하는 당류이며, 구성단당류의 수에 따라 이당류(disaccharides), 삼당류(trisaccharides) 등으로 구별된다. 또한 다당류는 가수분해에 의해 다수의 단당류를 생성하는 당류이며, 단순다당류(simple polysaccharide)와 복합다당류(conjugated polysaccharide)로 분류된다.

- 탄수화물
  - 단당류(monosaccharide)
    - 3탄당(triose)
    - 4탄당(tetrose)
    - 5탄당(pentose)
    - 6탄당(hexose)
  - 소당류(oligosaccharides)
    - 2당류(disaccharides)
    - 3당류(trisaccharides)
    - 4당류(tetrasaccharides)
    - 5~8당류
  - 다당류(polysaccharides)
    - 단순다당류(simple polysaccharides)
    - 복합다당류(conjugated polysaccharides)

2) 단당류(Monosaccharide)

단당류란 산, 알칼리, 효소 처리 등 보통의 가수분해방법에 의하여 더 이상 가수분해되지 않는 간단한 구조를 가진 탄수화물로서, polyhydroxy(다수의 -OH) carbonyl compound (>C=O)로 정의된다. 단당류의 구조는 분자 중에 aldehyde기(-CHO)를 갖는 aldose와 ketone기(>C=O)를 갖는 ketose로 분류된다. 이들 단당류는 분자 내의 탄소 수에 따라 3탄당(triose), 4탄당(tetrose), 5탄당(pentose), 6탄당(hexose) 등으로 분류되며, 식품에 널리 분포되어 있는 단당류는 주로 5탄당(pentose)과 6탄당(hexose)이다.

3) 식품에 존재하는 주요 단당류

(1) 5탄당(Pentose)

Pentose는 다당류인 pentosan의 성분 혹은 핵산의 성분으로서 존재하고, 유리상태로 존재하는 일은 극히 적다. Pentosan은 초식동물에 있어서는 중요한 사료성분이지만 인체에는 이용되지 못한다. 식품 속에 함유되어 있는 중요한 5탄당은 xylose, arabinose, ribose 등이 있다.

(2) Ribose와 deoxyribose

D-Ribose는 ribonucleic acid(RNA)의 구성성분이며 D-deoxyribose는 deoxyribonu-cleic acid(DNA)의 구성성분이다. 이들은 riboflavin(vitamin B_2), ATP, CoA 등 생리적으로 중요한 물질의 구성성분이기도 하다.

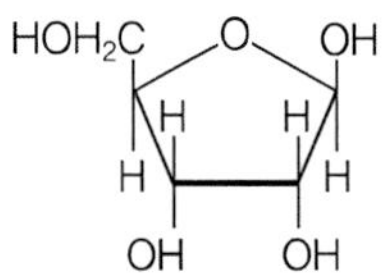

D-Ribose

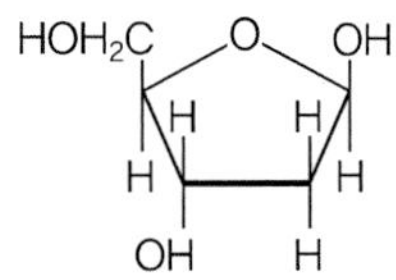

D-Deoxyribose

(3) Xylose / xylitol

D-Xylose는 식물의 줄기와 잎 중의 pentosan인 xylan의 구성단위이며, 볏짚, 밀짚, 옥수수의 줄기와 낙화생의 껍질에 많이 들어 있다. 대체감미료로서 xylitol은 자작나무나 식물체에 소량 존재하지만, xylose의 환원으로 얻어지는 당알코올이다. 이는 식품의 제조에서 설탕의 대용품이나 치아 관리용품에 활용되기도 한다.

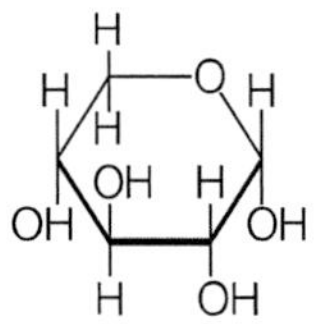

D- Xvlose

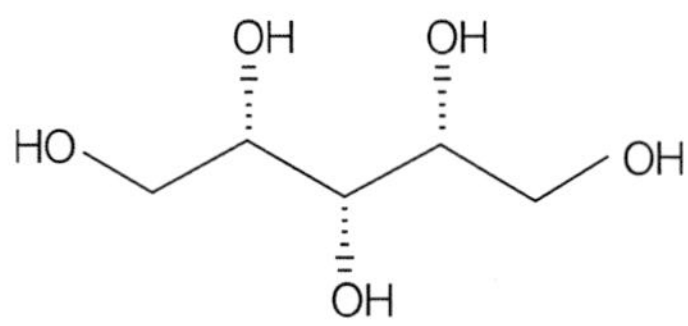

D- Xylitol

(4) 6탄당(Hexose)

식품 중에 유리상태로 널리 분포되어 있고, 고분자 탄수화물들의 주요 구성단위이다. 대체로 강한 단맛을 지니며 식품가공에 널리 이용되고 있다. 포도당, 과당, mannose, galactose가 대표적인 단당류이며 모두 효모에 의하여 발효된다.

- 포도당 : 포도당(glucose, dextrose)은 유리상태로 포도나 과실 및 식물에 광범위하게 분포되어 있으며, 동물의 혈액 속에도 약 0.1% 함유되어 있다. 결합상태로는 starch, cellulose 등의 다당류와 sucrose, maltose, lactose 등의 소당류 및 동물체 내에서는 glycogen의 형태로 저장되어 있다.
- 과당 : 과당(fructose, 또는 levulose)은 분자 내에 케토기(keto group)를 가지며 과실 또는 과즙, 벌꿀 등에 유리 상태로 존재할 뿐만 아니라 다당류인 inulin의 구성성분이기도 하다. 과당은 실제로 감미도가 상대적으로 크지만 적절한 과당의 제조 원료가 제한되고 결정화가 어려워 포도당과 같이 직접 감미료로 사용되지 않는다.
- Galactose : Galactose는 우유에 함유된 lactose의 구성성분으로 자연에 널리 분포되어 있다. 또, 동물의 뇌, 신경조직 내의 일부 인지방질의 구성성분으로 존재한다.

4) 단당류 관련 물질

천연에는 단당류와 비슷한 화합물이 광범위하게 존재하고 있다. 이들은 deoxysugar, sugar alcohol, thiosugar, amino sugar, uronic acid 등이 있다. 이들 중 deoxysugar는 ribose의 C_2에서 산소가 제거된 것으로 세포핵 중의 deoxyribonucleic acid(DNA)의 구성성분이다.

당알코올(sugar alcohol)은 단당류의 carbonyl기가 환원된 형태로서 보통 단맛이 있다. 그리고 아미노당(amino sugar) 단당류의 C_2의 수산기(-OH)가 아미노기($-NH_2$)로 치환된 것으로써 천연에는 키틴(chitin), 키토산(chitosan)의 구성단위가 된다.

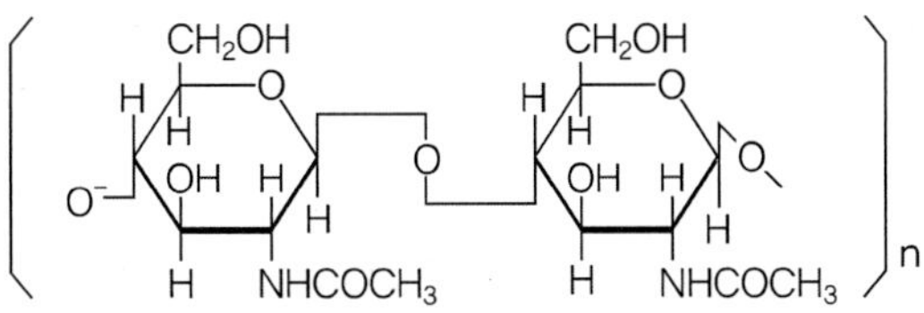

Chitin의 분자구조

5) 소당류(Oligosaccharides)

소당류는 가수분해에 의하여 2~8분자의 단당류를 생성하는 탄수화물이며 구성하는 단당류의 수에 의하여 이당류, 삼당류, 사당류라고 부른다. 식품 중에는 이당류가 가장 많이 분포되어 있으며 맥아당(maltose), 유당(lactose), 설탕(sucrose) 등을 들 수 있다.

(1) 맥아당(Maltose)

맥아당은 전분의 구성단위로서 자연식품이나 가공식품에 널리 함유되어 있으며, 특히 엿기름(malt)이나 발아 곡류 중에 그 함량이 많다. 공업적으로는 주로 전분을 가수분해하여 얻는다.

(2) 유당(Lactose)

유당은 모든 포유동물의 젖 중에 존재하며, 식물계에는 존재하지 않는다. 식품 속에 적당량의 유당이 들어 있으면 젖산균의 발육을 왕성하게 하여 다른 유해균의 발육을 억제하므로 정장(整腸)작용의 역할을 한다.

(3) 설탕(Sucrose, saccharose)

설탕은 사탕무, 사탕수수에 가장 많이 함유되어 있다. 설탕분자는 glucose와 fructose가 축합한 것이며, 산이나 효소(invertase)에 의하여 가수분해되어 glucose와 fructose의 등량 혼합물인 전화당(invert sugar)을 생성한다. 전화당은 설탕보다 더 달기 때문에 candy제조에 사용된다. 벌꿀의 주성분은 벌의 타액의 효소(invertase)에 의하여 설탕이 가수분해된 전화당이다.

6) 단순 다당류(Simple polysaccharides)

(1) 전분과 호정

전분은 동화전분(assimilation starch)과 저장전분(reserve starch)으로 구분된다. 엽록체 내에서 합성되어 식물체의 에너지원이나 호흡작용에 사용되는 전분은 전자에 해당되고, 저장조직(protoplast)에 2차적으로 축적되어 식품가공 자원으로 이용될 수 있는 전분은 후자에 해당된다. 우리가 이용하는 전분은 단순다당류(simple polysaccharide)로서 glucose 분자만이 길게 연결되어 거대한 고분자를 형성하게 된다.

전분 분자의 구조는 다수의 glucose 분자가 중합된 것으로[$(C_6H_{12}O_5)n$], 실제로는 amylose와 amylopectin이라는 두 종류의 동족체(homologue) 혼합물이다. 전분은 산, 알칼리, 효소 등에 의하여 쉽게 가수분해되어 최종 생성물인 glucose와 maltose를 생성하며, 이들을 제외한 모든 가수분해 생성물을 총칭하여 호정(糊精, dextrin)이라 한다. 다음은 전분의 구성단위인 포도당과 아밀로오즈 및 아밀로펙틴의 구조를 나타낸 그림이다.

(2) Cellulose(섬유소)

Cellulose(섬유소)는 모든 고등식물의 세포막을 구성하는 주성분으로 자연계에 가장 풍부하게 존재하는 탄수화물이다. Cellulose는 starch나 glycogen과 같이 glucose가 중합된 탄수화물이다. 그러나 다른 점은 starch와 glycogen은 glucose가 α-1, 4 결합을 한 반면, cellulose에서는 β-glucose가 β-1, 4 결합을 한 형태이다.

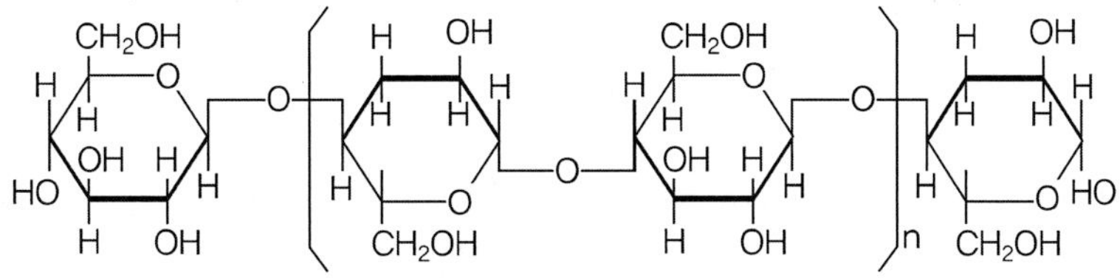

Cellulose의 분자구조

(3) Glycogen

Glycogen은 식물의 전분에 상당하는 동물성 저장 다당류로서 간, 근육, 조개류에 많이 함유되어 있다. Glycogen의 구조는 amylopectin과 매우 유사하며 α-glucose가 α-1, 4 결합과 α-1, 6 결합을 통하여 결합된 중합체이다.

7) 식이섬유(Dietary fiber)

식이섬유(食餌纖維)는 식품성분 중 사람 소화효소에 의해 소화되지 않는 난소화성 다당류의 총칭이다. 그 종류는 크게 불용성 섬유와 수용성 섬유로 구분한다. 불용성 섬유는 구조적 다당류라고도 하며 cellulose, hemicellulose, insoluble pectin질, lignin, chitin 등이 있다. 수용성섬유 즉, 비구조적 다당류에는 soluble pectin, gum, mucilage/점액질, 해조다당류 등이 포함된다. 이들은 인체에 대하여 소화기관에서의 건강한 생리적 기능과 대사성 질환(고지혈증, 심장질환, 담석증), 비만, 당뇨 등의 예방기능이 알려지고 있다.

8) 탄수화물의 기능

· 3대영양소이다.

· 주요 에너지원이다.

· 단맛을 제공한다.

· 식이섬유를 제공한다.

· 혈당을 유지한다[혈액 내 약 0.1%(70~120mg/100mL)].

· 케토시스(지방질 대사이상으로 케톤체가 혈액 중에 증가하여 건강 장애를 일으키는 현상)를 방지한다.

2.7 지방질 성분과 기능

지방질(lipid)은 동식물의 조직을 유기용매로 추출할 때 여기에 녹는 여러 화합물들을 총칭하며, 지질 또는 지방이라고도 한다. 지방질의 주성분은 유지(油脂)인데 상온에서 액체인 것은 '유(oil, 油)', 상온에서 고체인 것은 '지(fat, 굳기름, 脂)'라고 한다.

지방질(lipid)은 탄수화물, 단백질과 함께 식품의 3대 영양성분의 하나이다.

지방질은 식품에 특유한 풍미를 부여하고 섭취 시 포만감을 줄 뿐만 아니라, 식품의 조직을 부드럽게 하는 성분이다.

1) 지방질의 분류

지방질은 그 구조가 비교적 간단한 지방산(fatty acid), 이 지방산들과 glycerol의 ester 결합 형태인 triacylglycerol(TG)을 비롯하여 구조가 더욱 복잡한 여러 종류의 물질들을 포함하고 있다. 따라서 그 구조와 성질에 따라 분류하는 것이 일반적이다.

(1) 단순지질(Simple lipid)

· 중성지방(neutral fat) : 지방산과 glycerol의 ester 형태로서 triacylglycerol이며, 실온에서 고체인 것을 지방(fat)이라 하고, 액체인 것을 기름(oil)이라 한다. 그러나 이 용어는 혼용하기도 한다.

· 왁스류(wax) : 긴사슬 alcohol과 지방산의 ester 형태이다.

· Sterol ester : 지방산과 sterol의 ester이다.

(2) 복합지질(Compound lipid)

지방산과 다양한 alcohol의 ester에 다른 원자단이 결합된 화합물이다.

· 인지질(phospholipid) : 지방산, glycerol, 질소화합물, 인산이 결합해 있다.

· 당지질(glycolipid) : 지방산, sphingosine, 당류가 결합한 것이다.

· 황지질(sulfolipid) : 유황을 함유한 지방질이다.

· 단백지질(proteolipid) : 단백질과 결합한 지방질이다.

(3) 유도지질(Derived lipid)

단순지질이나 복합지질을 가수분해하여 얻어지는 것으로 지방질의 성질을 가지며 유리지방산, 직쇄 및 환상 alcohol, 지방족 및 환상화합물(squalene 등), steroid(cholesterol, 담즙산, 비타민 D 등) 및 carotenoid 등이 있다.

2) 지방산(Fatty acid)

지방산은 유지의 중요한 구성 성분이다. 유지는 triacylglycerol의 혼합물이며, 그 성분은 지방산과 glycerol이다. 따라서 서로 다른 종류의 유지의 특성은 공통적인 구성성분인 glycerol이 아니라 유지를 구성하고 있는 지방산의 성질의 차이에 의해서 정해진다.

유지의 주성분인 지방산은 자연에 존재하는 지방질을 가수분해하여 얻을 수 있는 유기산(organic acid)이다.

지방산의 분자 내에 이중결합을 가지고 있지 않은 것을 포화지방산(saturated fatty acid), 이중결합을 가지고 있는 것을 불포화지방산(unsaturated fatty acid)이라 한다.

두뇌발달 기능을 지닌 DHA(docosahexaenoic acid)는 탄소수가 22개, 이중결합이 6개인 불포화 지방산이다. 등푸른생선에 많이 함유되어 있는 DHA는 우리 체내에서 독립적으로 존재하는 것이 아니라 일반 지방산과 마찬가지로 알코올 골격에 에스터 결합을 하며 안정하게 존재한다.

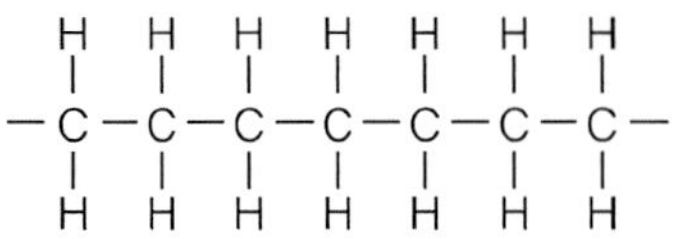

포화지방산

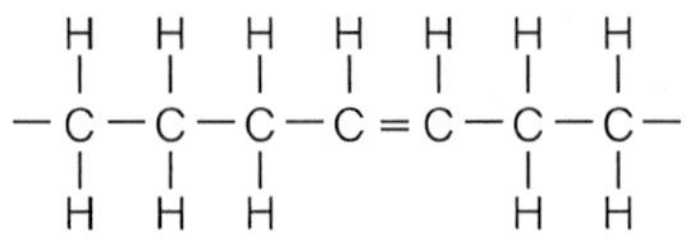

불포화지방산

3) Acylglycerol

각종 동식물 지방질 중 일반적으로 가장 함량이 높은 것은 acylglycerol다. 특히 triacylglycerol이 지방질의 주요 성분이다. Acylglycerol은 지방산과 glycerol의 ester를 말하며, glycerol은 3가 alcohol이므로 1분자의 glycerol에 1~3분자의 지방산이 결합할 수 있다. 그리하여 acylglycerol에 결합하는 지방산의 수에 따라서 mono-acylglycerol, diacylglycerol, triacylglycerol이 형성될 수 있다.

4) 지방질의 기능과 역할

- 에너지 공급원이다.
- 세포막 및 뇌조직의 구성성분이다.
- 체온유지 및 신체 보호작용을 한다.
- 필수지방산을 공급한다.
- 지용성 비타민의 용매가 된다.
- 식품에 향미와 포만감을 제공한다.
- 식품에 부드러움을 준다.

2.8 단백질 성분과 기능

단백질(蛋白質, protein)은 질소를 함유한 고분자의 탄소화합물이다. 세포의 주요 구성성분으로 동물의 근육, 분비액, 달걀 등에 많이 함유되어 있다. 단백질은 생물체를 구성 성분으로 중요할 뿐만 아니라 효소나 호르몬의 본체로서 생화학반응을 지배하여 생명현상의 발현에 중요한 역할을 한다.

단백질은 화학적으로 구성 아미노산(amino acid)들이 펩타이드 결합된 고분자 화합물이다.

아미노산의 종류와 양은 단백질의 종류에 따라 다르며, 단백질의 구성 원소는 보통 C, O, H, S 및 N의 순이다. 특히 질소함량은 평균 16% 정도이다.

2) 아미노산

아미노산은 분자 내에 아미노기(-NH_2)를 가진 유기산(-COOH)으로서 다음과 같은 기본 구조를 가진다. 아미노산은 50여 종이 알려져 있으며 이 중에는 단백질을 구성하는 것과 단백질을 구성하지 않는 아미노산이 있다.

(1) 단백질을 구성하는 아미노산

단백질을 구성하는 아미노산은 20여 종류이며, 아미노산의 곁사슬(점선 부분)의 구조에 따라 지방족 아미노산, 방향족 아미노산, 환상아미노산 등으로 분류한다. 아래 구조는 aspartic acid 아미노산의 유도체인 asparagine의 구조이다.

asparagine (Asn)   amide (사슬의 특징)

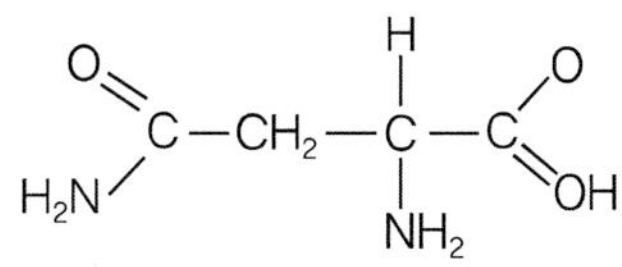

(2) 단백질을 구성하지 않는 아미노산

천연물에는 단백질에 함유되지 않는 비단백질 기원의 아미노산이 유리상태 또는 특수화합물의 구성성분으로 미량 존재한다. 마늘의 매운맛 성분으로 아미노산의 일종인 alliin(S-allyl -L-cysteine sulfoxide)이 있다.

3) 단백질의 기능과 역할

- ·아미노산의 급원이 된다.
- ·에너지원이 된다.
- ·효소, 호르몬 및 항체의 합성원료가 된다.
- ·조직세포의 신생과 보수
- ·체액의 균형을 유지한다.

2.9 무기질 성분과 기능

무기질은 mineral, ash 또는 회분(태우면 재가 되어 남는 부분)이라고도 한다. 이는 체내에서 열량을 내지는 않지만 생물체의 구성성분으로 매우 중요하다.

우리 신체는 약 96%의 유기질과 4% 내외의 무기질로 이루어져 있다. 생물체에서 유기질을 구성하는 성분들은 태우면 산화되어 버리지만, 무기질은 조직의 성분으로 뼈, 껍질 등을 구성하거나 대부분 무기염의 형태로 식품에 존재한다.

무기질은 체내에서 단백질, 혈색소, 효소, 엽록소 등과 결합한 유기화합태로도 존재한다. 특히 골격에 다량 함유되어 있다. 따라서 식품이나 생물체에 들어 있는 원소 중에서 C, H, O, N을 제외한 다른 원소를 우리는 무기질 또는 무기물(mineral matter)이라고 한다.

1) 식품 무기질의 분류

(1) 알칼리 생성 원소

식품에 존재하는 무기질은 알칼리 생성 원소(alkali-forming elements)와 산 생성 원소(acid-forming elements)로 구분할 수 있다.

과실류, 채소류, 해조류 등에 많이 함유되어 있는 Ca, Mg, Na, K, Fe, Cu, Mn, Co, Zn 등은 각각 Ca^{2+}, Mg^{2+}, Na^{+}, K^{+}, Fe^{2+}, Cu^{2+}, Mn^{2+}, Co^{2+}, Zn^{2+}를 형성하여 양이온이 된다. 이들은 식품으로 섭취 시 체내에서 NaOH, KOH 등을 형성한 후 물에 의하여 OH^{-}을방출하기 때문에 알칼리 생성 원소, 즉 알칼리성 식품이라고 할 수 있다.

(2) 산 생성 원소

백미, 밀가루, 육류, 버터 등에 많이 함유되어 있는 P, S, Cl, Br, I 등은 PO_4^{3-}, SO_4^{2-}, Cl^{-}, Br^{-}, I^{-}을 만들어 음이온이 생성된다. 이들은 체내에서 H_3PO_4과 H_2SO_4 등을 형성하여 산성화되므로 산 생성 원소로 알려져 있다. 알칼리생성원소와 산생성원소 중에서 Fe, Cu, Mn, Co, I, F 등 미량으로 존재하는 것들을 우리는 미량원소(trace element)라고 부른다. 우리가 섭취하는 식품이 알칼리성 식품인지 산성식품인지를 구별하기 위해서는 식품 일정량을 연소시켜 회분을 얻은 뒤, 이 수용액을 중화하는 데 소요되는 산 또는 알칼리 표준용액의 양으로 결정한다.

2) 무기질의 기능

각종 무기질은 식품이나 생체 내에서 구성소(constitutional nutrients)와 조절소(regulatory nutrients)로서 중요한 기능을 한다.

(1) 식품 및 생체의 중요한 구성성분

· Ca : 골격과 치아

· S : 머리털, 손톱, 피부

· P : 단백질, 인지질, ATP 구성성분

· Fe, Cu, Zn, I, S, P, Mo : 효소

· K, Na, Cu, Mg, P, Zn, Co : 효소반응 촉매

2) 세포활동에 적당한 매체

· 혈액의 pH 7.4 유지작용 : Na^+, K^+, $Ca2^+$, Mg^{2+}, $CO_3{}^{2-}$, $PO_4{}^{3-}$ 등

· 소화액의 액성 유지

· 세포막 투과성 부여

2.10 비타민 성분과 기능

비타민(vitamin)은 아주 미량으로 존재하면서 동물의 영양과 생리작용을 조절하여 물질대사가 정상적으로 일어나도록 유도하는 유기화합물이다. 비타민은 5대영양소의 하나이지만 에너지원이 되지 못하고 생체 구성성분의 역할도 없다. 비타민은 일부(비타민 D, niacin, 비타민 K)를 제외하고는 동물체 내에서 합성되지 못하므로 외부에서 식품이나 영양제로 반드시 섭취하여야 한다.

1) 비타민의 분류

(1) 발견순서에 따라

비타민 A, B, C, D, E, K, P, G, H 등

(2) 용해도에 따라

지용성(fat soluble) 비타민에는 비타민 A, E, D, K, F 등이 있고, 수용성(water soluble) 비타민에는 비타민 B_1, B_2, B_6, B_{12}, niacin, folic acid, pantothenic acid, 비타민 C 등이 있다.

2) 비타민의 기능

비타민은 체내에 매우 소량 존재하지만 세포의 정상적인 대사활동을 위해서는 반드시 필요한 조절소이다. 비타민은 대부분 탄소를 중심으로 구성된 유기화합물이나 체내 효소에 의해 인식되지 못하여 열량을 발생하는 기질이 되지 못한다.

비타민은 호르몬이나 효소와는 달리 생체 내에서 합성적 공급이 불가하거나 불충분하여 식품을 통해 섭취되지 않으면 부족증상이나 결핍증상이 나타난다. 또한 일부 지용성 비타민은 과용 시 중독증상을 보이기도 한다.

(1) 보효소(coenzyme)작용

3대 열량소의 대사를 도와주는 보조효소의 역할을 한다. 즉, 보조효소는 효소가 생체촉매로써 작용할 수 있게 하는 주요 구성성분이므로 비타민과 효소는 관계가 밀접하다.

(2) 기타 생리기능

비타민은 세포분열, 시력, 성장, 상처치유, 혈액응고 등의 생리작용을 돕는다.

(3) 항산화 비타민(A, C, E)작용

- 비타민 A는 레티놀과 비타민 A의 전구체인 카로티노이드를 총칭하며, 항산화제 역할을 하는 것은 주로 카로티노이드인 것으로 알려져 있다. 섭취된 카로티노이드는 체내에서 비타민 A로 전환된다.
- 비타민 C는 활성산소를 제거해 주는 항산화제로서 과량 시 소변으로 배설이 가능한 수용성 비타민이다.
- 비타민 E는 세포막 중 다가불포화지방산의 산화를 막아 주는 항산화제의 역할을 한다.

2.11 식품의 색소성분과 기능

1) 색소의 분류

식품의 색은 크게 천연색소와 인공색소로 나눌 수 있다. 천연색소는 그 출처에 따라 식물성 색소와 동물성색소로 크게 구분하고, 천연색소는 다시 용해성에 따라 지용성색소(chlorophyll, carotenoid 등)와 수용성색소(anthocyan, flavonoid 등)로 나눈다.

본 항에서는 천연에 편재해 있으면서 다양한 생리기능성을 나타내는 대표적인 색소에 대하여 소개한다.

2) 카로티노이드(Carotenoid) 색소

카로티노이드계 색소는 동식물성 식품 중에 널리 존재하는 황색, 등색 및 적색의 지용성색소이다. 카로티노이드계 색소는 베타카로틴을 기본 골격으로 하는 탄소 수 40의 탄화수소와 그 산화물이다. 고추, 당근, 토마토, 고구마 등의 식물과 초식동물의 지방에 들어 있는 오렌지 또는 붉은 색소의 하나이다. 아이오논(ionone) 고리를 두 개 갖고 있는 terpenoid 탄화수소로 알파카로틴, 베타카로틴, 감마카로틴, 라이코펜 등의 이성질체가 있다.

이 중 베타카로틴은 가장 널리 분포하며 2분자의 베타 아이오논을 지니고 있어 체내에서 2분자의 비타민 A로 전환될 수 있다. 또한 라이코펜은 붉은 토마토, 수박 등에 함유된 색소성분으로서 암 예방효과와 혈관을 맑게 해 주는 기능이 알려져 있다. 그리고 DNA 손상을 줄여주는 항산화작용, 전립선 건강, 피부노화 방지, 혈당저하, 심장병 예방 등에 효과가 있는 것으로 보고되고 있다.

3) 플라보노이드(Flavonoid) 색소

플라보노이드란 과일, 채소, 허브 등의 노란색을 지닌 수많은 화합물들을 총칭하는 말이다. 플라보노이드계 색소란 식물의 적색, 청색 및 황색을 나타내는 주요 성분을 말한다. 이들은 과일(사과, 레몬, 오렌지), 채소(양배추, 양파), 음료(차, 포도주), 식물의 줄기, 뿌리, 화분 등에 널리 분포되어 있는 수용성 색소이다.

이들 색소는 식물성 재료의 표피에 많이 분포되어 있어서 자외선으로부터 자신을 보호하고,

여러 식물들의 2차 대사산물로 생성된다. 플라보노이드 화합물이 인체에 여러 효능을 나타낸다는 연구결과가 많다. 그중에는 콩류에 함유된 제니스타인(genistein), 사과와 양파껍질의 퀘르세틴(quercetin), 적포도주와 포도씨 추출물에 함유 프로안토시아니딘(proanthocyanidins), 녹차 추출물의 카테킨(catechin), 메밀의 루틴(rutin), 밀감류의 헤스페리딘(hesperidin)과 나린진(naringin) 등이 대표적인 플라보노이드 성분들이다. 이들은 항암 효능은 물론 다양한 항노화 및 건강증진 효능을 나타내고 있다.

플라보노이드는 특히 항산화 능력이 매우 큰 물질로 알려져 있다. 플라보노이드는 그 종류가 다양하여 세포의 여러 단계에서 항산화 기능을 발휘할 수 있다. 이때 항산화작용이란 인체 혹은 피부에서 노화나 질병을 일으키는 산화성 물질들의 작용을 억제하거나 약화시키는 것을 의미한다. 항산화제는 산화반응의 부산물 형태인 산소라디칼, 과산화지질, 수산화라디칼 등의 자유기를 제거해 주는 효능을 지닌 물질이다. 그 밖에 플라보노이드계인 안토시아닌 색소는 항염증, 모세혈관 강화, 항안과질환 등이 알려져 있다.

이상과 같이 천연의 식품재료에는 우리 몸에 필요한 열량성분과 식품으로서의 감각적 기호성분들이 함유되어 있다. 동시에 우리 몸의 건강기능을 조절할 수 있는 생리활성성분이 다양하게 함유되어 있어서, 이들 기능성분을 활용한 건강기능식품의 개발이 활발히 진행되고 있다.

3. 식품재료와 가공식품

3.1 식품과 식품가공

19세기 프랑스의 법률가이며 음식 사학자인 브리야 샤브랭은 1825년 그의 저서 『미각의 생리학』에서 "여러분이 무엇을 먹었는지 알려주시오, 그러면 여러분이 어떤 사람인지 말해 주겠소"라고 했다. 모든 인류는 누구나 식품을 먹으며 또 반드시 먹어야 하는 것과 같이 식품에 대한 세계 각국의 정의는 대체로 "먹을 수 있는 모든 음식물"로 정의할 수 있다. '먹는다'는 문제는 삶의 문제와 가장 밀접하게 닿아 있다. 또한 '먹는다'는 것은 삶과 죽음의 문제와도 직결되지만 인간의 건강과 기호성을 포함한 행복, 더 나아가 건강한 삶과도 뿌리를 맞대고 있다. 인간의 역사 이래 식품은 끊임없이 변화하고 진화하여 왔으나 오늘날의 관점에서 볼 때 그 변화와 진화는 인간의 삶과 행복에 반드시 긍정적인 방향으로 진행되어 왔다고만 할 수 없다. 아직까지 대륙마다, 국가마다, 그리고 같은 나라에서도 개인에 따라 그 편차가 크겠지만 과학의 발전과 소득의 증대에 따라 먹는 문제는 기아와 빈곤의 해결은 물론 보통의 건강한 삶을 넘어서 오히려 영양과다, 즉 많이 먹는 문제로 인한 만성 질환의 위험에 처하게 되었으니 참으로 그 변화의 속도가 놀라울 뿐이다. 혹자는 인류가 지난 4,000년간 사용한 자원을 지난 40년 만에 다 써 버렸다고 하고 미국의 스콧 같은 사람은 이미 1960년대에 지금과 같은 사회구조는 인류의 파멸을 가져올 것이라며 메인주의 고향에서 철저히 농경시대의 삶을 살다 갔다.

인류의 먹거리 원료 즉 식량자원으로는 농산물, 축산물, 수산물 등이 있으며 이를 효과적으로 활용하기 위하여 식품원료에 물리적, 화학적 또는 미생물학적 처리를 하여 저장수명(shelf life)을 연장시키거나, 영양가를 높이며, 기호에 맞도록 처리를 한다. 또한 이에 더불어 사용과 섭취에 편리하도록 편의성을 부여하고, 질병의 예방을 도모코자 하는 기능성 등 여러 가지 특성을 부여하여 식생활에 적합하도록 하는 것이 식품가공이다.

식품이란 한 가지 이상의 영양소를 함유하고 유해성분을 함유하지 않아 사람이 먹을 수 있고 소화 흡수가 가능한 천연물 또는 가공품을 말한다. 식품은 주된 칼로리원으로 섭취하는 식품으로 주식, 곁들여 먹는 식품을 부식, 식사 사이에 먹는 것을 간식이라고 한다. 그리고 특수영양식품이나 병상식과 같이 건강유지와 질병의 치료를 목적으로 취급되는 식품은 식이(食餌)라 부르고, 식품의 재료로 취급되는 경우 식료(食料)라 부른다.

식품가공에는 수송, 세척, 선별, 검사 등의 원료 처리조작(preliminary operation)과 분쇄, 혼합, 분리, 추출, 농축, 가열, 성형, 동결, 해동 등의 가공조작(conversion operation)과 건조, 살균, 제균, 포장, 살충 등의 저장조작(preservation operation) 등을 포함한다. 식품은 물리화학적으로 복잡한 물질이므로 온습도, 광선, 공기(산소), 충격, 진동, 압축 등의 물리적인 힘과 산, 알칼리, 염 등의 화학물질 그리고 효소, 미생물의 영향을 받아 불안정한 물질이 된다. 이와 같이 복잡하고 불안정한 물질(가공원료, 식품)을 소비자가 요구하는 품질(영양, 건강, 안전, 기호, 고급, 간편 등)의 가공식품(processed food)으로 변화시키고, 변질 없이 유통에 견딜 수 있는 제품(상품)으로 변화시키는 것이 식품가공기술이라 할 수 있다.

식품가공의 장점 혹은 목적으로는 식품원료의 지리적, 계절적, 시간적 제한요소를 배제시키며, 식품에 저장성, 수송성, 간편성, 위생성, 상품성 등을 부여한다. 그리고 새로운 식품소재와 제품으로 다양하게 개발, 창조하며 이러한 결과로써 자원을 효과적으로 이용할 수 있게 된다.

경제성장과 식생활의 변화로 소비자의 기호도는 다양해지고 있으며, 가공제품의 가공도(加工度)가 높아지고 있다. 가공식품의 생산 경향은 생활의 다양화와 기호성의 차이로 소품목 대량생산에서 다품목 소량생산의 경향이 커지고 있으며 대중 매체의 영향으로 상품수명(life cycle)은 짧아지고 있다. 이와 같이 식품은 소비자의 기호성과 관계가 깊은 상품이며 품질평가는 주관적인 특성이 있다. 급속한 경제성장과 산업화, 국제화에 따라 국민의 식품에 대한 소비패턴이 크게 변화되고 있다. 생활수준의 향상과 레저화 또는 사회 다양화에 의해 냉동조리식품과 같은 편의식품(convenient food 또는 instant food), 건강식품(health food), 저칼로리식품(diet food)의 요구가 증대되고 있다. 건강에 대한 관심이 커짐에 따라 신선한 천연 무공해식품인 자연식품, 유기식품 및 건강식품의 수요가 늘고 있다. 또한 사회가 노령화되고 핵가족화되면서 노인이나 환자용 특수식품의 개발도 전망 있는 분야 중의 하나가 되었다. 그리고 기호식품의 요구도가 급증함에 따라 음료 및 기호식품의 소비가 계속 늘고 있는 추세이다.

소비자의 식품에 대한 지향 중 첫째는 건강과 안전이다. 그 다음으로 GNP 증가에 따른 고급화와 식생활의 합리화를 위한 간편성, 편의성이 도입되고 있으며 냉동식품과 같이 편의성을 갖춘 가공식품의 성장은 가속화될 전망이다. 앞으로 식품가공은 이러한 지향을 만족시켜 줄 수 있는 방향으로 발전될 것이다. 미국 등 외국의 식품 소비패턴의 경향을 볼 때 우리나라도 가까운 장래에는 식품의 소비패턴이 저칼로리, 저지방식품과 무설탕제품 등으로 소비시장이 계속적으로 증가할 것이며 이와 같이 가공식품에 대한 소비자의 희망은 건강, 안전, 고급, 간편성 지향으로 빠르게 변화하고 있다. 식품가공학 혹은 식품공학은 인류의 삶과 행복의 근원인 식품, 끊임없이 변화하고 진화하는 소비자의 욕구과 인류의 역사와 함께 지속적으로 꾸준하게 발전해야 할 학문인 것이다.

3.2 밥과 떡

인류의 식량 작물 중 가장 중요한 세 가지는 쌀, 밀, 그리고 옥수수이다. 이 중 가장 많은 생명들이 쌀에 잇대어 살아가고 있다. 쌀은 세계 총 생산량의 90%가 아시아지역에서 생산되며 아시아에서 생산되는 곡식의 70%가 쌀이다. 벼의 원산지는 지금의 동파키스탄을 중심으로 하는 갠지즈 삼각주 부근이며 약 6,000년 이상의 재배역사를 가진다. 우리나라는 마한시대에 벼를 재배한 기록이 있고 김해 회현리의 조개무지(100년경)에서 탄화미가 출토된 것으로 그 이전부터 재배된 것으로 보인다. 쌀은 귀족적 곡물이었으며 통일신라 시기에 생산량이 다소 늘었으나 일반백성에게는 주식이 되기에는 어려웠다. 우리나라의 쌀의 생산량은 1970년대 개발된 다수확 품종들에 힘입어 1980년대 중반 최대의 생산량을 기록하여 1인당 136kg까지로 소비량을 기록하였다가 이후 급감하기 시작하여 현재는 약 70kg을 상회하고 있는 실정이다.

세계에서 생산되는 쌀의 대부분은 소위 장립종이라는 긴 모양의 찰기가 적은 쌀인데 이를 Indica종이라 하며 우리나라, 일본 그리고 중국의 극히 일부지방에서 즐겨 먹는 단립종은 Japonica종이라 한다. 또한 쌀에는 찹쌀이 있고 멥쌀이 있는데 이는 쌀을 구성하는 가장 많은 성분인 전분의 종류에 따른 차이로 찰기에 차이가 있다. 최근에는 각종 유색미, 향기 나는 쌀이 있고 발아현미, 배아미, 건강 기능성 물질의 함유량이 높도록 한 것이나 이러한 물질을 표면에 코팅한 제품, 각종 유기농법으로 재배한 쌀 등 다양한 제품이 생산되고 있다. 또한 같은 쌀이라도 생산지역에 따라 다양한 브랜드를 붙여 소비자의 입맛을 끌고 있고 '씻어 나온 쌀' 등 간편하게 가공한 쌀까지 제품화되고 있어 실로 대형마켓에 가보면 각종 쌀제품의 홍수를 확인할 수 있다.

쌀은 기본적으로 전분함량이 70~75% 정도로 가장 높지만 단백질의 양도 7% 정도나 되므로 쌀을 주식으로 하는 우리 국민의 단백질 공급에도 큰 기여를 하고 있다. 그러나 최근 영양과잉에 따라 애꿎은 쌀의 소비를 줄이고 오히려 육류의 소비를 늘이는 식사경향이 있는데 이는 크게 잘못된 것이다. 최근의 연구에 의해 쌀의 항산화효과, 돌연변이 억제효과, 콜레스테롤 저하효과 등 각종 기능성이 알려지고 있다. 그리고 이상적인 영양균형 측면에서 보면 탄수화물 55~60%, 지방 20~30%, 단백질 15~20% 라는 결과에서 보듯이 곡류를 중심으로 하는 우리 고유의 식습관은 영양적으로도 가장 이상적이며 그 중심에 쌀이 있다. 최근 영양과잉의 주범은 쌀을 비롯한 곡류가 아니라 육류를 중심으로 하는 지방의 과다섭취라고 할 수 있다.

벼의 까칠한 껍질을 벗기면 약간 갈색의 쌀이 되는데 이를 현미(brown rice)라 한다. 우리가 보통 먹는 백미는 이 현미의 바깥층을 구성하는 쌀겨(rice bran)층을 벗겨내어서 만드는데 이 조작을 도정이라 한다. 현미는 밥으로 하였을 때 백미보다 맛이 약간 떨어지므로 도정을 하게 되지만 무기질, 비타민 등의 성분을 많이 함유하여 영양적으로는 백미보다 매우 우수하다.

우리나라에서 소비되는 쌀의 대부분은 밥이다. 그리고 우리농업에서 쌀이 차지하는 비중은 경제적으로나 국민 정서적으로도 매우 크다. WTO, FTA 등 국제 간 무역협상으로 인해 해마다 상당량의 쌀이 이미 수입되고 있고 끊임없이 시장개방을 요구받고 있는데 국제적으로 보면 우리나라 쌀의 가격이 최소한 3~5배 높다. 또한 쌀의 소비량은 해마다 줄고 있어 쌀에 대한 고민이 깊어만 간다. 따라서 무엇보다 밥을 지었을 때 밥맛이 좋은 쌀의 생산이 가장 중요하며 쌀 문제에 해결책이 되는 것은 절대적으로 밥에 의한 쌀의 소비이다. 이미 우리나라에서도 햇반 등 즉석 편의밥 제품이 시장에 유통되고 있지만 이웃 나라 일본에서는 각종 가공밥 제품의 시장이 매우 크다. 쌀의 소비량을 늘이기 위해 밥 이외에도 다양한 가공품의 개발이 시도되고 있다. 우선 최근 들어 인기가 높은 각종 떡류를 비롯하여 과자류, 식혜 등 음료류, 주류 외에도 쌀국수, 쌀케이크 등의 제품개발에도 많은 연구가 수행되고 있다.

터키 지방이 원산지이며 그리스어로 '스태미나를 준다'는 뜻에서 기원된 이름의 보리는 20~30여년 전만 하더라도 우리의 중요한 곡물이었으나 현재는 별식의 하나 혹은 사료나 주류의 원료 정도로만 사용되고 있는 형편이다. 실제로 보리는 쌀에 비하여 제6의 영양소라고도 하는 식이섬유의 함유량이 쌀보다 5배 이상 높으며 암 예방효과, 혈당 감소, 콜레스테롤 저하효과 등 기능성을 가지는 β-glucan을 쌀의 50배, 밀의 7배나 많이 함유하고 있어 오늘날의 관점에서 볼 때 아주 우수한 식품재료이다. 보리는 더 이상 방귀만 뀌게 하고 가난의 상징 같은 식품 재료가 아니라 인간의 건강에 크게 기여할 수 있는 소중한 작물이다.

3.3 국수와 빵

국수와 빵은 같은 식품원료 즉, 밀로부터 가공되는 식품이다. 밀의 원산지는 아프가니스탄에서 코카서스 지역에 이르는 중앙아시아 지역으로 재배역사는 약 1만 년 정도로 인류 최초로 재배에 성공한 작물이다. 신화에도 자주 등장하는 밀은 빵밀이 탄생하고 유럽에는 기원전 3,000년경, 그리고 오늘날 밀의 주산지인 미국에는 17세기, 그리고 호주에는 18세기에 전해져 오늘날 세계 어딘가에서 일년 내내 생산되는 작물이 되었다. 밀을 가루로 만드는 제분공업은 인류 역사상 가장 오래된 공업으로 이의 발전은 인류의 공업화, 산업화 속도와 궤를 같이 한다. 밀의 품종은 파종시기에 따라 봄밀, 가을밀로 분류하는데 각각 많은 품종이 있지만 식품가공적인 측면에서는 일반적으로 단백질의 함량에 따라 분류한다. 단백질 함량이 13% 이상으로 높은 것은 강력분(强力粉)인데 주로 제빵용도로 많이 사용하며 10~13%의 범위를 중력분(中力粉)이라 하며 주로 제면용도로, 그리고 단백질의 함량이 10% 이하로 낮은 것을 박력분(薄力粉)이라 하며 주로 제과용도로 사용한다. 우리나라에서 밀은 1960~1970 년대만 하더라도 생산량이 어느 정도 있었으나 그 이후 생산량이 급감하여 90% 이상이 외국에서 수입되고 있다. 최근 들어 우리 밀 살리기 운동 등에 힘입어 생산량이 다소 증가되기는 하였으나 아직도 10% 부근의 매우 낮은 수준이다.

밀은 쌀이나 보리와는 달리 도정하지 않고 가루로 만들어(製粉) 사용하기 때문에 분식(粉飾)이라고 하면 주로 밀을 원료로 한 식품을 의미하게 된다. 밀을 제분하여 이용하는 이유는 밀의 주 식용부위인 배유부가 다른 곡물에 비해 경도가 매우 약하므로 도정 정도의 충격에 의해 부서지기 쉬워 도정이 어려우며, 밀에 함유된 글루텐 단백질은 다른 곡류의 단백질과는 달리 배유부 분쇄물을 물과 혼합할 경우 강한 점탄성을 형성하는 반죽이 가능하므로 여러 가공방법으로 다양한 제품을 가공할 수 있게 되는 특징이 있기 때문이다. 밀가루는 복잡한 제분과정과 기계장치에 의하여 만들어진다.

서양의 주식은 잘 알다시피 빵이다. 빵의 어원은 라틴어의 파니스(panis)이며 포루투칼어로는 팡, 에스파니아어로는 판, 프랑스어로는 팽, 이탈리아어로는 파네로 불린다. 빵이란 두 가지 의미가 있는데 그 하나는 '생명의 양식'이라는 의미이고 좁은 의미로는 '밀, 호밀 같은 곡분에 물, 이스트, 다양한 재료를 넣어 발효시켜 구운 음식'이다. 세계에서 만들어지고 애용되는 빵의 종류는 매우 다양하다. 원료, 제조방법, 형태, 생산 지역 등에 따라서 다양한 분류가 있으나 일반적인 분류방법은 식빵류, 과자빵, 특수빵 및 조리빵으로 분류한다. 그중 식빵류는 팬에 넣고 굽는 팬브레드와 잡곡빵, 호밀빵, 바케트빵 등과 각종 테이블롤을 포함한다. 과자빵은 팥앙금, 소보로, 크림빵 등을 말하고 샌드위치, 피자, 카레빵 등을 조리빵이라 한다. 제빵재료로는 밀가루, 물 그리고 이스트가 가장 중요한 원료들이며 그 외 설탕, 지방, 반죽개선제, 소금 등이 부재료로 사용된다. 특히 빵은 강력분 밀가루를 물로 반죽할 때 첨가되는 이스트(효모)에 의하여 반죽에 첨가된 설탕과 당이 발효되면서 형성된 탄산가스가 반죽 내부에 갇히고 굽는 과정 중에 팽창하여 다공성 구조를 지니게 된다. 따라서 이러한 빵을 발효빵이라 한다.

한편 과자는 이스트에 의한 발효과정이 없이 굽는 과정에서 팽창제에 의해 일부 팽창되므로 무발효빵이라고 한다.

지금부터 약 1,500년 전 중국의 농업전서 『제민요술(齊民要術)』에는 국수의 원형이 등장하며 이의 제조법이 기술되어 있다. 중국의 식문화사에서 오늘날처럼 국수류 음식체계가 갖추어진 것은 송대(960~1279년)이며 일본에서는 나라시대(약 700년)에 전해진 이후로 제품이 다양화되며 경사스러운 날의 음식으로 국민음식이 되게 되었다. 동남아시아의 쌀국수나 유럽의 파스타는 이제 세계의 음식이 되었고 우리나라의 문화에서도 면류는 매우 중요한 위치를 차지하고 있다. 면류는 대부분 밀가루를 원료로 제조되지만 메밀가루로 제조되는 메밀국수(일본에서는 '소바'로 불리며 대중식품이다)와 냉면, 그리고 전분으로 제조되는 당면이 있다. 또한 면류는 제조방법에 따라 반죽을 넓게 편 면대로부터 가늘게 잘라내는 선절면(국수), 작은 구멍을 압출시켜 제조하는 압출면(마카로니, 스파게티, 당면), 반죽을 길게 늘어뜨려 제조하는 신연면(소면, 중화면) 외에 라면과 같은 튀김면도 있다.

3.4 옥수수와 포도당 그리고 바이오 에탄올

전통적으로 설탕은 사탕수수와 사탕무로 만들어지지만 오늘날 설탕을 비롯하여 단맛을 내는 대부분의 당들은 옥수수로 만들어진다. 옥수수는 세계의 3대 식량작물로 아프리카 지역의 주식이며 식량 목적 외에도 사료, 오일, 공업원료 등으로 그 이용 범위가 무궁무진하다. 옥수수는 멕시코, 남미 안데스 고원지대에 걸쳐서 아메리카 인디언에 의해서 재배되기 시작하여 수많은 전설을 안고 있다. 신대륙 발견 시 혹은 그 후 30년 이내 프랑스, 이탈리아, 터키, 북아프리카에 전파되었고 우리나라에는 고려시대 원군으로부터 전달된 것으로 추정하고 있다. 옥수수는 재배식물 중 단위당 생산량이 가장 높으며 밀과 함께 세계 곡물 시장에서 매우 중요한 위치를 점하고 있다. 미국 중서부지역의 9개 주에 해당하는 옥수수벨트에서 생산되는 옥수수는 미국경제에 매우 중요한 위치를 차지하고 있다. 이들 지역에서는 여름밤이면 '옥수수 자라는 소리가 들린다'는 시적인 표현도 만들어진다. 우리나라에서 1인당 소비량은 6kg 정도이며 생산량은 최근 다소 증가하고 있으나 국내 소비량의 95% 이상이 외국으로부터 수입되고 있다.

옥수수의 주성분은 약 70%를 차지하는 전분인데 아밀로오스의 함량이 25% 정도이며 찰옥수수는 찹쌀과 마찬가지로 아밀로펙틴만으로 이루어져 있다. 전분 생산원료로 사용되는 주품종은 말의 이빨을 닮아 이름이 붙여진 마치종(馬齒種, dent corn)이다. 옥수수를 물에 충분히 담갔다가 물과 함께 분쇄하여 전분입자를 분리하고 이를 큰 통에서 가라앉히거나 원심분리 등의 방법으로 침전물을 얻고 이를 건조시켜 분쇄하면 전분이 된다. 옥수수 외에도 전분원료로 사용되는 것은 남아메리카 열대지역이 원산지이며 덩이줄기인 카사바(이로부터 제조한 전분을 타피오카라 함)가 있고 고구마나 감자 또한 전분의 원료로 사용되나 비교적 고가이다.

위와 같이 제조된 전분의 용도는 참으로 다양하다. 식품으로는 토토리 전분을 묵으로 가공하는 것, 전분국수 즉 당면 등이 있지만 대부분의 전분은 분해와 효소반응에 의한 다양한 당류로 2차가공된다. 전분은 포도당 한 가지로만 구성되는 단순다당류인데 작용하는 전분가수분해효소(amylase)의 종류에 따라 다른 최종 산물이 얻어질 수 있으며 이성화효소, 가지화효소, 산화효소 등의 효소작용에 의해서 다양한 종류의 당류가 제조된다. 또한 전분은 분해되는 정도에 따라 물리화학적 특성이 달라지는데 일반적으로 전분이 분해되어 최종산물인 포도당이 되기까지의 중간물질을 덱스트린이라 하며 물엿도 여기에 해당한다. 전분으로부터 제조된 모든 당을 전분당이라 하는데 그 종류만큼이나 감미도, 갈변성, 흡습성, 점도, 결정성, 발효성 등 물리화학적 성질이 상이하므로 가공식품 제조에 사용할 경우 목적과 특성에 맞는 당의 선택이 매우 중요하다.

특히 최근에는 건강과 웰빙에 대한 소비자의 관심증가 탓으로 분지올리고당, 충치예방을 위한 비발효성당 등 신소재 전분당의 개발과 이용이 급증하고 있다. 또한 식품가공 시 전분의 일정한 물성유지나 가공제품의 풍미향상 등을 위한 각종 변성전분, 효소저항성전분, 사이클로덱스트린 등의 전분 가공품들의 수요도 꾸준히 증가하고 있다.

석유나 석탄 등 기존 자원의 고갈로 인하여 세계는 이른바 바이오 에너지의 개발과 확보에 열을 올리고 있다. 그중 바이오 에탄올은 이미 상업화가 되어 연료로 사용되고 있으며 해마다 그 사용량이 증가하고 있다. 에탄올은 전분을 가수분해한 당류를 효모에 의한 발효로 생성된다. 따라서 세계적으로 생산량이 많은 옥수수는 바이오에탄올의 중요한 원료가 되고 또한 옥수수는 중요한 식량작물의 하나이므로 국제유가가 폭등할수록 곡류가격도 함께 폭등하는 현상을 맞게 된다. 식량자원으로 인간의 생명을 연장하여야 할 옥수수를 자동차가 먹어 버리는 형국이다. 이에 대한 대책으로 다른 전분자원의 개발이 필요하지만 결국 전분자체가 생명유지에 필요한 에너지원이기에 식량작물의 생산이 지구 상의 생명이 필요한 에너지를 초과한다면 몰라도 그렇지 않은 이상 분명 바이오 에탄올의 한계는 있다.

3.5 콩과 두부 그리고 바이오 디젤

콩에 대한 가장 일반화된 표현은 '밭에서 나는 쇠고기'일 것이다. 이는 콩의 단백질 함량이 쇠고기와 유사하거나 오히려 높은 데서 기인한 표현으로 보인다. 전통적으로 우리의 식생활은 곡류를 중심으로 하였으며 소는 중요한 노동력으로 식재료의 대상에서 안전지대에 있었고 돼지나 닭 등 가축의 사양도 흔하지 않았으며 또한 사료가 부족하였으니 단백질은 대개 부족한 상태였다. 이러한 환경에서 단백질 함량이 40%가 넘는 콩은 우리 국민의 단백질 보충에 크게 기여하였으며 쌀의 제한아미노산인 라이신이 콩에 많음을 볼 때 논두렁을 콩으로 채웠다는 것은 결코 우연이 아닐 것이다. 콩의 원산지는 남만주와 한반도가 연결되는 접경지대, 즉 만주 중심의 동북아 지역으로 알려지며 18세기 초 구미로 전파되었다. 우리나라에서는 중국의 삼국지 위지동이전 부여조에서 콩을 오곡에 포함한 기록 등으로 보아 기원전 4~6세기 경부터 재배되었을 것으로 추정할 수 있다.

콩과식물을 의미하는 leguminous는 '씨앗이 깍지 속에 들어 있고 죽이나 퓨레를 만들어 먹을 수 있는 모든 것'이란 뜻으로 부른 legumen에서 기인하였으며 legumen은 모으다, 채취하다, 고르다 등의 뜻을 가진 동사 lego에서 유래되었듯이 최초의 콩류는 수집과 채취에 의해 식량작물이 되었다. 콩은 여러 사회에서 태아와 성장의 상징으로 여겨졌으며 그 종류는 잠두, 완두, 병아리콩, 렌즈콩, 강낭콩, 리마콩, 흑두, 녹두, 팥 등 역사의 깊이만큼 다양하며 콩 가공식품 역시 나라마다 다양한 제품이 생산되고 소비되고 있다. 그중 대두는 세계에서 가장 널리 소비되는 식물로 세계의 생산량은 연간 1억 톤 이상이며 미국, 중국, 브라질, 아르헨티나가 4대 주산국이다.

국내의 콩소비량은 1인당 10kg을 상회하며 국내자급율은 70년대 중반까지만 하더라도 80% 이상이었으나 현재는 10% 정도의 범위에 있어 가공용 콩을 포함하여 대부분의 콩이 수입되고 있는 실정이다. 두부만 하더라도 국내산 원료로 제조한 것이 미국산 원료의 두부보다 가격이 2배 이상이나 높다.

콩의 영양성분으로는 단백질이 40% 외에도 지방 20%, 당질이 25% 정도로 100g당 칼로리는 410cal로 소고기의 236cal보다 오히려 높다. 영양과잉의 현대에서는 높은 칼로리가 오히려 회피하여야 할 식품이긴 하나 콩은 일반성분 외에도 기능성 성분의 함량이 높아 웰빙형 식이재료로서 매우 중요한 소재이다. 기능성식품이란 식품이 생체에 흡수되어 생체조절, 질병의 예방과 치료 등 특정 기능을 나타내는 것을 말한다. 1987년 일본에서 조어된 용어이며 유사용어가 많지만 대체로 기능성식품이라는 용어를 사용하고 있다. 1994년 미국 시카고에서는 '성인병의 예방과 치료에 있어서 콩의 역할'이라는 국제심포지엄이 개최되었으며 이 심포지엄은 기능성식품이 미주 및 유럽에 파급되는 데 결정적인 기여를 하였으며 기능성식품의 중심에 콩이 위치하고 있었다. 콩의 기능성 성분으로는 올리고당, 각종 플라보노이드, 식이섬유, 레시친, 사포닌, trypsin ibhibitor, lectin 등이 있으며 이들은 항암효과, 장 내균총개선효과, 항산화효과, 콜레스테롤 저하효과 등 다양한 기능성을 나타내고 있다. 이러한 콩의 다양한 기능성으로 미국에서는 두부의 소비량이 급증하고 있으며 국내기업의 미국 두부공장도 증설되고 있는 형편이다.

콩가공식품은 두부, 장류, 두유, 식용유지, 콩나물 등 다양하나 식품 외에도 에나멜, 페인트, 잉크, 염료 제조, 약품, 화장품, 합성고무 제조, 도포제, 피혁가공, 합판제조(풀) 등 공업용도로도 많이 사용된다. 특히, 두부는 콩의 단백질을 응고제로 침전시켜서 성형한 것이므로 단백질의 함량이 높고 부드러운 물성을 지녀 현재는 세계인이 좋아하는 식품이 되고 있다. 두부는 보통두부, 순두부, 자루두부, 튀김두부, 동두부 등 종류가 다양하다. 콩은 장류처럼 발효식품원료로도 많이 사용되는데 우리나라의 된장, 청국장 및 간장을 비롯하여 일본의 낫또, 중국의 두시, 인도네시아의 템페, 인도의 스자체, 네팔의 키네마, 아프리카의 다와다와 등 다양하다. 이외 콩나물은 우리나라 국민 채소이며, 대두의 높은 함량의 단백질을 활용한 다양한 대두단백가공품들도 다양하게 생산되고 있다.

일반적으로 식물성지방은 불포화지방산의 함량이 높아 상온에서도 액체 상태를 띠는 오일이라 하는데 콩의 지방함량은 20% 전후로 매우 높아 식용유지로 많이 이용된다. 물론 올리브유나 포도씨유 등이 기능성분이나 풍미가 좋아 고급 식용유로 사용되지만 천연 항산화제인 tocopherol 함량이 높아 피부 노화방지 및 산화방지 기능을 기대할 수 있는 대두유의 소비가 세계적으로 가장 많다. 바이오에탄올과 함께 환경친화형 연료로 바이오 디젤이 주목을 받고 있는데 이 바이오 디젤은 식물성 유지로부터 생산되어 디젤과 혼합하여 자동차연료로 사용되고 있다. 콩과 함께 유채 등 유지작물이 바이오 디젤 원료로 최근 각광받고 있다.

3.6 과일과 채소 그리고 건강

과일 하나만 떠올려 보라고 하면 우리나라의 많은 사람들이 '사과'라고 답할지도 모르겠다. 과일에 해당하는 라틴어는 '포뭄'이다. 과수원의 모든 과실은 풍요의 여신 포모나의 보호를 받는 것도 이와 관련이 있다. 그러나 현대 프랑스어에서 사과를 폼(pomme)이라 하듯 사과는 과일 중의 과일, 유일한 과일인 것이다. 그리스 · 로마 신화를 비롯한 유럽의 여러 신화와 전설, 그리고 역사에서 등장하는 사과만 보더라도 과일에서 차지하는 사과의 비중을 엿볼 수 있다. 곡류, 서류, 두류 등 주요 식량작물들은 생산 후 저장이 비교적 용이하나 수분함량이 높아 수확 후 생리적 변화가 심한 과일류 및 채소류는 주거공간 주변에서 일시적으로 재배하여 이용하여 왔다. '원예'란 뜻의 horticulture는 그리이스어의 '성벽 내'란 뜻의 'horti'에서 기인되고 agriculture는 '성벽 외'란 뜻의 agri에서 기인됨을 볼 때 원예자원은 주거공간 주변에서 재배되고 농업생산은 보다 넓은 토지에서 이루어져 왔음을 엿볼 수 있다. 오늘날 식품으로서 과일과 채소는 과거보다 훨씬 높고 중요한 지위를 누리고 있음에 틀림없다. 특히 우리나라는 채소의 소비량이 세계에서 단연 1위를 점하고 있을 만큼 우리 식생활에서의 매우 중요한 비중을 차지하고 있다.

과실과 채소류는 지금까지 언급한 식품 및 가공식품들과는 매우 다른 식품적 특징들을 가지고 있다. 우선 영양적 측면에서 수분함량이 대단히 높고 단백질, 지질을 거의 함유하지 않는 데 있으므로 영양가가 높은 식품이라 하기는 어렵다. 그러나 무기질, 비타민 등 비열량 영양소의 함유량이 높고 식이섬유를 비롯하여 최근 들어 항암작용 등 각종 기능성이 입증되고 있는 카로텐, 폴리페놀화합물 등의 함유량이 높아 반드시 외부로부터 섭취되어야 할 식품군이다. 서양 속담에 'An apple a day keeps the doctors away'는 과실류의 기능성을 의미하는 좋은 예가 될 수 있다. 과실과 채소류는 색, 크기, 숙도, 성분 등에 있어서 공업제품과 같은 규격화된 상품을 얻기가 어렵다. 또한 수확 후에는 시시각각 변질 또는 변패하여 그 품질이 변화하므로 이의 생활생리에 따른 적절한 취급이 필요하다. 공업제품과 같은 품질의 규격화를 얻기 위해 통조림, 냉동품, 건조품, 과즙제품 등의 가공제품이 발달하여 왔다. 그리고 원예식품은 대부분 생물체로 유통되고 있다. 이들은 수분함량이 높고 조직이 연약할 뿐만 아니라 수확 후에도 생활생리가 활발하므로 품질 저하를 억제하면서 취급하기 위해서는 고도의 기술이 요구된다.

일반적으로 과실은 당과 산이 적당하게 함유되어 있어 기호성식품의 성격이 강하므로 필수성이 그다지 높지 않아 소비량과 가격은 소득수준과 관련이 비교적 크다. 그러나 채소류는 정미성분의 함량이 비교적 낮으며 식사와 직접적으로 관련된 부식성 식품으로의 성격이 강하다. 따라서 필수성이 높아 소비량은 비교적 안정하며 공급의 부족 시 가격변동이 커지는 차이가 있다.

전 세계의 과수류는 약 2,800여 종에 이르고 있으나 실용적인 과수류의 수는 훨씬 적고 한국원예발달사(1980)에서는 재래종과수 14종, 1901~1980년 사이에 도입된 과수 17종을 들고 있으며 우리나라 농림통계년보에서 취급되는 것은 사과, 배, 복숭아, 포도, 밀감, 감, 자두 등 몇 가지가 되지 않는다. 과실류는 사과 배 등의 인과류(pome fruits), 복숭아 자두 등의 핵과류(stone fruits), 포도, 나무딸기 등의 장과류(berry fruits), 그리고 밤, 호두 등의 각과류(shell fruits)로 분류한다. 한편, 채소류는 이용되는 부분이 과실과는 달리 단일기관이 아니고 종류에 따라 달라지므로 주로 이용되는 부위에 따라서 엽채류(배추, 상추, 파 등), 근채류(무, 당근, 연근, 양파, 마늘, 우엉 등), 과채류(오이, 토마토, 호박, 가지 등), 화채류(브로콜리, 꽃양배추, 국화 등)로 분류한다.

원예가공식품의 종류는 매우 다양하다. 밀봉살균식품이란 종래에는 통조림, 병조림 제품과 함께 최근 플라스틱소재를 원료로 한 새로운 용기의 개발 및 보급이 급속화되면서 간편한 형태의 레토르트 제품을 포함한다. 밀봉살균식품은 먼저 전처리에 의해 불가식 부분을 제거하고 공기 및 미생물의 투과를 막을 수 있는 용기에 넣고 용기 내의 공기를 탈기한 후 용기 내에 존재하는 병원균 및 부패균을 가열에 의해 살균하여 장기간 보존이 가능하도록 한 제품이다.

과실 소비량이 많은 국가들에서는 과실 총 생산량의 20~40%는 생과로 이용되고 그 나머지는 가공제품으로 이용되고 있다. 그러나 우리나라에서는 과실의 가공비율은 품목에 따라 다소 상이하나 10% 미만이다. 과실은 당과 산을 적당히 함유하여 기호성이 높고 최근의 무기질이나 비타민 혹은 기능성 성분의 함유량이 높아 영양적으로 우수할 뿐만 아니라 다량의 수분을 함유하고 있어 음료용 소재로 그 소비가 크게 늘고 있다. 과실을 음료로 만들고자 하는 노력은 오래전부터 시도되었다. 1869년 미국의 치과의사 Welch는 살균 포도과즙을 생산하였으며 19세기 후반 스위스에서는 사과과즙이 생산되었다. 1, 2차 세계대전을 거치면서 과학기술의 진보와 함께 식품가공 기술에서 큰 발전이 있어 오늘날에는 과실류 및 채소류를 활용한 매우 다양한 주스 제품들이 생산, 소비되고 있다.

그 외 젤리와 잼, 토마토 가공품 등이 있으며 특별히 채소류을 이용한 제품에는 김치, 단무지 등의 절임식품류들이 모두 가공되고 있다. 또한 오늘날 소비자들은 식품 소비에 있어 영양적인 측면뿐 아니라 식품 안전성과 환경친화성에 매우 민감하며 바쁜 일상과 과중한 스트레스로 인해 쉽게 조리하여 빨리 소비할 수 있는 편이 식품을 요구하고 있다. 신선절단 식품의 소비가 일반화되기 전까지 소비자들은 편이식품은 영양적으로 불완전하며 편이성 추구는 곧 건강을 추구하는 것과 상반된 것이라고 인식해 왔다.

한편 시장 구조의 대형화와 더불어 최소가공 기술이 발달되고 pre-cut식품이 점차 일반화 되면서 신선편이 식품에 대한 소비자들의 부정적이 인식이 변화되었다. 몇 년 전까지도 많은 소비자들은 최소가공 처리되어 포장된 사과가 비포장된 whole 사과보다 덜 신선하다고 생각했었지만 현재 소비자들은 pre-cut 제품을 더 신선한 제품으로 인식하고 있는 상황이다. Minimal processing, 즉, 최소가공은 최소한의 가공을 통해 신선한 품질 그대로의 제품을 제공할 수 있는 식품 가공기술의 하나로 신선 과채류를 수확 후 세척, 선별, 박피 및 절단 등의 가공을 통해 즉시 소비할 수 있는 ready-to-use(RTU) 형태의 식품으로 가공하는 기술이다. 신선편이식품은 폐기물의 감소, 제품의 다양화, 균일한 품질 관리, 판매 시 노동력 감소 등 다양한 이점을 지니고 있다. 이러한 편이성과 경제성을 장점으로 신선편이식품 시장은 규모와 형태에 있어서 점차 확대되고 있는데, 신선편이식품 시장은 1990년대 미국과 유럽을 중심으로 급격하게 성장한 이후 최소가공 기술의 발달과 더불어 꾸준히 성장하고 있다. 한편 국내의 신선편이식품 시장은 그 기술수준이나 제품의 형태 등이 아직 초기단계에 있다고 할 수 있으며, 제품 형태 또한 감자, 도라지, 연근 등의 단순 절단 및 박피에 한정되어 재래시장을 중심으로 소규모로 판매되어 왔다. 하지만 최근 국내 신선 물류 및 유통구조의 변화와 함께 지역 농협 및 기업체를 중심으로 다양한 형태의 ready-to-eat(RTE) 형태의 제품이 판매되고 있다.

3.7 바다를 식탁으로

지구 표면의 2/3를 차지하는 바다는 20세기 후반에 들어서면서 미래 인류가 기댈 마지막 자원이라는 인식이 확산되기 시작하여 1977년 미국과 소련이 200해리를 EEZ(Exclusive Economic Zone, 배타적 경제수역)로 선포하였고 이에 뒤질세라 1992년 113개 연안국들 역시 200해리를 EEZ로 선언함으로써 바다를 국토와 동일시하게 되었다.

EEZ란 개념은 천연자원의 탐사와 개발, 해양환경보존, 이용분야에서 자국이 배타적으로 권리를 가진다는 의미이다. 세계 곳곳의 영토분쟁은 영토 자체의 분쟁이란 측면도 있지만 대부분 그 해당 영토를 점유함으로써 이어지는 방대한 해양영토의 확장에 보다 초점이 모아지고 있다.

일본이 제기하고 있는 독도, 다이위다오 제도, 쿠릴열도 등은 모두 바다의 섬들과 함께 해양 영토의 확장과 직결되어 있다. 해양은 식품 혹은 생명자원의 측면에서도 그 잠재성을 예측하기 어려울 정도로 큰 가치를 지니고 있다.

우리나라는 반도의 지정학적 특성상 바다와 삶은 깊이 연결되어 왔으며 수산업 생산 및 수출 부분은 꽤 순위가 높다. 또한 국민 1인당 식품공급량으로도 어패류가 육류보다 많은 약 45kg을 차지하고 있으며 1인당 동물성 단백질 공급량의 40%를 담당하는 등 수산물은 식품으로도 우리 국민의 생존과 건강에 중요한 역할을 하고 있다. 그러나 수산물의 자급율은 1999년까지만 해도 105.9%로 자급이 충분하였으나 경제의 발전에 따라 건강지향적인 식품소비의 경향으로 수산물의 소비가 해마다 증가하는 탓에 현재에는 65%의 자급율에 이르고 있어 상당부분 수입에 의존하고 있다. 국민 1인당 수산물 소비량은 1999년 38.3kg에서 2005년 48.1kg으로 크게 증가하였으나 동 기간의 육류 소비량은 36.3kg에서 36.5kg으로 거의 변화가 없다.

식품원료로서의 수산식품의 특성으로는 먼저 어류, 갑각류, 연체류, 해조류 등 그 종류가 1,700여 종에 이르는 다양성을 들 수 있으나 일부 양식을 제외하고 대부분의 수산물은 농산물처럼 계획생산이 어려울 뿐만 아니라 수역이나 생산시기가 제한되는 단점이 있다. 이외에도 어체의 부위, 크기, 계절에 따른 성분의 차이가 비교적 크며, 식품원료로서 가장 큰 단점으로 부패나 변질이 쉽다는 특성이 있다.

어류는 근육의 색에 따라 백색육어류와 붉은색어류로 구분하는데 넙치, 가자미, 조기, 대구 등은 전자에 그리고 고등어, 꽁치, 정어리, 청어 등은 후자에 속한다. 어패류의 영양성분 중 가장 중요한 성분은 지질 성분인데 그중 최근 건강기능성 성분으로 각광받고 있는 오메가-3 지방산은 어패류에 다량 함유되어 있다.특히 혈중콜레스테롤 저하, 혈전 예방, 발암 억제, 기억학습능력 향상 등 기능성과 관련된 고도불포화지방산인 EPA(eicosapentaenoic acid)와 DHA(docosahexaenoic acid)는 바로 등푸른생선에 다량 함유되어 있으므로 이들을 원료로 하는 다양한 기능성식품이 개발되고 있다.

한편, 바다야채(marine vegetables)로 불리는 해조류는 700여 종에 달하지만 실제로 식품으로 이용되는 것은 10여 종에 지나지 않는다. 해조류는 서식생태와 색에 따라 홍조류(김, 우뭇가사리 등), 갈조류(미역, 다시마 등), 녹조류(파래 등)로 분류되는데 우리나라에서의 수산물 생산량 중 25% 정도를 차지하며 그중 미역, 김, 다시마, 톳 등의 생산량이 많다. 해조류는 영양적으로는 요오드, 칼슘, 철, 칼륨 등 무기질과 함께 제6의 영양소라 불리는 식이섬유의 함량이 매우 높을 뿐만 아니라 그 외에도 알긴산, 푸고이단, 라미닌 등 다양한 생리기능성 성분의 함량이 높아 식품원료로서 매우 중요하다.

수산 식품원료인 어패류와 해조류는 건제품, 염장품, 통조림, 훈제품, 연제품, 조미가공품 등의 식품용도 외에도 공업용(어유, 호료 등), 농업용(비료 등), 약품용(간유, 인슐린, 요드 등) 등 산업적으로도 다양하게 활용되고 있다.

3.8 그 밖의 식품과 가공식품

인간은 참으로 다양한 식품재료로부터 삶에 필요한, 그리고 즐거움이나 행복에 필요한 식품을 얻고 있다. 지금까지 언급한 식품 재료 외에도 축산물로부터 얻능 수 있는 고기와 젖, 알 등도 중요한 식품재료이다. 축산가공품으로는 햄, 베이컨, 소시지 등 육가공품이 있고 각종 우유, 치즈, 크림, 버터 등의 가공품도 생산되고 있다.

커피, 녹차, 허브차 그리고 최근 유행하는 여러 가지 음료제품이나 각종 건강식품, 화장품이나 의약용 소재들까지 식품재료의 변신과 활용방안은 큰 폭으로 확대되고 있다. 또한 국가적으로도 식품산업은 새로운 성장동력으로 지정받아 국가경제활성화와 농민의 소득증대는 물론 국민의 건강증진에도 크게 기여할 수 있는 산업으로 그 발전의 가능성이 매우 크다고 하겠다.

4. 식품의 저장과 유통

4.1 수확 후 관리기술의 필요성

과실은 채소와 더불어 수분 함량이 많고 다른 농작물에 비해 저장(보관), 운송이 어려운 부패성 상품(perishable goods)으로 생산 시기의 계절성, 종류의 다양성 및 품질 규격화의 어려움 등의 특징이 있다. 또한 과실은 채소에 비하여 기호품, 특산품으로서의 성격이 강하고 소득 탄력성이 높다.

과실은 신선 식료품으로서 선도가 가장 중요하며 그렇기 때문에 기본적으로 맛이 가장 좋을 때 수확하여 곧바로 소비자에게 공급할 필요가 있다. 그러나 유통상의 문제와 수급 관계상 일정 기간 보관해야 할 경우가 있는데 이때 과실의 품질 저하를 방지하는 기술이 저장이다.

과실 저장의 주목적은 수확 후 판매 기간을 연장하여 공급 과잉에 의한 가격의 폭락을 방지하고 이용 기간의 연장으로 소비 확대는 물론 저장 기술을 이용하여 원격지 수송 및 수출을 포함한 수요의 확대와 수확 출하 노력의 분산을 통해 경영 규모의 확대도 역시 가능하다.

한편 소비자 측에서도 품질이 우수한 농산물을 장기간에 걸쳐 공급받게 되면 안정된 가격으로 언제라도 구입할 수 있어 식생활의 혜택과 영양분의 보급에도 관계가 있다.

이처럼 과수 원예는 수확 전(pre-harvest)의 재배 기술과 수확 후(post-harvest)의 관리 기술이 병립하여 성립되는 것이다. 양자는 수레의 양바퀴에 비유할 수 있어 함께 발전해 나가면 그만큼 과수원예의 부흥이 있을 수 있기 때문이다.

우리나라의 과수는 지역적인 성질이 강하고 영세적이며 소비자도 그 시기와 장소에서 신선하고 귀한 것을 맛보는 습관이 있기 때문에 저장에 관해서는 경시되어 왔다. 또한 과실 소비는 선물용이 주가 되어 외관이 좋고 큰 과실이 좋은 과실로 여겨지고 있는 경향이 있다. 그러나 오늘날 소득 수준의 향상과 대중화, 부식화, 필수품화라는 소비 패턴의 변화로 과실은 성장 농산물이라 말할 수 있고 소비량이 확대되고 그것에 따라 품종개량, 재배 관리의 연구가 강화되어 생산량도 급증하고 있다.

4.2 품질요소

농산물의 품질은 식품의 기능과 밀접한 관계가 있고 '품질'은 때로는 넓은 의미의 동적 기능과 정적 특성을 내포하고 있다. 식품의 품질을 분류하면 기본적 특성과 기능적 특성이 있고 2차적 특성으로 유통특성과 부가특성이 있다(그림 2-1).

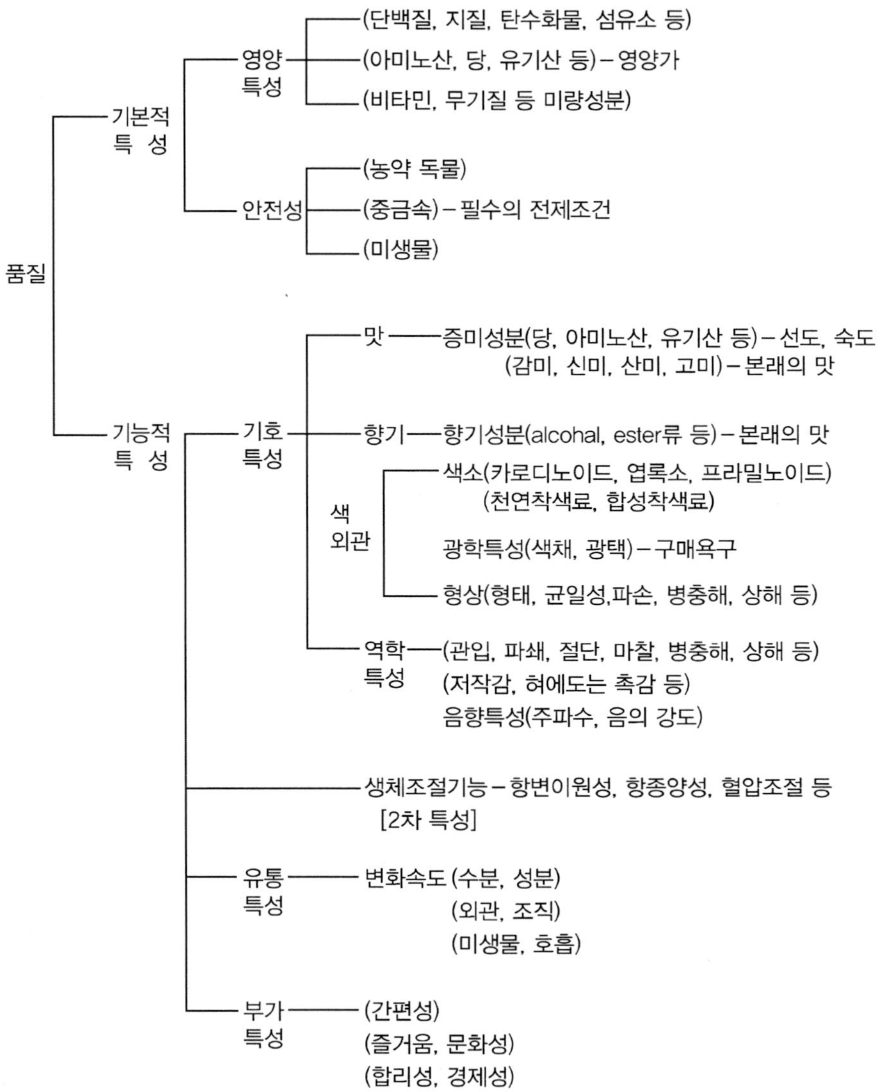

〈그림 2-1〉 식품의 품질 요소

기본적 특성이란 농산물의 여러 가지 영양소이며 농약, 중금속 등의 유해 물질이 함유되지 않고 안전하게 건강에 이로운 기본적 요소이다. 근년에는 콜레스테롤, 포화지방산 등 특정한 영양소 또는 성분이 적거나 없는 것이 품질특성이 되고 있는 것도 있다.

기능적 특성에는 인간의 감각기관으로 느껴지는 작용, 즉 '먹어서 맛있다'라고 하는 기호특성과 기능성식품에 해당하는 생체조절기능을 가지고 있는 특성이고 또한 이들의 2차 특성으로 유통과정에 있어서 품질의 안전성과 풍요로운 생활에 공헌하는 간편성, 문화성, 합리성, 경제성 등의 부가특성이 있다. 기호특성에는 맛, 향기, 색, 외관, 저작감 등의 역학특성이 있고 식품의 품질지표로서 중요하다.

4.3 과실의 생리적 특성

1) 호흡(Respiration)

신선과실과 채소는 생명유지를 위한 충분한 에너지 공급을 위하여 호흡을 한다. 이는 인간, 동물, 기타 생물체가 하는 것과 같이 대기로부터 산소를 흡입하여 타산가스를 배출한 호흡 중 에너지 생산은 전분, 당 그리고 기타 물질대사에 필요한 물질의 산화작용의 결과이다. 수확 후 호흡에 의한 저장물질의 손실은 되돌릴 수 없고 손실률은 생산물의 수확 후 일생에 있어서 중요한 결정인자이다.

포도당이 호흡기질인 경우 양 호흡의 발생에너지는 다음과 같다.

· 유기호흡 : $C_6H_{12}O_6 + 6O_2 \rightarrow 6CO_2 + 6H_2O + 674Cal$

· 무기호흡 : $C_6H_{12}O_6 \rightarrow 2C_2H_5OH + 2CO_2 + 25Cal$

2) 증산작용(Transpiration)

수확 후에는 물 공급이 중단되어 농산물은 그들 자신의 저장물질만으로 생체를 유지해야 한다. 호흡작용과 함께 수확 후 농산물은 증산작용에 의해 수확 전과 마찬가지로 수분을 대기 중으로 계속 휘산시킨다. 증산작용의 궁극적 영향은 수확 후 저장 중에 발생하는 과채류의 수분손실을 말한다. 이 수분손실속도가 수확 후 농산물의 생명에 결정적인 인자이다. 증산작용으로 인하여 과채류는 약 5%의 중량감소를 가져오며 표면의 광택이 소실되어 상품가치의 저하를 초래하게 된다. 증산작용을 억제하기 위한 최적의 저장상대습도는 보통 85~90%이며 저장고 내의 바람의 속도도 증산작용에 영향을 준다.

4.4 과실의 성숙과 추숙기구

1) 성숙곡선

과실의 생육 기간은 수정이 완료된 후부터 시작하여 수확으로 끝이 난다. 이 사이 과실의 생육 비대 상황은 S자형생육곡선(sigmoid growth curve)을 나타내는 것이 많으며 핵과류(복숭아)에서는 생육 도중에 비대가 일시 완만하게 되는 시기가 있어 이중 S자형생육곡선(double sigmoid growth curve)를 갖는다.

과실의 생육 초기에 세포 분열이 왕성하게 진행되는 시기를 세포분열기(cell division phase)라 하는데 사과에서는 수정 후 20~30일이다. 이 시기를 지나면 과육부의 세포 분열은 정지되고 그 후에는 개개의 세포의 용적의 증대에 따라 과실이 굵어진다. 이 시기를 세포비대기(cell enlargement phase)라 하는데 수확기까지 계속된다. 이 세포비대기 후반이 성숙기(maturation phase)이다.

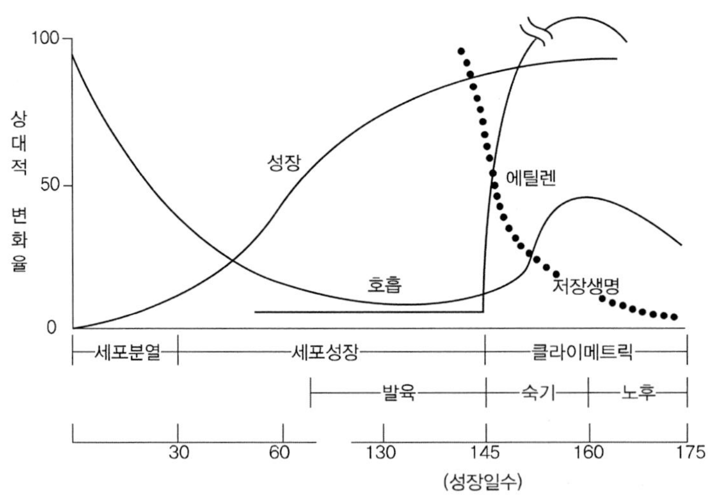

〈그림 2-2〉 과실의 비대성, 호흡량 및 에틸렌 생성

2) 과실의 성숙과 에틸렌

에틸렌은 식물계에 널리 분포하며 기체로 작용하는 유일한 식물호르몬이다. 에틸렌은 구조적으로 매우 단순한 물질이며($CH_2=CH_2$) 식물이 성장할 뿐만 아니라 석유의 분해에 의하여도 대량으로 발생한다. 이와 같이 보기에 단순한 구조를 하고 있는 화합물이 식물에 특이한 생리작용을 가진다는 것은 매우 특이하다. 에틸렌의 작용은 과실, 잎, 꽃잎의 노화촉진, 이층형성, 휴면타파, 줄기나 뿌리의 신장생장저해, 화성의 저해 또는 촉진, 발근의 촉진 등 식물체의 종, 기관, 조직 또는 수령의 차이에 따라서 여러 가지 형태로 나타난다.

과실의 성숙 또는 추숙에는 에틸렌이 중요한 작용을 하고 있다. 예를 들면 미숙한 바나나, 사과 등에 에틸렌을 처리하면 성숙 및 추숙의 과정을 밟는다. 그러나 에틸렌에 대한 성숙은 과실의 종류에 따라서 다르다. 바나나, 아보카도, 서양배, 사과 , 복숭아, 비파, 참다래, 토마토, 메론 등의 과실은 성숙 후숙에 에틸렌이 필요하고 감귤류, 포도, 딸기 등의 성숙에는 에틸렌은 관여하지 않는다. 그러므로 에틸렌에 감수성이 있는 과실은 에틸렌의 발성을 제어하거나 외부에서 가해 주는 것으로 성숙, 추숙을 조절할 수 있다. 또 같은 감수성 과실에서도 에틸렌에 대한 감도는 과실의 종류, 농도에 따라 차이가 있다(표 2-3).

〈표 2-3〉 과실 내의 에틸렌농도와 최저유효농도

종 류	에틸렌농도(ppm)	
	클라이메트릭 피크 前 농도	최저유효농도
사 과	80	–
아보카도	140~180	0.1
바나나	6~40	0.1~1
망 고	3	0.04~0.4
배	250~500	–
토마토	4~6	–
레 몬	–	0.025~0.1
오렌지	–	0.1

3) 과실의 호흡생리

Kidd와 West는 사과과실이 생장기에서 성숙기로 이행할 때 호흡에 현저한 변화가 일어나는 것을 인정하고 이것을 '클라이메트릭'이라고 하였다. 일반적으로 과실의 호흡은 결과 직후에는 높은 활성을 나타내지만 그 후 생장함에 따라 저하가 계속된다. 그리하여 성숙에 앞서 급속히 상승하기 시작하여 최대에 달한 후 다시 점감하여 과실은 노화한다.

이와 같은 호흡의 패턴을 나타내는 과실을 클라이메트릭형의 과실이라 하고 사과, 서양배, 바나나, 살구, 복숭아, 자두, 아보카도, 망고, 토마토, 메론, 파파야 등이 속하며 이에 대하여 호흡의 상승을 나타내지 않는 비(非) 클라이메트릭형 과실에는 감귤류, 포도, 무화과, 양앵두 등이 속한다. 이 클라이메트릭 현상의 방아쇠로서 에틸렌이 중요한 역할을 한다.

4.5 과실의 수확적기 판정법

과실의 수확은 유통, 판매 시 품질과 저장성에 중요한 영향을 미치는 것으로 적절한 수확시기의 선정은 매우 중요하다. 수확 후 곧바로 판매코자 하는 사과는 나무에서 그 과실의 중량, 향기, 색 등이 완숙된 상태에서 수확하는 것이 바람직하고, 저장을 목적으로 할 경우에는 완숙이 되기 전에 수확하는 것이 저장에 훨씬 유리하며 과실의 숙도는 기상조건, 재배조건 및 지역에 따라 차이가 있다.

- 만개 후 일수 : 만개일로부터 수확적기에 이르기까지의 일수, 즉 만개 후 일수는 품종에 따라 거의 일정한 사실을 이용하는 방법으로 그 일수는 그해의 기상에 따라 다소 차이는 있으나 비교적 정확성이 있는 방법이다. 수확일은 저장기간의 장단에 따라 차이를 두어야 되며 장기저장용 사과는 단기 저장용보다 5~10일 정도 빨리 수확해야 한다.
- 과색의 변화 : 황색품종은 녹색에서 황색으로 변하였을 때, 적색품종은 녹색에서 적색으로 변하였을 때가 수확 적기이다.
- 요오드의 반응 : 델리셔스계통의 저장용은 30~40%, 후지 0~10%, 육오 10~20% 쓰가루 30~40% 정도의 요오드 반응을 보일 때 수확하는 것이 좋다.
- 맛 : 미숙과는 감미가 적고 산미와 떫은맛이 있으며 전분냄새가 나고 단단하여 이가 잘 들어가지 않으며 맛이 나쁘다. 성숙되어 그 품종 고유의 맛이 시작될 때는 장기저장용 수확 적기이고 그 후에는 전분 냄새가 없어지고 과즙이 많아지며 향기가 증가되고 산미가 적어 맛이 나쁘다.

- 과실경도 : 델리셔스계통 장기용은 15~17파운드, 단기저장용은 14~16파운드, 직매용 14파운드 이하가 적기이고 후지의 장기저장용은 15파운드, 단기 저장용은 14파운드 이하일 때가 수확 적기이다.
- 방향물질 : 과실이 성숙되면 알코올류, 알데히드류, 에틸렌 등이 증가하므로 이들 물질을 측정하여 적기를 판정하기도 한다.
- 호흡량 : 현재까지의 수확 적기 판정법 중 가장 정확하다고 여겨지는 방법은 호흡량을 측정하는 것이다. 모든 청과물은 숙도의 진행에 따라 그 종류 특유의 호흡형을 나타내며 사과는 바나나, 토마토 등과 같이 일시상승형의 호흡형을 나타낸다. 이러한 경우 climacteric minimum 8일 내에 수확하는 것이 저장성이 좋으며 즉시 유통할 경우에는 climacteric maximum 직전에 수확하는 것이 권장되고 있다.

그 외 과실의 당도, 산도 등의 측정으로 수확 적기를 판정하는 방법이 있으며 과실의 변화와는 다소 다르지만 적산온도를 계산하는 법, 낙과상태를 보고 판정하는 법 등이 있다. 최근에는 사과 과심부의 에틸렌의 농도를 가스크로마토그래피로 측정하여 수확한 사과의 저장한계와 그에 따른 저장법을 추천하고 있다.

4.6 수확 후 저장에 미치는 환경요인

수확 후 과실이나 채소의 품질을 유지하기 위해서는 그들의 생리작용을 가능한 한 억제하지 않으면 안 된다. 일반적으로 호흡은 생리작용의 종합적인 결과를 나타내는 것으로 호흡에 영향을 미치는 주된 환경요인에는 다음과 같은 사항이 있다.

- 온도 : 호흡이란 생리작용을 하나의 화학작용이라 보면 호흡의 온도계수에서 가장 직접적인 영향력을 갖는 요인은 온도이다.
- 습도 : 습도는 온도처럼 호흡작용에 직접적 영향을 주지 않는다. 건조상태에서는 호흡이 억제되고 과습상태에서는 촉진된다.
- 기체 농도 : 공기 중의 평균적 기체 조성은 질소 79%, 산소 21%, 이산화탄소 0.03%,

기타 미량 기체로 구성되어 있다. 지구 상의 생물은 공기조성하에서 가장 정상적인 호흡 생리가 영위된다. 인위적으로 가스 조성을 변형시킨 환경에 청과물을 두어 호흡을 억제시켜 품질을 오래 보존케 하는 방법이 CA저장(Controlled Atmosphere Storage)이다.

- 부패 · 손상 : 청과물은 수확에서 소비까지의 사이에 타박, 진동, 압박, 외상 등 외부로부터 기계적, 물리적 영향을 받는다.

4.7 저장 또는 유통 전처리

1) 저장을 위한 기본처리

신선농산물의 저장 또는 유통 전에 행해져야 할 전처리는 다음과 같다.

- 세척 : 농산물을 대량저장하려면 돌조각, 흙찌꺼기, 부스러기 등은 저장 전에 제거하여야 한다.
- 등급화 및 선별 : 농산물의 크기가 작거나, 손상, 감염 또는 과숙되었다면 선별 제거하야 한다.
- 생산지 흡수열(Field heat) : 농산물을 적재 전에 생산지에서 흡수된 열을 분산시켜야 한다.

2) 저장 전 특수한 전처리

기본적인 전처리와 더불어 농산물에 대한 특수처리 또는 유통에 따르는 처리는 선별포장공정이나 다음 단계에서 적용될 수 있다.

- 저장 전의 예비건조(Curing) : 저장감자와 양파의 손실을 감소시키기 위한 중요한 방법 중 하나가 표면건조 또는 예비건조이다. Curing은 감자의 경우 표면에 발생된 상처에 코르크층을 형성시켜 징병감염을 예방하고 호흡을 감소시켜 표피 상처를 다루는 역할을 한다.
- 화학 생장억제제 : 수확 전 maleic hydrazide의 살포는 온대 지역에서 양파의 수확 후 발아를 억제하기 위한 발아억제제로 사용지만 사용이 안전하지는 않다.
- 살균제 : 대부분의 수확 후 손실은 미생물의 감염과 손상에 기인되는데 취급부주의에 기인한 물리적 손상된 생리적 스트레스는 그러한 미생물의 공격에 쉽게 감염되게 된다.
- 수증기 침지와 열수 침지 : 어떤 훈연제는 농산물에 손상을 입힐 수 있어 고온의 증기열

처리가 감귤류, 망고, 파파야 등을 살균하는 데 사용된다.

- 훈연 : SO_2는 가장 잘 알려진 훈연제이며 *Botrytis*와 포도 부패병을 방지하기 위한 수단으로 사용된다.
- 표면코팅 : 유통에 있어서 표변 코팅을 처리하는 것은 일반적인 방법으로 수행되는데 오이, 토마토, 피망, 사과, 귤, 파인애플에 대한 wax의 처리는 시들거나 상하는 것을 줄일 뿐 아니라 표면에 광택을 주어 외관을 향상시키기 위함이다.
- 칼슘과 화상억제 처리 : Bitter-pit와 내부손상은 저장하는 동안 과일 과육부의 심각한 변색과 변질을 초래하는 생리적 질병인데 수확한 사과에 칼슘 함량이 낮은 것과 연관이 있으며 저장 전에 염화칼슘을 (4.6%) 용액에 침지하거나 살포하면 어느 정도 해결이 가능하다.
- 탈 녹색화 : 오렌지와 자몽은 종종 껍질이 녹색이거나 부분적으로 녹색일 경우 우수한 품질이 될 수 있다. 그러나 완전한 색을 띤 과일을 요구하는 수출시장의 경우 10~20ppm의 에틸렌가스 중에 과일을 노출시키는 degreening조작이 필수적이다.
- 숙성 : Climateric fruits는 원거리 수출용으로 수확했을 때 운반·취급하는 동안 사해와 손실을 줄이기 위해서 단단하고 파랗고 성숙되지 않은 과일을 선적하고, 판매 전에 1,000ppm의 에칠렌 가스에 노출시켜 숙성시킨다.
- 방사선조사 : 신선한 농산물의 감마선 조사가 저장수명을 연장하기 위해 첫선을 보인 이래로 해충과 병원균을 없애고 품질을 유지하기 위해 과일과 채소류에 광범위하게 사용되었다.

4.8 신선 농산물의 예냉

농산물을 일단 저온저장고에 입고하면 재배지역에서 얻은 열과 호흡열에 의해 저장고 내에 열을 방출하는데 이러한 열을 제거해 주어야만 적정저장온도에 빨리 도달할 수 있다.

1) 강제 송풍식 예냉

농산물을 저온저장고에 적재하고 천막으로 덮은 다음, 강제 전동식 팬을 이용하여 냉각을 진행시켜 단시간에 온도를 낮추어 호흡속도를 떨어뜨리는 방법이다.

이 예냉법은 상당히 값이 싼 예방법이며 손쉽게 작동할 수 있고, 쉽게 유지관리되어 농산물의 여러 가지 품목에 널리 적용된다.

2) 살수 냉각

물은 농산물로부터 냉각원으로 열을 전달시킬 수 있는 우수한 매개체이다. Hydrocooling에 있어서 냉동기에 의해 생성된 얼음이 녹아 차가운 물이 수조에 모이게 하여 그 수조 안에 농산물을 침지시키거나 스프레이 또는 폭포식으로 분사한다. 또 다른 방법으로는 증발 코일로 물을 소정의 온도까지 직접 냉각하여 사용하는 방법이 있다.

3) 진공냉각

물이 증발될 때 열을 흡수한다는 사실과 증발은 저 내기압에서 빠르다는 사실을 이용한 것으로 농산물이 적재되어 팔레트 위에 적재한 다음 기밀성이 좋은 Chamber에 투입시킨다. Chamber 내에 펌프를 사용으로 진공화하면 농산물 자체의 수분뿐만 아니라 농산물의 표면수분은 급속히 증발되어 냉각된다.

4) Ice-tank cooling

최근 개발된 방법으로 소형 냉동장치에 의해 만들어진 큰 얼음이 녹음으로써 열이 제거될 수 있다는 원리를 응용한 것이다. 이 방식을 이용하면 높은 상대습도를 가진 냉각공기가 저장고와 농산물을 신속히 냉각할 수 있으며 현재 5t 용량의 시스템이 이용되고 있다.

5) 예냉 후 처리

농산물이 소정온도까지 냉각이 되면 장기저장용으로 특별히 설계된 저장고로 가능한 한 빨리 운송해야 한다. 경우에 따라 예냉에 사용했던 저장고와 같을 수도 있지만 보통 인접하고 있는 대형 저장고에 이송해야 한다.

장기저장의 경우 저장고 내 공기가 잘 순환되는 것이 중요한데 수분손실과 증산작용을 최소로 유지하기 위해 저속으로 순환시켜야 한다.

4.9 청과물의 저장법

1) 환기저장

환기저장은 통기가 잘 되는 그늘저장과 같으며 다음의 경우에 주로 실시한다. 즉 농산물이 그 지역의 소비를 위해 저장될 경우, 농산물이 저장수명이 길 경우(근채류, 양배추, 사과, 배, 호박 등), 병원균의 원천을 제거하기 위해 정기적 예방이 가능한 경우, 일교차가 심한 경우(고도 1,000m 이상의 온대지방) 및 단기간 저장이 필요한 경우이다. 환기저장고의 설계요건으로는 지역의 조건에 맞게 설계되어야 하며 저장고 부지는 밤 기온이 낮고 생산지로부터 가까운 곳이어야 한다. 저장고는 환기에 사용될 바람이 최대로 이용될 곳에 위치하는 것이 좋으며 충분히 단열되는 곳이어야 하고 건물 주위에는 나무그늘이 있고, 저장고 벽면은 흰색으로 칠해야 한다. 대부분의 선진국은 환기저장에서 냉장저장으로 변화하는 추세에 있다.

2) 저온저장

일반적으로 가장 많이 응용되는 저장 형태로서 온도를 낮게 할 경우 제반 생리작용이 저하되어 품질 손상이 억제되며 미생물의 성장과 번식도 억제되기 때문이다. 저장수명을 현실화하기 위해서는 농산물에 적당한 온도와 습도를 유지하여야 한다. 원료 농산물은 깨끗하고 감염이 없어야 하고 정확한 성숙기에 수확하여 수확 즉시 저장하는 것이 중요하다.

3) CA저장

환경기체조절저장이라고도 부르는 CA(controlled atmosphere)저장은 가장 진화된 저장 방법이다. 과실 및 채소류 등 신선식품의 호흡은 저장 중 품질을 결정하는 가장 중요한 요소인데 이러한 호흡은 대기조성(산소 20%와 질소 79%)에서 가장 활발하다. 그러나 저장환경의 기체조성을 산소의 농도를 줄이고 질소나 이산화탄소의 농도를 높이면 호흡량이 줄어들어 저장 중 품질열화가 적게 된다. 이러한 원리를 이용하여 인위적으로 산소를 흡수·제거하여 농도를 낮추고 다른 기체의 농도를 올려 주는 환경기체를 조절하고 여기에 저온저장을 병행하여 저장하는 방법을 말한다. 최근 아오모리현에는 CA저장의 보급이 눈을 떠서 전 냉장시설의 약 27%(13만 톤)가 수용 가능하다. 현재 가장 우수한 저장방법이나 관리를 잘못하면 보통냉장 이상의 손해를 보는 경우가 있으므로 세심한 주의가 필요하다.

CA저장에서 저장의 위험부담요인은 탄산가스농도에 관여하는 것이 압도적이다. 일반적으로 내부 탄산가스의 감수성의 차이는 품종에 따라 차이가 있으며 동일한 품종이라도 숙도, 크기, 내부간극의 크기와 조직내부 내 가스확산 속도 등의 세포 조직적인 차이에 따라 다르다. 산소결핍의 장해는 혐기적 조건으로 과실은 알코올취를 띠게 되므로 한계치는 1.5% 정도로 보고 있다.

4) MA포장

MA포장은 과실의 수분증산방지와 간이 CA저장효과를 이용하는 것이다. 플라스틱 필름은 종류에 따라 다르지만 기체투과성이 있다. 그런데 이산화탄소와 산소는 분자량이 다르므로 필름에 따라 투과 속도가 달라진다. 이러한 필름에 봉하여 청과물을 저장하면 청과물의 호흡에 의해 포장 내 산소농도는 줄어들고 탄산가스의 농도는 증가하게 되어 일정 시간이 지나면 높아진 탄산가스와 낮아진 산소농도의 평형상태가 이루어져 CA저장과 같이 자체적으로 환경기체가 조절되는 원리를 이용한 것이다. 최근에는 기능성 필름 등 다양한 종류의 필름이 있다.

5. 발효미생물공학과 발효식품

토양, 물, 공기 등 자연계에는 여러 종의 다양한 미생물이 공존하여 미생물군(microflora)을 이루고 있다. 이들은 식품의 생산, 가공, 저장, 운송 시 식품으로 오염된 후 식품 속에 함유되어 있는 영양성분을 섭취하여 자체적으로 호흡, 생육, 증식 등의 생명현상을 영위하게 된다. 이 과정 중에 원료인 기질은 미생물에 의하여 대사되거나 또는 다른 물질로 전환되게 된다. 미생물에 의한 기질의 변화는 발효(fermentation)와 부패(putrefaction)로 나눌 수 있다. 발효란 미생물에 의해 기질이 인간에게 유익한 물질로 변화되는 것이며, 부패란 인간에게 해로운 물질로 변화되는 것을 말한다(그림 2-3).

미생물은 인간의 생활 및 지구 환경에 있어서 여러 가지 형태의 중요한 역할을 담당하고 있다. 서양의 맥주, 포도주, 빵 및 치즈, 동양의 간장, 된장, 탁·약주, 청주 및 김치류 등의 전통적인 식품 및 음료는 수천 년의 역사 속에서 인간의 지혜와 경험으로 미생물의 존재를 알지 못한 상태에서 미생물의 발효현상을 교묘히 이용한 산물들이다. 선사 이전의 술에 관한 내용은 구약성서와 신약성서의 포도주와 그리스 로마 신화의 박커스와 디오니소스의 포도주를 들 수 있다. 또한 BC 5000~6000년경 이집트 동굴벽화에 포도주를 만드는 사람의 모습이 그려져 있는 것으로 보아 그 당시 미생물을 이용한 포도주 양조기술을 보유하고 있었으리라 생각된다. 3000년 이전에 중국에서는 피부병 치료에 곰팡이가 자란 두부를 사용했다는 기록으로부터 곰팡이가 자란 두부 속에는 페니실린과 같은 항생물질 생산균이 살고 있었을 가능성을 추측할 수 있다. 우리나라의 경우에도 삼국사기에 고구려 건국에 관한 이야기 중 주몽의 탄생과 관련하여 술에 관한 내용이 기록되어 있다.

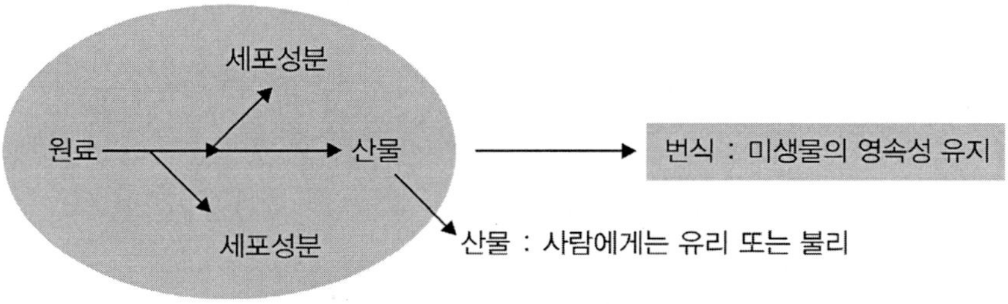

〈그림 2-3〉 미생물의 생명현상과 산물의 생성

생물산업(Bioindustry)에 있어서 미생물은 다양한 종류의 화학물질, 항생물질, 유기물질 및 의약품의 생산에 널리 이용되고 있다. 유용 화학물질의 합성을 위한 미생물 균체의 이용은 화학합성의 경우 수반되는 각종의 위험이나 복잡한 공정을 줄일 수 있기 때문에 고가이면서도 환경오염의 주범이 되는 원료와 공정들을 저가이면서 친환경 원료와 공정으로 개선할 수가 있다. 또한 미생물을 이용한 합성반응으로 생겨나는 부산물은 화학합성에 비하여 일반적으로 독성이 적고 위험성을 줄일 수 있어 부산물을 재이용할 수 있는 장점이 있다. 미생물의 이용은 수천 년 동안 인간에 의해 이용되고 개발되어 왔다. 미생물 균체의 생화학적 성질에 관하여는 식물이나 동물의 그것에 비하여 월등히 많은 정보가 알려져 있는 것도 이러한 이유 때문이다. 미생물에 관한 상업적 및 산업적 이용과 중요성에 관하여는 그 지식과 정보의 범위가 매우 넓다. 본 장에서는 미생물의 발효이용에 있어서 미생물공학 기술을 이용한 발효미생물공학 분야와 발효식품의 생산에 대하여 다루고자 한다.

5.1. 발효미생물공학(Fermentation Biotechnology)

1) 미생물 균체 생산(Microbial Cell Mass)

발효에 의한 미생물 균체의 생산은 미생물 스타터의 생산과 단세포단백의 생산, 두 가지를 들 수 있다. 미생물 스타터(starter)란 정상적인 발효를 유도하기 위하여 첨가하는, 살아있는 미생물 균체를 의미한다. 발효 생물산업은 대부분이 순수한 미생물 균체를 이용하여 다양한 유기물질이나 발효식품을 생산하는 것을 목적으로 한다. 따라서 발효에 의한 물질이나 식품의 생산에 있어서 적합한 미생물 균체를 스타터로 개발하여 공급하는 일은 발효산업의 성공에 있어서 가장 기본적이면서도 가장 중요한 문제라 할 수 있다. 현재 발효 스타터 미생물로서 생산이 되는 것은 알코올 효모 및 유산균 균체가 주이다. 알코올 효모는 주류의 발효와 빵 반죽의 발효에 이용되고 있고 유산균 스타터는 요구르트, 발효유 등의 발효 유제품의 생산에 이용되고 있다.

발효스타터의 가장 중요한 특성은 경제성과 편리성에 있으며 이를 근거로 한 주요 특성을 다음과 같이 정리할 수 있다. ① 원료비의 절감을 위해 저가의 기질을 잘 이용할 수 있어야 한다. ② 내열성 강한 미생물을 이용함으로써 발효 시 오염의 위험을 줄일 수 있고 살균을 위해 열을 가한 배지의 냉각비를 절감할 수 있다. ③ 발효설비 및 공정에 적합하여야 한다. ④ 생리적인 성질이 안정하고 육종이 용이해야 한다. ⑤ 원료에 대한 수율 및 생산성이 높아야 한다. ⑥ 부산물의 생성이 적어 배양액으로부터 목적산물을 정제하고 제품화가 용이해야 한다.

미생물 균체는 인류에 의해 수천 년 동안 식품 및 사료 첨가제로서 이용되어 왔다. 예를 들면 효모균체는 수프, 소시지, 동물 사료의 단백질, 무기질, 비타민 등의 영양강화제로 사용되어 왔다. 특정 조류(algae), 세균 및 진균류의 세포는 건물 중량으로 최고 70~80%의 단백질을 함유하고 있다. 식품이나 동물의 사료에 첨가하여 단백질을 보강할 목적으로 대량으로 미생물을 배양하여 사용하는 것을 단세포단백 또는 균체단백(single cell protein, SCP)이라 한다. 일반적으로 단세포단백에는 식물단백질에서 결핍되기 쉬운 라이신과 메티오닌과 같은 필수

아미노산은 물론 무기질, 비타민, 탄수화물 및 지질을 풍부하게 함유하고 있다.

단세포단백은 일반적으로 메탄올, 저가의 천연 원료, 치즈 제조 부산물 또는 아황산 펄프 폐액 등과 같은 값싼 기질을 사용하여 생산된다. 초기에 개발된 단세포단백의 예로는 *Saccharomyces cerevisiae* 효모균주를 배양하여 얻은 빵효모(baker's yeast)를 들 수 있다. *Spirulina sp.*의 청록세균(Cyanobacteria) 또한 이스라엘, 멕시코, 타이완 등지에서 단세포단백으로 이용되어 왔다. 광합성 미생물은 생육에 물, 질소원, 태양광선, 무기질(대부분의 경우 물에 함유) 등만을 필요로 하여 영양 요구성이 단순할 뿐 아니라 야외의 호수에서 배양이 가능하여 별도의 시설비가 들지 않는 장점이 있다. 이러한 이유로 광합성 진핵조류(eukaryotic algae) 역시 건조제품 또는 정제(tablet) 형태로 생산이 되고 있다. 이러한 단세포단백은 원료에서 유래하거나 또는 미생물 균체에 함유되어 있을 수 있는 독성물질의 문제만 해결된다면 적절한 영양공급을 받지 못하는 지역의 식량문제를 해결하는 데 있어서 가장 값싼 해결책이 될 수 있을 것으로 기대되고 있다.

2) 대사산물(Metabolites)

두 종류의 대사산물이 미생물 세포에 의해 생산된다. 대사산물은 미생물 세포의 기능 및 대사에 필수적으로 증식이 왕성한 시기에 생산되는 1차 대사산물(primary metabolites)과 비필수적인 것으로서 증식이 끝날 시점에 생산되는 2차 대사산물(secondary metabolites)로 나눌 수 있다. 2차 대사산물의 특이적인 기능에 대하여는 잘 알려져 있지 않지만 자연환경에서 경쟁관계에 있는 다른 미생물 세포에 대해 선택적인 이익을 주는 것으로 추측되고 있다. 〈표 2-3〉은 상업적으로 중요한 1차 및 2차 대사산물을 나타내고 있다.

3) 효소(Enzymes)

미생물 유래의 효소들은 식품, 화장품, 의약품의 생산뿐 아니라 산업적으로 중요한 화학물질이나 계면활성제의 생산에도 널리 이용되고 있다(표 2-4).

효소는 기질 때로는 식물 유래의 자원물질들을 상업적으로 중요한 산물로 전환하는 데 이용된다. 옥수수 전분으로부터 고과당 옥수수 시럽(high-fructose corn syrup, HFCS)을 한 예로 들 수가 있는데 여기에는 세균 유래의 α-amylase, glucoamylase, glucose isomerase 등의 3종류의 효소가 이용된다. α-Amylase는 전분의 내부 α-1,4 결합을 분해하고, glucoamylase

는 α-1,4와 α-1,6 결합을 분해하여 이 두 효소의 작용으로 전분은 포도당으로 분해된다. Glucose isomerase는 포도당을 감미가 약 2배인 과당으로 전환하여 줌으로써 포도당과 과당의 혼합물을 제조하는 데 이용된다. 고과당 옥수수 시럽은 설탕이나 과당의 제조에 비하여 저가로 제조될 수 있기 때문에 설탕을 대신하는 주요 감미제로 사용되고 있다. 이와 같이 산업적으로 중요한 α-amylase는 *Bacillus amyloliquefaciens*의 세균에 의해, glucoamylase는 *Aspergillus niger*의 곰팡이에 의해, glucose isomerase는 *Arthrobacter sp.*의 세균에 의해 생산되고 있다.

〈표 2-4〉 발효에 의해 생산되는 대사산물의 예

1차 대사산물	2차 대사산물
아미노산 비타민 뉴클레오티드 다당류 에탄올 아세톤 부탄올 유산	항생물질 색소 독소 알칼로이드 의약적 활성물질

4) 항생물질(Antibiotics)

항생물질은 미생물과 기타 세포의 증식을 억제하는 물질로서 anti(항)+bios(생물체)로부터 유래하였으며 1942년 Waksman에 의해 처음으로 사용되었다. 항생물질은 미생물에 의해 생산되는 저분자 물질로서 현재까지 수만 종이 발견되었다. 항생물질은 다양한 목적으로 이용되고 있는데 항세균, 항바이러스 및 항암제와 같은 의약용 목적 외에도 농약용 항생제가 개발되어 있다. 또한 얼음 제조 시 소량의 항생제를 첨가하여 식품의 저장에도 이용되고 있으며 동물의 사료에 첨가하여 동물의 생장 촉진제로 이용되기도 하며 생화학 및 분자생물학의 연구에도 이용되는 등 다양한 용도를 가지고 있다. 항생물질들은 그 종류에 따라 미생물의 세포막을 손상시키는 경우와 세포벽 합성을 저해하는 경우와 단백질, 핵산, 엽산 등과 같은 중요 대사산물의 합성을 억제하는 경우 등과 같이 다양한 작용 기작에 의해 미생물의 생육에 영향을 미치게 된다. 최근 많은 세균들이 치료 목적으로 사용되는 항생물질에 대하여 내성을 가지게 되는데 항생제 내성 세균에 대한 새로운 항생제의 개발은 인류가 존재하는 한 계속되어야 할 과제이다.

5) 대체연료(Alternative Fuels)

세계는 지금 산업의 발달로 인하여 엄청난 양의 재생이 불가능한 연료를 소비하고 있으며 개발도상국의 경우에도 그 소비량이 크게 증가하고 있다. 지구 상의 석탄, 원유 및 천연 가스는 양이 제한되어 있기 때문에 대체연료가 개발되지 못한다면 결국 연료는 고갈되고 말 것이다. 가능성이 높은 대체에너지로는 혐기성세균에 의해 생산되는 메탄가스를 들 수 있다. 메탄가스를 생산하는 세균들은 생활하수 및 농업 폐기물을 이용할 수 있기 때문에 저가로 배양이 가능한 장점이 있다. 또 다른 대체연료로는 연소 시 열과 물만을 생성하기 때문에 환경 친화적인 차원에서 매우 매력이 있는 수소가스이다. 그러나 수소가스를 대체연료로 사용하기 위하여 두 가지의 장애요인이 있다. 하나는 순수한 형태의 수소가스는 폭발성이 있어 일반적인 사용목적으로 저장 안전성이 해결되어야 하는 것과 다른 하나는 추출 단가가 매우 높다는 것이다. 이러한 문제를 해결하는 데 있어서 가장 가능성이 높은 것이 세균을 이용한 발효방법이다. 세균 유래의 hydrogenase는 2분자의 수소이온으로부터 수소가스로 쉽게 전환할 수 있다. Clostridium sp.의 세균과 Chlorella sp.의 진핵조류는 오랜 기간 동안 수소가스를 생산할 수 있음이 밝혀져 있다. 미생물에 의한 수소가스의 발효에 관하여는 아직까지는 비록 연구단계에 있지만 가까운 미래에 그 가능성이 더욱 높아질 것으로 기대되고 있다.

5.2. 발효식품(Fermented Foods)

1) 주류(술, 알코올 음료)

술이란 알코올을 함유하는 기호성 음료로서 우리나라의 경우 주세법 제1장, 제2조에 다음과 같이 정의하고 있다. "주류라 함은 주정(희석하여 음료로 할 수 있는 것을 말한다)과 알코올분 1도 이상의 음료(약사법의 규정에 의한 의약품으로서 알코올분 6도 미만의 음료를 제외한다)를 말한다." 주류에 있어서 도는 0.7947의 비중을 가지는 알코올분 %(v/v)를 의미한다. 술의 기원은 정확히 알 수 없으나 오랜 옛날부터 자연발생적으로 생겨났을 것으로 추정되고 있다. 즉 과일 등의 당질원료가 야생의 효모에 의해 발효되어 생긴 술을 인간이 이용하게 되었으며 오랜 세월을 거치는 동안 여러 종류의 술로 발전되어 온 것으로 보고 있다. 술에는 매우 다양한 종류가 있으며 같은 종류의 술이라 하더라도 그 나라 국민의 기호도, 제조자의 기술, 원료 등의 차이에 따라 그 향과 맛이 달라진다. 어떤 술들은 한정된 수량을 아주 독특한 방법으로 제조되어 매우 고가에 판매되기도 한다. 용량 750ml 한 병에 1,000만 원이 넘는 포도주가 있으며 어떤 위스키는 1억 원 이상에 판매되기도 한다.

술은 사용하는 원료와 제조방법에 따라 크게 발효주, 증류주 및 혼성주 3종류로 분류할 수 있다. 발효주는 알코올 발효를 행한 술덧(주요)을 여과하거나 체에 걸러 제성(製成)하는 것으로서 과실주, 약·탁주, 청주, 맥주 등이 있다. 증류주는 알코올 발효를 행한 술덧을 증류하여 제성한 것으로서 증류를 통하여 알코올의 함량을 증가시킴으로써 저장성을 높일 수 있는 장점이 있다. 대표적인 증류주로는 브랜디, 위스키, 소주, 고량주 등이 있다. 혼성주는 두 종류의 술을 혼합한 것 그리고 발효주, 증류주 또는 주정 희석액에 착색료, 향료, 감미료, 조미료 등 기타 성분을 혼합하거나 또는 이와 같은 주류를 사용하여 약용식물, 향료식물, 과실 등의 유효성분을 추출하여 제성한 것으로 우리나라의 희석식 소주, 인삼주, 매실주 등이 혼성주에 속한다.

또한 우리나라에서 시판되고 있는 술의 경우에는 그 유래와 면허에 따라 〈그림 2-3〉과 같이 분류할 수 있다. 한국주는 우리나라에서 발생하여 발달한 술을 의미하며 여기에는 우리나라 고유의 전통주와 일반한국주가 있는데 우리가 쉽게 접할 수 있는 희석식 소주는 일반한국주에 속한다. 전통주는 전통적인 제조방법을 근간으로 제조한 우리나라 고유의 술을 의미하며 전통주 발굴지원을 목적으로 정부기관이 추천하여 면허한 술인 추천전통주 즉 민속주와 그렇지 않은 일반전통주로 나눌 수 있다.

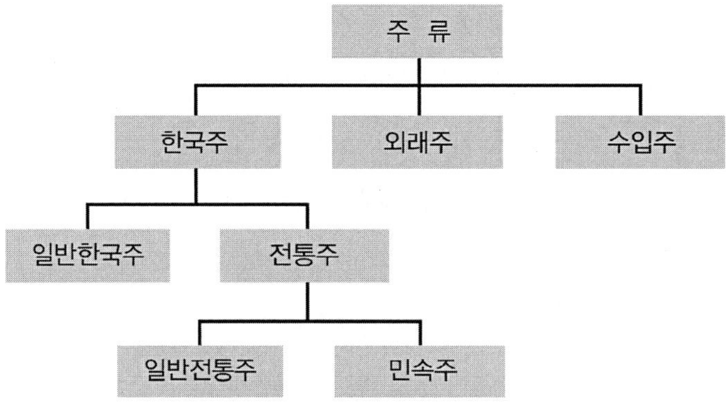

〈그림 2-3〉 우리나라에서 유통되고 있는 술의 분류

2) 발효두류제품(Fermented Beans)

두류를 발효하여 만든 제품으로는 장류가 있다. 장류는 발효과정 중 원료(주로 대두와 일부의 곡류)의 단백질 및 전분질의 가수분해물과 효모 및 세균에 의한 이들의 발효산물들이 복잡한 변화를 거쳐 특유의 맛과 향기를 갖게 된 우리나라 고유의 조미식품이다(그림 2-4). 주원료로 사용되는 대두는 단백질 함량이 약 40%나 되기 때문에 식물성 단백질 급원의 하나로서 그 의의가 매우 크다고 할 수 있다. 장류에는 간장, 된장, 고추장, 청국장 등이 있다.

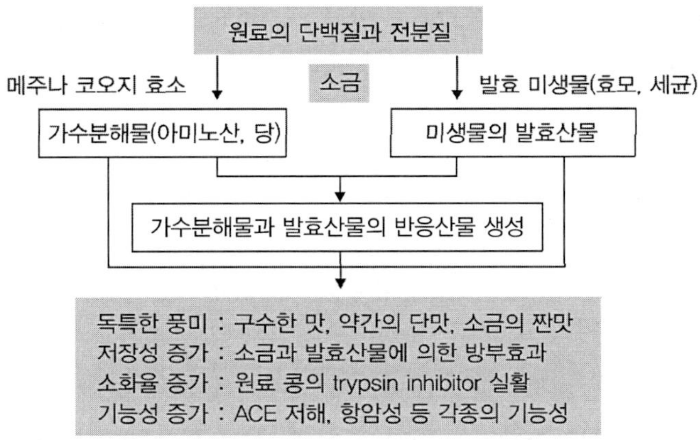

〈그림 2-4〉 장류의 제조 중 일어나는 각종 성분 변화

간장은 우리나라 재래식 간장과 같이 양조에 의해 제조한 양조간장과 화학작용에 의해 만들어지는 화학간장, 두 가지 방법을 절충한 신식간장(반화학간장)으로 나눌 수 있다. 양조간장은 이전에는 증자한 대두를 야생의 미생물로 발효시킨 메주를 만들어 제조하였으나 현재는 증자 대두 및 분쇄 소맥에 순수배양한 누룩곰팡이를 번식시켜 제조한 코오지와 식염수를 혼합한 후 발효시켜 제조한다. 메주나 코오지의 단백질 분해 효소에 의한 대두의 단백질 가수분해물과 당화효소에 의한 대두와 소맥의 전분 가수분해물이 효모와 유산균에 의한 발효과정을 거쳐 숙성된다. 화학간장은 대두의 단백질을 효소 대신에 산으로 가수분해하여 제조하게 되는데 최근 우리나라에서 MCPD 및 DCP의 함유로 인한 사회적 문제를 일으킨 적이 있다.

된장은 재래식 된장과 개량식 된장으로 나누어진다. 재래식 된장은 메주로 만드는 재래식 간장의 찌꺼기를 말하며 개량식 된장은 누룩곰팡이를 번식시켜 제조한 코오지와 증자 대두, 식염, 물을 혼합한 후 숙성시켜 제조한 것이다. 코오지로 사용되는 원료는 콩된장 등의 특수한 경우를 제외하고는 쌀, 보리쌀 또는 소맥 등의 전분질 원료를 사용한다. 숙성이 끝난 된장은 곱게 마쇄하여 살균한 후 보존료를 첨가하여 제품화된다. 때때로 칼슘이나 비타민(주로 비타민 B_1, B_2 또는 A)을 첨가하는 경우가 있는데 이러한 된장을 강화된장이라 한다.

고추장은 원료의 단백질과 전분질로부터 효소반응에 의해 얻어지는 단맛과 구수한 맛, 고추의 매운맛, 소금의 짠맛 등이 잘 조화되어 조미료임과 동시에 기호품으로서 우리의 식생활에 매우 중요한 위치를 차지하고 있다. 주 원료는 된장과 같이 단백질 원료인 대두와 전분질 원료로서 주로 밀가루, 찹쌀 등이 있고 여기에 고춧가루가 첨가된다. 코오지는 주로 전분질 원료(때에 따라 대두를 사용)에 누룩곰팡이를 번식시켜 제조하며 이것을 증자 대두, 고춧가루, 식염 및 물과 배합하여 마쇄 혼합한 후 발효, 숙성시켜 제조한다. 한편 속성 고추장의 경우에는 찹쌀과 증자 대두로 만든 코오지에 의하여 당화시킨 후 식염, 고추가루, 조미료 및 보존료를 첨가하여 고추장을 제조하게 된다. 이 경우에는 발효숙성 과정을 거치지 않기 때문에 제조시간을 단축시킬 수가 있다.

이 외의 장류로서는 삶은 콩에 납두균(세균의 일종)을 증식시켜 숙성시킨 청국장이 있다. 최근 기능성 발효식품으로 각광을 받고 있는 청국장은 끈적끈적한 점질물과 독특한 풍미를 가지고 있으며 건조분말로도 개발되어 시판 중에 있다. 우리나라에서 옛날부터 즐겨 먹는 발효식품으로서 일본에서는 낫또(natto, 納豆)라고 한다.

3) 식초(Vinegar)

식초(vinegar)는 wine을 의미하는 vin과 sour를 의미하는 aigre의 복합어로서 신 포도주를 의미하는 불어의 vinaigre에서 유래하였다. 약 3~4%의 초산과 약간의 유기산, 당, 알코올, 에스테르 등을 함유하고 있어서 초산과 유기산에 의한 독특한 신맛, 당에 의한 약간의 단맛, 알코올과 에스테르에 의한 방향을 가지고 있는 산성 조미료이다. 식초는 제조방법에 따라 양조초, 합성초 및 가공초로 나눌 수 있다. 양조초란 곡류, 알코올성 음료 또는 과실류를 원료로 양조에 의해 제조한 식초로서 원료에 따라 주정초, 포도주초, 사과초, 탁주초, 약주초, 엿기름초, 쌀초, 주박초 등과 최근 개발되어 건강식품의 하나로 각광받고 있는 감식초가 여기에 속한다. 합성초는 화학합성으로 제조한 빙초산을 희석한 액에 감미료와 향미료를 첨가하여 만든 식초이며 가공초는 양조초에 마늘, 양파 등의 향신료를 첨가하여 만든 식초를 의미한다.

4) 발효채소(Fermented Vegetables)

발효채소는 채소류를 주원료로 발효시켜 만든 것으로 김치류가 있다. 김치는 오랜 역사와 전통을 이어온 우리나라의 가장 대표적인 음식이라고 할 수 있다. 소금의 짠맛과 발효에 의해 생성된 각종의 유기산, 부원료의 향신미 등이 서로 잘 조화되어 독특한 맛을 가지고 있을 뿐 아니라 저장이 곤란한 채소류를 영양분의 손실 없이 저장하며 식용할 수 있는 저장식품으로서 그 의의가 매우 크다. 우리나라의 김치류는 크게 김치, 장아찌, 오이지, 깍두기, 동치미, 식해로 구분할 수 있는데 그 종류가 200여 종에 이르며 김치만 하더라도 100여 종이 넘는다. 또 담그는 계절에 따라 봄, 여름, 가을의 제철에 담그는 일반 김치류와 채소가 생산되지 않는 겨울철에 소비용으로 담그는 김장김치로 나눌 수 있다. 김치와 유사한 외국의 발효채소로는 서양의 양배추로 만든 사우어크라우트, 오이 또는 고추로 만든 피클, 일본의 단무지 등이 있다. 일반적인 김치의 제조과정은 원료의 가식부를 절단하여 소금에 절인 후 과량의 소금기를 세척해 내고 부재료와 향신료, 필요에 따라 젓갈류를 첨가한 후 저장, 숙성하여 제조하게 된다. 발효 중의 주요 미생물은 유산균과 효모로서 초기의 유산균의 생육으로 인하여 유산과 CO_2가 생성되어 잡균의 오염이 방지되고, 효모는 김치의 향미성분의 생성에 관여하는 것으로 알려져 있다. 이 외에도 많은 세균들이 각종의 유기산들을 생산하여 독특한 향미를 가지게 된다.

5) 발효유제품(Fermented milk Product)

젖은 영아나 어린 동물의 생육에 필요한 모든 영양소를 고루 함유하고 있기 때문에 천연의 단일식품 중에서 가장 완전한 식품이라고 할 수 있다. 그러나 젖은 많은 미생물을 함유하고 있고 저장성이 약하기 때문에 저장성을 증가시키기 위한 각종의 유가공 제품이 발달하여 왔다. 특히 우유를 원료로 미생물 발효에 의해 제조한 발효 유제품은 유산균을 사용하여 우유 속의 유당, 카제인, 유지방 등의 성분을 발효시켜 만든 것으로 치즈, 버터, 유산 발효유 및 알코올 발효유 등이 있다. 치즈는 우유의 카제인 단백질을 응고시킨 후 염을 가하여 숙성시킨 것으로서 그 종류가 매우 다양하지만 대표적인 치즈로는 영국 유래의 체다 치즈와 스위스 유래의 에멘탈 치즈가 있다(그림 2-5).

버터는 우유의 지방성분을 모아 숙성시킨 것으로서 염을 가하여 숙성시킨 것을 가염버터,

염을 첨가하지 않고 숙성시킨 것을 무염버터라고 한다. 우유를 원료로 하여 유산균에 의한 발효를 행하여 신맛을 함유하게 한 것을 유산 발효유라고 하는데 요구르트, 유산균 음료 등이 여기에 속한다. 알코올 발효유(milk wine, milk champagne)는 우유에 유산발효 및 알코올 발효를 동시에 시킨 것으로서 지역에 따라 마유, 낙타유, 탈지유 또는 산양유 등이 원료로 사용되기도 한다. 대표적인 알코올 발효유로는 코카서스 지방을 중심으로 동구 여러 나라에서 발전한 케피어(Kefir)와 몽고를 중심으로 중앙아시아에서 주로 제조하고 있는 쿠미스(Kumiss)가 있다. 이상의 식품들은 우유를 원료로 세균의 일종인 유산균에 의한 발효를 유도함으로써 저장성이 증가되고 우유 속의 성분들을 효율적으로 이용하기 위하여 제조되는 대표적인 유산 발효 유제품들이다.

〈그림 2-5〉 다양한 종류의 치즈들

6) 발효육제품(Fermented Meat Product)

육류의 원료를 사용하여 유산균에 의한 발효를 행한 후 숙성하여 만든 것을 발효육 제품이라 한다. 특히 여러 종류의 소시지는 이상유산발효균에 의한 발효를 행한 후에 가공하여 만든다. 육류의 유산발효는 저장성을 부여하는 것 외에도 육류에 짙은 향미를 갖게 한다. 다양한 유산균이 발효 육제품의 제조에 이용되지만 특히 *Pediococcus cerevisiae*의 유산균이 발효 소시지의 제조에 이용되고 있다.

7) 발효빵(Leavened Bread)

발효빵은 주원료인 밀가루에 부재료로서 물, 식염, 설탕, 탈지분유 등을 가하여 반죽한 것을 효모에 의해 발효시킨 후 성형하여 구워서 제조한다. 반죽에 첨가된 효모는 당을 분해하여 알코올과 CO_2를 생성하게 되고 CO_2는 반죽 내부에 기포를 형성하여 줌으로써 빵을 구운 후 조직을 연하고 부드럽게 한다.

또한 알코올은 빵을 굽는 과정 중 대부분이 소실되지만 일부가 남아서 빵에 향미를 부여하게 된다. 빵의 반죽을 부드럽게 할 목적으로 사용되는 *Saccharomyces cerevisiae*의 효모는 빵효모(bakers' yeast)라 불리는데 양조효모(brewers' yeast)와 동일한 속명과 종명을 가지고 있다.

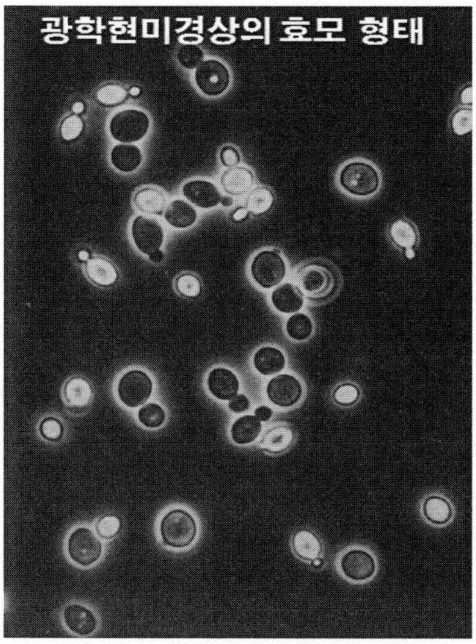

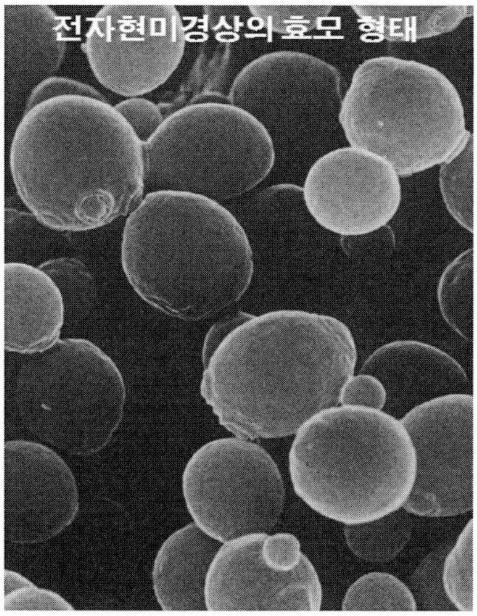

〈그림 2-6〉 술과 빵의 발효에 사용되는 대표적 효모의 형태

8) 젓갈류

젓갈류는 어패류에 식염을 첨가하여 발효시킨 수산발효식품이다. 일반적으로 어패류는 영양이 풍부하여 식품으로 널리 이용되고 있으나 부패되기 쉬운 단점을 가지고 있다.

이러한 어패류에 식염을 첨가하여 발효시킴으로써 잡균의 번식을 억제하고 내염성 세균에 의한 숙성을 유도한다. 내염성 세균은 오랜 기간에 걸쳐 증식하면서 단백질 및 핵산 성분의 가수분해 효소를 분비하며 이들 효소의 작용에 의하여 젓갈류 특유의 향미가 생겨나게 된다.

6. 식품가공공정과 주요 신기술

최근 우리나라는 급속한 경제 성장과 더불어 식품산업이 크게 발전하며 미래 성장 동력 산업 중의 하나로 대두되기 시작하였다. 앞으로도 계속 도시 생활로의 확산, 핵가족화, 건강기능성 식품의 발전 및 여성 취업 등과 같은 사회 환경의 변화와 식생활 환경이 변화하면서 편리하고 안전한 가공식품의 수요는 계속적으로 증가할 것으로 예측되고 있다. 따라서 기능성 물질을 풍부하게 함유하고 있으면서도 고품질인 가공식품을 생산하기 위해서는 식품가공의 올바른 이해와 가공공정의 개선 등이 필요하다고 사료된다. 그러므로 식품가공 기술의 기본 개념인 전달현상과 주요 식품가공 신기술을 살펴보고자 한다.

식품가공공정에서 전달현상은 그 기본이 되는 현상이다. 즉 가공공정에서 이용되고 있는 대부분의 단위조작을 크게 분류하면 운동량 전달, 열 전달 및 물질 전달 등 3종류의 전달 현상으로 나눌 수 있으며 이들 3개의 전달 현상은 서로 유사한 점이 많기 때문에 전달 현상의 유사성이라 언급한다.

3종류의 전달 현상에서 나타나는 전달 속도는 다음과 같은 공통식으로 표현할 수 있다.

전달 속도 = 추진력/저항

운동량 전달은 유체 흐름, 혼합, 침강, 여과와 같은 단위 조작에서 일어나며, 열 전달은 열의 전도, 대류, 증류, 건조 등의 조작에서, 또 물질 전달은 증류, 흡수, 추출, 건조 등의 조작에서 일어난다.

각 이동 현상 공정에 대한 기본식을 비교해 보면 이들 공정 사이의 유사성을 발견할 수 있다.

운동량 전달 – 뉴튼(Newton)의 법칙 : $F/A = -\mu \cdot dv/dx$

열 전달 – 푸리에(Fourier)의 법칙 : $Q/A = -k \cdot dT/dx$

물질 전달 – 픽(Fick)의 법칙 : $J_A = -D_{AB} \cdot dC_A/dx$

운동량이란 질량(m)에 속도(v)를 곱한 벡터량(mv)으로 정의된다. 식품가공 공장에서는 각종의 유체를 처리하거나 수송하는 일이 많다. 장치나 공장의 설계 및 운전에서 유체의 성질이나 거동에 대한 지식은 중요하며, 이와 같은 공정을 분석하고 설계하는 데에는 운동량 전달 현상이 그 기초가 된다. 유체 내의 운동량 전달은 유체 흐름과 이 흐름을 생기게 하는 힘에 대한 것을 말한다.

뉴튼의 제2 운동법칙에 의하면, 힘은 어떤 시스템의 시간에 따른 운동량 변화와 직접 관계가 있다고 한다. 중력과 같은 외력을 무시한다 하더라도 압력 및 전단 응력과 같은 형태로 유체에 작용하는 힘들이 있는데 이는 분자 운동량 전달의 결과이며 유체 역학은 운동량 전달이라고 할 수 있다. 어떤 기체가 전달할 운동량을 가진다는 것은 인접한 지역의 기체와 비교하여 운동량 농도가 다를 때에 가능한 것이다. 이것은 모든 전달 현상의 일반적 필요조건인 것이다.

운동량 농도란 일정 부피의 기체가 가지고 있는 총 운동량을 그 부피로 나눈 값을 의미한다. 운동량 플럭스란 운동량의 전달 속도를 전달 면적으로 나눈 값이다.

열전달 현상은 크게 나누어 세 가지의 형태로 분류된다. 즉, 전도, 대류 및 복사가 있는데 모든 열 전달 과정은 이러한 세 가지 형태 중 한 가지 이상의 과정으로 일어난다.

전도는 같은 물체 중에서나 또는 접촉하고 있는 다른 물체 사이의 온도차에 의해 고온부에서 저온부로 열 전달이 일어나는 현상으로, 분자의 운동 또는 직접 충돌에 의하여 일어난다. 대류는 열에너지를 가진 물질이 어떤 장소에서 다른 장소로 이동하면서 물질과 동시에 열이 이동하는 현상이다. 즉 실내 공기의 가열, 물의 가열 등과 같이 고온의 유체 분자가 직접 이동하여 밀도 차에 따른 혼합에 의하여 열 전달이 일어나는 현상이다. 복사는 전도나 대류와 달리 열을 운반하는 매체를 필요로 하지 않는 것이 특징이다. 모든 물체는 그 물체가 가지고 있는 온도에 해당하는 열에너지를 표면으로부터 모든 방향에 전자기 복사파로 방사한다. 그리하여 그것이 서로 떨어져 있는 다른 물체에 흡수되어 다시 열에너지로 바뀐다. 이때 흡수된 에너지는 그 물체의 온도를 상승시키는데 이와 같은 현상을 복사라고 한다.

일반적으로 물질 전달은 운동량 전달이나 열 전달에 비하여 훨씬 복잡하다. 왜냐 하면, 물질 전달은 혼합물로 구성되어 있어서 각 성분의 이동 속도가 다르기 때문이다. 좀 더 구체적으로 설명하면 열 전도의 경우에는 매질은 움직이지 않고 에너지만이 열의 형태로 이동하는데 반하여 분자 확산의 경우에는 매질 중의 한 성분 또는 그 이상의 성분이 이동하며 이들 각각의 성분의 이동 속도가 다르다.

식품공학에서 이용하는 단위 조작에서 물질 전달이 차지하는 비중은 매우 큰데 그 예로 증발, 건조, 증류 등에서와 같이 열 전달 현상과 물질 전달 현상이 동시에 일어나는 경우와 추출 등에서와 같이 물질 전달만이 일어나는 경우가 있다. 둘 또는 그 이상의 분자 성분들을 포함하는 혼합물에서 각 성분의 농도는 시스템 내의 위치에 따라 달라지며, 이러한 조성의 불균형을 없애려는 경향이 생긴다. 특정한 시스템에서 대류 현상이 없는 상태에서의 물질 이동을 분자 확산이라 한다.

확산은 오직 혼합물에서만 존재하므로 각 성분의 플럭스 계산을 위해서는 성분들 간의 특성을 고려해야 한다. 이때, 각 성분들은 서로 다른 이동 속도를 가지고 있으므로 혼합물의 이동 속도는 각 성분들의 평균 속도로 계산하게 된다. 혼합물 전체 및 각 성분들의 양은 질량 농도로 표현할 수 있다. 성분 A에 대한 질량 농도 ρ_A는 혼합물의 단위부피당 성분 A의 질량으로 정의된다. 총 질량 농도 또는 밀도 ρ는 단위부피당 혼합물의 총 질량으로 정의된다.

6.1 식품가공과 식품공학

가공식품의 품질 향상, 장기 저장, 상품적 부가가치를 높이기 위하여 식품은 다양하게 가공되고 있으며 고품질의 가공식품 수요는 꾸준히 증가하고 있다. 식품가공산업의 발전은 식품 원료를 생산하는 농어민과 소비자 모두에게 필요하고 국민의 식생활 및 건강과 직결되기 때문에 국가적으로도 대단히 중요하다.

가공식품 생산자는 이윤 증대를 추구하고 있고, 일반 소비자는 보다 다양하고 편리한 가공식품을 끊임없이 요구하고 있기 때문에 가공식품의 종류는 계속 증가하고 있다. 예를 들면, 우유는 주로 시유(city milk)의 형태로만 소비되어 오던 것이 분유, 아이스크림, 치즈, 버터, 요구르트 등으로 가공되고 있다. 콩은 간장, 고추장, 두부 정도로 가공되던 것이 기능성 장류, 순두부, 연두부, 두유 등을 만드는 데 이용되고 있다. 그러므로 앞으로도 이와 같은 새로운 가공식품이 지속적으로 개발될 것으로 전망된다.

농·축·수산업에서 생산되는 식량 자원을 단순히 건조만 하여 가공식품을 만들 수도 있고, 또한 복잡한 여러 단계의 공정을 거쳐 모양과 맛이 전혀 새로운 가공식품으로 개발하여 제품화할 수도 있는 것이다. 식품이 가공되는 과정을 주로 다루는 분야를 식품가공학(food processing)이라 한다. 일반적으로 식품가공학은 넓은 의미의 식품공학(food technology)의 한 분야로서 인접 분야인 식품화학, 식품생화학, 식품미생물학, 식품위생학, 좁은 의미의 식품공학(food engineering)과 서로 밀접하게 연관되어 체계적으로 발전하고 있다.

식품가공업의 규모가 점점 커짐에 따라 식품 가공 공장은 여러 가지 기계와 시설을 갖추게 되었으며 기계와 설비의 설계, 건설, 공정의 조작과 운영, 저장과 유통 등에서 고도의 산업기술을 필요로 하게 되었다. 따라서 식품가공공정에서 공학적 지식을 중점적으로 다루는 학문 분야인 식품공학(food engineering)이 등장하게 되었다.

식품공학에서는 주로 식품가공공정에 관여되는 각종 단위 조작(unit operation)과 이들 조작에 필요한 장치 또는 기계들의 원리들을 다룬다. 단위 조작이라 함은 원료식품이 여러 단계의 공정을 거치면서 최종 제품이 될 때까지 필요한 각각의 독립적인 공정을 말하는데 이 과정에서 식품의 물리적 변화가 주로 일어나며 화학적인 변화나 생물학적인 변화도 일어날 수 있다.

더욱이 최근 식품산업이 발전함에 따라 대규모 식품가공 시설에는 공장 자동화가 널리 보급 운영되고 있어서 이 분야에 관한 폭넓은 공학적 지식도 필요하게 되었다. 따라서 식품산업에서 공학적 지식이라 함은 식품공업에서 사용되는 각종 단위 조작, 설비와 장치의 구조 및 작동원리, 공정제어 기술들을 포함하고 있다.

식품가공공정에서 주로 사용되는 단위 조작의 종류는 〈표 2-5〉에서 보는 바와 같이 다양하다. 이들 단위 조작들을 유체의 흐름(fluid flow), 열 전달(heat transfer) 및 물질 전달(mass trasfer)과 같은 이동현상(transport phenomena)에 그 기본 원리를 두고 있기 때문에 식품공학을 제대로 이해하기 위해서는 이들 기본 원리를 습득한 후 각종 단위 조작을 공부하는 것이 바람직하다.

〈표 2-5〉 식품가공공정에서의 주요 단위 조작

단위조작	기본 원리
침강, 원심분리, 흡착, 교반	유체의 흐름
살균, 볶음, 냉장, 냉동, 해동	열전달
추출, 결정화, 막분리	물질전달
건조, 증발, 농축, 증류	열/물질 전달

식품가공공정은 원료식품으로부터 최종 가공식품을 만드는 데 필요한 단위 조작들을 가공 순서에 따라 배열한 것이라고도 볼 수 있다. 따라서 가공식품은 원료가 단위 조작들을 통과하는 동안 그 형태와 성질이 변화하면서 제품화되는 것이다.

〈그림 2-7〉은 일반적인 식품가공공정도를 나타낸 것으로 원료가 투입되어 제품화하는 과정들을 보여 주고 있다.

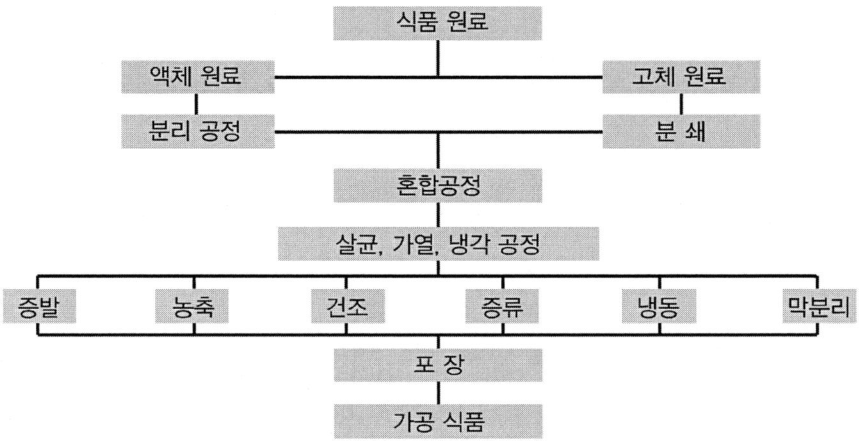

〈그림 2-7〉 식품가공공정도

6.2 막분리 공정

분리막은 1950년대 이후 이온교환막이 산업분야에 처음으로 활용되기 시작하여 1960년대에 정밀여과막, 역삼투막 및 한외여과막이 개발되었으며, 특히 Leob와 Sourirajan이 개발한 비대칭막의 제조법 개발은 막분리 기술에 대한 상품화의 기초가 되었다. 이후 세계 각국의 연구자들에 의해 막소재의 다양화, 제막법의 개선, 모듈화 기술의 개발 및 막장치의 개발 개선 등이 진행된 결과 현재에는 화학, 전자, 식품, 자동차, 정밀기계, 섬유 등의 산업분야뿐만 아니라 의료, 의약품 분야와 가정생활용품 등에도 막이 이용되고 있다.

1) 막분리의 종류와 이용분야

식품산업에서 분리막이 사용되기 시작한 것은 1968년에 정밀여과(MF)공정이 생맥주의 제조에 활용되었으며 역삼투(RO)공정이 1979년에 토마토 과즙의 농축에, 또한, 한외여과(UF)공정이 1971년 치즈의 처리 공정에 사용되기 시작하면서 식품가공분야에서의 이용이 급속하게 증가하게 되었다. 그리하여 막분리 공정이 꾸준히 발전되어 신상품의 개발 및 고품질화된 상품의 개발 수단으로까지 이용하게 되는 등 막분리 공정 기술이 계속 발전하게 되었다.

막분리의 종류에는 정밀여과(MF), 한외여과(UF), 역삼투(RO), 전기투석법, 투과증발공정 등이 있다. 막분리는 막의 물리화학적 특성, 분리대상 물질의 물리화학적 특성, 그리고 물질의 이동현상을 조절하는 압력차, 농도차 및 전위차 등의 추진력, 이 세가지요소의 조합에 의해 행해진다.

2) 정밀여과법(Microfiltration, MF)

정밀여과란 용질의 크기가 0.1~10 μm 정도인 용질을 분리하는 막분리 공정으로 일반적으로 부유입자와 오염 물질등의 거대분자를 제거할 수 있다. 특히 정밀여과 막을 적절히 선택하면 대상으로 하는 미생물의 분리가 가능하여 완전한 무균화도 가능하게 된다. 따라서 식품산업의 많은 분야에 응용될 수 있는 여과공정이다. 실제 생맥주, 청주, 와인 등의 알코올 음료산업에서 청징, 무균여과, 미생물관리 등에 활용되고 있으며, 최근에는 생물공학 분야의 균체분리, 농축, 정제 등에 이용되고 있으며, 특히 열에 불안정한 발효생산 등을 가능하게 하고 있다.

막의 재질로는 셀룰로오스나 나일론, PVC, PE 등 여러 고분자 물질 등이 많이 사용되고 있으며 최근에는 세라믹 재질물질도 사용하고 있다. 정밀여과 공정에서의 추진력은 압력차로 표시되는데 이때 압력차는 일반적으로 10~100psig이다. MF공정의 가장 큰 문제점은 막 표면에서의 콜로이드 물질의 차단현상으로 세공의 막힘현상으로 정밀여과의 효율을 상대적으로 저하시킬 수 있다는 점이다.

3) 한외여과법(Ultrafiltration, UF)

한외여과란 분자크기가 10~100Å에 달하는 Macromolecular이나 콜로이드 입자를 분리하는 막분리 공정이다.

이 방법은 역삼투법과 유사한 분리방법으로서 압력차를 추진력으로 사용한다. 막이 제거할 수 있는 물질은 큰 유기성분자 등 분자량이 큰 물질들이며 UF막이 차단할 수 있는 분자량의 영역은 1,000에서 100,000이다. 또한 허용 가능한 압력은 대개 10~100psig 범위인데 이는 분자량이 큰 입자는 상대적으로 삼투압이 낮기 때문에 삼투압 이상의 압력을 가하는데 고압을 요하지 않기 때문이다.

오늘날의 식품산업에 있어서 한외여과법은 매우 넓은 분야에서 활용되고 있는데 그 예로써 유가공업, 청징주스 및 기타 음료산업, 단백질 정제 및 농축 등 식품산업뿐만 아니라 생물공학 공정에서도 널리 활용되고 있다.

4) 역삼투법(Reverse osmosis, RO)

역삼투막은 공극의 크기가 약 10Å 내외이고 일반적으로 95~99%의 소금성분을 제거할 수 있으며, 만족할 만한 유속을 유지하기 위해서는 약 100기압 이상으로 작동함으로써 삼투압을 이겨낼 수 있다. 역삼투막의 재질로는 Cellulose Acetate나 Aromatic Polyamide를 위시하여 최근에는 소금용액을 99%까지 제거할 수 있는 복합막이 개발되어 사용되고 있다.

역삼투는 분자크기에 따른 분리조작이 아니므로 정밀여과나 한외여과에서와 같은 유기물의 침착 현상이 적으며, 결과적으로 막의 수명도 길어진다. 역삼투막은 용존염을 분리·제거할 뿐 아니라 분자량이 적은 유기물 및 aromatic hydrocarbon 등의 분리조작에도 그 이용 가능성이 높아지고 있다.

식품산업에서 기존의 농축공정은 증발농축이나 동결농축 등에 의하여 수분을 제거하기 때문에 상의 변화를 수반하여 에너지의 소비량도 많고, 식품이 열이나 산소의 영향을 받기 쉬워 향기 성분이나 맛의 변화가 생기게 되는 결점이 있었다. 그러나 RO법에 의한 농축 방법은 이러한 결점을 개선할 수 있기 때문에 식품산업의 여러 분야에 응용될 수 있는 것이다. 즉 과즙, 천연감미료 등의 농축이나 탈염, 탈색정제, 유효성분의 회수 및 농축 등 식품산업에서의 응용범위가 확대되고 있다.

5) 전기투석법

전기투석에는 제4 암모늄 염기나 아민 등의 양전하를 갖는 음이온 교환막과 술폰산기와 카르보닐기 등의 음전하를 가지는 양이온 교환막을 차례로 세워 직류전압을 가한다. 이때 Na^+ 등의 양이온은 음전하를 갖는 양이온 교환막에 투과되나 양전하를 갖는 음이온 교환막에 대해서는 같은 양전하이므로 투과되지 못하게 된다. Cl^- 등의 음이온은 그 반대 현상을 내게 된다.즉 전기투석에서는 염류의 탈염과 농축이 행해진다. 그러므로 전기투석에서 추진력은 전위차이며 막의 전하가 분리대상 이온을 선택적으로 투과시키게 된다.

6) 막분리 장치

식품산업 분야에는 역삼투법, 한외여과법 및 정밀여과법의 액상분리법이 실용화되고 있다. 현재까지 액상막분리에 산업화된 균일 막 재질은 cellulose acetate, aromatic polyamide 및 aromatic polysulfone 등이 있으며, 복합막 피막재료로는 cellulosetriacetate, polyether 등이 있다.

막 선정 시 고려해야 할 중요한 점들은 높은 선택도, 투과성, 기계적 안정성, 온도의 안정성 그리고 화학성분에의 내구성 등이다. 막의 재질은 막의 표면적과의 상관관계에 있는 막 모듈과 매우 밀접하다. 따라서 분리막을 산업적 규모의 분리에 적용시키려면 매우 넓은 막 면적이 요구된다. 일반적으로 넓은 막 면적을 최대한 콤팩트한 규모로 집적시킨 장치를 막모듈(membrane module)이라 한다. 막모듈은 크게 평판(Plate-and-frame)형, 관(Tubular)형, 중공사(Hollow fiber)형 및 나선(Spiral-wound)형의 4가지로 구분할 수 있다.

일반적으로 막분리 시스템을 구성하는 주요 설비로는 가압시켜 주는 펌프와 막모듈, 전처리에서 유출되는 부유성 입자를 제거하여 펌프와 막을 보호하기 위한 5~10μ 크기의 Cartridge Filter, 유량조절 밸브, 막을 보호하고 운전성능을 확인하기 위한 압력과 온도 측정 및 조절장치, 회수율 조정을 위한 유량계 등의 설비가 설치된다. 막분리 공정에서 농도분극 현상과 Fouling 현상은 항상 수반되는 근본적인 문제이다. 막오염 현상은 유체의 flux를 감소시키고 이러한 flux의 감소는 막공정의 효율성과 경제성에 크게 영향을 미친다. 이와 같은 막의 오염은 농도분극현상, 흡착, 막 세공 막힘 등의 일련의 과정들이 분리돼서 이해될 수 없는 긴밀한 관계가 유지되므로 이에 대한 종합적인 기초 지식이 필요한 것이다.

막분리 기본 개념은 선택적 투과에 의한 물질의 분리로서 막분리 공정에서 공급물의 일부만 투과하고 나머지는 투과하지 못한다. 이 투과하지 못한 성분은 막 표면에서 공급물과의 교반상태가 양호하지 못한 관계로 농도구배 현상이 일어난다.

물질전달 계수는 확산계수와 유속에 의해 결정되는데, 막의 유속을 증가시키거나 모듈의 모양과 치수를 변화시켜 크게 할 수가 있다. 또한 모듈 내의 유속을 증가시키는 방법으로는 경계층을 제거시키거나 온도를 증가시켜 궁극적으로 물질전달 계수를 증가시켜 농도분극을 줄이는 방법도 있다.

이외의 막 오염을 방지하기 위한 방법으로는 전처리 방법으로서 pH 조절, 응집제 첨가, 그리고 필터에 의한 여과 방법 등을 들 수 있다. 먼저 적절한 전처리를 통하여 가능한 한 막이 깨끗이 유지되도록 하여야 한다. 두 번째로는 막의 물리적, 화학적, 특성치를 변화시켜 막 오염을 최대로 막도록 하여야 한다. 세 번째로는 막을 세정하는 방법으로 막분리 공정에서 역세척(Back-Flushing)을 활용하거나 기계적으로 세정하는 방법이 있다. 화학적 세정 방법으로는 염소처리나 산과 알칼리와 같은 화학약품, 세정제, 세균처리제, 효소제, 물 등을 이용하여 처리할 수 있다.

7) 식품산업에의 응용

막분리 방법은 첫째, 상변화 없이 조작이 가능하므로 상변화에 의한 이화학적 변화를 피할 수 있고, 에너지를 절감할 수 있다. 둘째, 가열하지 않으므로 가열취의 발생을 방지하고, 색소의 분해 및 식품 갈변 등이 일어나지 않으므로 제품의 품질 및 영양가의 손실을 최대로 방지한다. 셋째, 증발 공정이 없기 때문에 휘발성 성분의 손실이 적어 식품 본연의 물성과 향을 그대로 유지할 수 있다는 것 등의 장점이 인정되고 있다. 현재 식품산업에서 막분리 기술이 가장 많이 적용되는 부문은 유가공업계이며, 육가공, 음료, 주류업계, 폐수처리 및 biotechnology 분야에도 활용되고 있다.

6.3 고압 및 Ohmic Heating 이용 가공 기술

1990년대에 들어 최소의 가공을 통하여 천연 그대로의 맛과 향을 유지하는 식품에 대한 관심이 높아졌으며 이에 따라 식품의 보존성을 높이기 위하여 사용되는 열처리를 최소화하려는 연구가 폭넓게 이루어지고 있다. 이러한 비열처리방법 중에서 주목받고 있는 신기술로는 전기장 및 자기장의 이용, 초단파조사, 초고압처리법등이 있다.

초고압처리법은 1899년 이미 식품가공에 적용되기 시작하였으나 이후 1980년대까지 식품에 초고압처리를 이용하려는 연구는 많이 이루어지지 않았다. 이 기간 동안 식품가공에 압력을 적용했던 연구가 미비했던 원인은 식품가공에 적용할 만한 초고압기의 제조에 기술적, 경제적 문제점이 있었기 때문이다.

초고압기술의 가장 기본적인 원리는 고압에서는 부피가 감소하는 방향으로 반응이 촉진되며 부피가 증가하는 방향의 반응은 억제된다는 것이다. 즉, 다시 말하면 어떤 화학반응이 일어날 때 반응 전 반응물의 몰 부피 합과 반응 후 생성물의 몰 부피 합에 차이가 나는데, 이는 고압에서는 몰 부피 합이 감소하는 방향으로 반응들이 촉진되기 때문이다.

1980년대에 식품가공공정에 이용할 수 있는 초고압장치의 제조가 가능해지면서 압력을 이용한 식품의 조리, 살균에 관한 연구가 본격적으로 시작되었다. 식품가공에 고압의 압력을 이용할 때 기대되는 효과로는 미생물의 살균, 효소의 불활성화 및 단백질의 응고, 전분의 호화, 미생물 또는 식물세포로부터 2차 대사산물의 회수 등이 있으며 상온 또는 저온에서의 가공이 가능하므로 열처리를 통해 일어날 수 있는 천연의 향과 맛의 변화, 영양성분의 손실을 방지할 수 있다. 초고압처리는 가열에 의한 화학반응을 억제할 수 있으므로 신선도의 유지가 중요한 식품에 좋은 특성을 부여할 수 있다. 따라서 초고압 처리의 특징을 유지하면서 살균효과를 높이는 연구가 다양한 관점에서 수행되어야 한다.

1) 초고압 살균의 효과 증진

NaCl 농도가 높은 식품은 초고압에 의한 살균효과가 떨어지는 것으로 알려져 있는데 이러한 식품에 직류전류처리를 거치면 초고압에 의한 살균효과를 증가시킬 수 있다. 따라서 김치, 고추장, 오이지 등의 염장식품의 초고압 살균에 이 방법의 응용이 가능하다.

초고압처리와 chitosan처리를 병행한다면 넓은 범위의 균종에 대해 고른 살균효과를 가지며 상승효과가 존재할 것으로 기대된다. 또한, 초고압 처리시 가압-감압 과정을 반복하는 것이 살균효과를 증진시킬 수 있다. 초고압처리는 열처리에 비해 매우 빠른 시간 내에 가압, 감압 과정으로 처리할 수 있다.

2) 저온 영역에서의 초고압 살균

초고압공정 처리 시 가열을 하게 되면 살균효과는 증가하지만 비열살균으로써의 의미는 퇴색하게 된다. 그래서 0°C 이하의 저온에서 초고압처리 시 살균효과가 얼마나 상승하는지에 대한 연구가 진행되고 있다. 특히 고압에서는 어는점이 낮아지게 되므로 0°C 이하에서도 얼지 않는 상태로 존재하는 특성이 있다. 이러한 영역에서의 초고압처리는 냉동·해동 과정에 의한 cold damage를 방지할 수 있다는 장점이 있다.

소비자들의 식품에 대한 관심은 건강과 안전이며, 가능한 한 천연상태의 품질을 그대로 유지한 제품을 요구하고 있다. 따라서 소비자의 욕구를 충족시키고 경제·사회적 변화에 적극 대응하기 위해서는 제조공정의 효율화, 노동 절약형 및 에너지 절약형 기술개발, 신소재 제품 창출을 목적으로 한 첨단 가공공정을 개발하여야 한다. 식품의 압축성형가공, 초고압가공, 전기저항가공 등은 그 응용범위가 매우 광범위하며 또한 새로운 가공기술로서 주목받고 있어 이들을 중심으로 한 가공기술을 개발하는 것은 매우 중요하다.

초고압가공기술은 1,000기압 이상의 높은 정수압을 가하여 살균 또는 식품구조를 변환시킬 수 있는 비가열가공방법이다. 초고압가공법은 이와 같은 특징을 이용하여 비열살균, 효소반응 불활성화, 단백질의 겔화, 탄수화물의 호화에 의한 물성개량, 숙성의 정지 및 제어 등이 가능하므로 적극적인 연구개발이 요구되고 있다.

식품에 교류전류를 통과시키면 식품은 완전한 전도체가 아니므로 전기에너지가 열에너지로 전환되어 내부에서 균일하게 급속히 전기 저항열이 발생하는데 이 원리를 이용한 가열방법을 일반적으로 전기저항가열이라 한다. 전기저항가열방법은 식품의 고품질화공정 등 가공 전반에 응용이 가능하며, 특히 기존 비열가공의 문제점을 해결할 뿐만 아니라 종래 불가능했던 새로운 분야에도 적용할 수 있는 새로운 가공기술로서 기대되고 있다.

6.4 초임계 유체 추출 공정

초임계 유체 추출의 원리는 약 100년 전에 Hannay와 Hogarth에 의하여 발견되었다. 초임계 유체 추출 공정의 응용 분야 중에서 가장 유망한 분야가 식품공업에서의 응용분야이다. 식품소재산업에서 유기용매를 사용하여 식물체로부터 특정의 기능성 물질을 추출하는 추출 공정은 이제까지 널리 사용되어 왔다. 그러나 특정의 목적 물질만이 추출되는 것이 아니고 조추출물로 추출되기 때문에 정제 공정이 필요한 경우가 많고 또 유기용매가 잔류하는 가능성도 있어 문제가 되기도 한다. 그러나 초임계 유체 추출 공정에서는 이산화탄소에 의한 유체 추출의 경우에 목적성분 외의 또 다른 성분이 함께 추출된다 하더라도 그 다음 공정에서 몇 단의 감압분리에 의하여 다른 조성의 추출물에 대한 선택분리가 가능하다.

1) 초임계 유체의 성질

초임계 유체는 임계점 이상의 온도 및 압력을 나타내는 구간에서의 유체를 말하며 이 임계점 이상의 온도와 압력 구간을 초임계 구간이라 한다. 이 임계점 부근에서는 각종 물성이 크게 변화하는데 특히 밀도의 변화가 각종 물질을 용해하는 능력과 깊은 관계가 있다.

임계점 부근에서 온도가 증가함에 따라 용매의 밀도는 급격히 감소하고, 증기압의 증가에도 불구하고 용질의 용해도 또한 감소한다. 그러나 고압에서는 용질의 증기압은 용매의 밀도보다는 온도에 따라 크게 변한다.

초임계 유체에서 불휘발성 성분의 용해도는 대개 유체의 밀도에 비례하는데, 압력, 온도의 작은 변화에 의한 밀도 변화를 통하여 용해도를 크게 변화시킬 수 있다는 것이 초임계 추출의 특징이다.

초임계 유체의 밀도는 액체의 밀도와 비슷한 값을 갖지만, 확산계수는 액체의 약 1,000배 정도로 크다. 용매의 용해력은 용매의 밀도와 밀접한 관계를 갖고 있기 때문에 액체와 비슷한 밀도를 갖는 초임계 유체도 액체용매와 마찬가지로 액체나 고체를 용해하는 능력을 갖게 된다. 따라서 압력과 온도를 변경시킴으로써 용해력을 조절할 수 있고 추출 후에도 추출용매와 용질을 쉽게 분리할 수 있다. 초임계 유체는 점도가 작으므로 침투력이 좋아서 추출효율이 일반적으로 높으며 확산계수가 크므로 평형에 빨리 접근할 수 있다.

2) 초임계 유체 추출의 원리

초임계 유체의 용해력은 밀도와 밀접한 관계가 있다. Pr값이 액체의 밀도와 비슷해짐에 따라 초임계 유체는 액체로써 행동하기 시작한다. 또한, Tr값이 1.55까지 증가함에 따라 초임계 유체는 더욱더 팽창하게 된다. 따라서 액체와 같은 밀도를 갖기 위해서는 Pr값은 10에 가까운 값이 되어야 한다.

초임계 유체의 독특한 성질은 이것이 넓은 범위의 용매 특성을 보인다는 것이다. 예를 들어 보면 고체 나프탈렌-초임계 에틸렌 계에서 온도가 12°C일 때(Tr=1.01), 초임계 에틸렌에서 고체 나프탈렌의 용해도는 압력이 50atm 이상으로 증가함에 따라 급격히 증가한다. 압력이

50atm 이하인 경우, 나프탈렌의 용해도는 극히 낮다. 임계점 부근에서 초임계 유체의 용해력은 용매의 밀도와 밀접한 관계가 있다. 초임계 유체상이 이상기체로 행동할 때의 100atm, 12°C에서의 용해도는 다음 식에 의하여 계산할 수 있다.

$$y_2 = \left(\frac{P_2}{P}\right) exp \left[\int_{P_2}^{P} \frac{V_2^s}{RT} dp\right]$$

여기서 y_2 = 나프탈렌의 용해도

P_2 = 나프탈렌의 승화압

V_2^s = 고체 나프탈렌의 몰부피

P = 전체압력

용매의 임계점 부근에서 온도가 증가함에 따라 증기압의 증가에도 불구하고 밀도의 감소에 의하여 용해도가 급격히 감소하는 데 반하여 고압에서는 온도의 증가에 따른 용매 밀도의 감소 범위가 상대적으로 작고 용질의 증기압의 증대로 인하여 용해도가 증가하는 것을 알 수 있다.

이상에서 살펴본 초임계 유체의 용해도 특성을 정리하면 다음과 같다.

· 용해도는 압력이 높아지면 증가한다. 특히 임계점 근처에서는 초임계 유체의 밀도가 급격하게 증가하므로 용해도가 급격하게 증대한다.
· 용해도는 온도 상승에 따라 용질의 증기압과 초임계 유체의 밀도의 영향을 받아서 증대하거나 감소하게 된다. 초임계 유체의 밀도가 일정할 때 용해도는 온도가 상승하면 증가하게 된다.
· 용해도는 용매의 밀도가 커지면 증가하지만 용해도의 차이는 초임계 유체의 한 가지 물성만으로 설명할 수가 없다. 초임계 유체 용매와 용질의 성질이 유사하게 되면 용해도는 커지게 된다.

3) 초임계 유체 추출의 장단점

비휘발성 용질이 초임계 유체로 이동하는 현상을 용질분자가 고밀도 응축상으로부터 저밀도 팽창상인 초임계 유체로 이동하는 증발현상이라고 볼 수 있고, 또 한편으로는 용질과 용매 간의 상호작용에 의한 용해현상이라고도 볼 수 있다. 이와 같이 초임계 유체 추출 기술은 증류와 추출의 원리가 같이 적용되는 복합기술의 성격을 갖고 있기 때문에 여러 가지 독특한 장점을 갖고 있다.

초임계 유체 추출의 중요한 장점과 단점을 살펴 보면 다음과 같다.

· 압력, 온도의 조작에 의해 고밀도 상태에서 저밀도 상태의 어떤 조건 설정도 가능하기 때문에 분획, 분리 등의 선택성이 뛰어나 순도가 높은 제품을 얻을 수 있다.
· 비교적 저온에서 추출하므로 열에 의한 손상을 피할 수 있다. 또한 열에 의한 분해, 변질도 거의 없다.
· 무해, 무취이고 인화성이 없는 초임계 이산화탄소는 의약품이나 식품향신료의 추출에 매우 좋다.
· 초임계 유체의 점도가 매우 작기 때문에 추재의 침투성이 좋아서 추출효율이 높으며 또한 확산계수가 크므로 추출속도도 매우 빠르다.
· 추재와 초임계 유체의 밀도 차이가 크고 초임계 유체의 점도가 낮으므로 추출 잔유물과 용매의 분리가 용이하다.
· 초임계 유체의 용해력을 조절하여 추출물을 분류·정제할 수 있다. 따라서 화학적 성질과 휘발도가 유사한 성분도 용이하게 분리할 수 있다.
· 고압에서 작동시켜야 하므로 시설비 및 유지비가 많이 든다.

7. 식품생물공학기술에 의한 식품의 기능 향상

7.1 식품영역에서 생물공학기술의 역할

각종 식품첨가물(food additives)이나 식품 자체의 물리화학적인 변화를 유도하는 방법에 의하여 가공식품은 유통기한이 늘어났고, 대량생산에 의한 가격 저하는 물론 식품의 안정적 수급에도 일익을 담당하게 되었다. 그러나 이러한 가공식품의 범람으로 인하여 심지어 영양의 불균형 현상이 발생하면서 2011년 8월, 미국 50개 주의 보고에 의하면 각 인구의 25~30%가 비만(obesity)이며, junk food을 생산하는 기업의 홍보가 어린이들을 더욱 자극한다는 뉴스를 접하고 보면 이제 더 이상 남의 이야기가 아니라고 생각된다. 다행히 근래에 웰빙(well-being)과 로하스(LOHAS, lifestyle of health and sustainability)의 붐으로 인하여 whole food 또는 최소가공(minimal processing)에 의한 식품이나 기능성식품(functional food)의 섭취가 늘었는데 이로써 적절한 체중이 유지되고 퇴행성질환(degenerative diseases)이 예방되며 심지어 노화(aging)를 지연하여 수명이 연장된다면 좋을 것이다.

따라서 생물공학(Biotechnology)의 여러 가지 기술을 접목시킴으로써 비만(obesity), 당뇨(diabetes), 동맥경화(arteriosclerosis), 고혈압(hypertension), 골다공증(osteoporosis) 등 대사성질환(metabolic diseases)은 물론 치매(Alzheimer's disease), 알러지(allergy : atopy, asthma, rhinitis), 노화지연 등에도 기능하는 식품(또는 식품소재)을 개발하기에 이르렀다. 이에 본 장에서는 대표적인 몇 가지의 생물공학기술을 나열하고, 이 기술의 적용에 의하여 어떻게 식품의 기능이 향상되는지에 대하여 예를 들어 기술하고자 한다.

7.2 식품영역에서 사용되는 생물공학기술

여러 가지 생물공학기술 중 식품생물산업에서 많이 사용되거나 기능성식품을 개발하는데 필수적인 몇 가지의 기술·에세이·방법을 나열하고 그 기능과 역할을 기술하고자 한다. 이를 미래의 식품생물산업에 응용한다면 국민의 식품·영양학적인 측면은 물론 건강·보건학적인 측면에서도 매우 좋은 결과를 가져다 줄 것이며 식품바이오산업의 발전에도 고무적인 현상이 될 것이다. 아래의 생물공학기술은 식품 또는 기능성식품의 개발을 위하여 *in vitro* assay와 *in vivo* assay를 무작위로 열거한 것으로서 여러 가지 조건을 변형해서 사용 가능하며, 특히 식품의약품안전청(Korea Food & Drug Administration : KFDA)에서는 특정의 기능성에 대하여 참고도서를 발행하고 있으므로 이에 대한 오해의 소지가 없기를 바란다.

1) Promoter assay

(1) T-bet promoter assay

미성숙된 T helper cell은 성숙이 되면서 두 가지 subset을 가지게 된다. Th1과 Th2 type의 형태로 나누어지는데 T-bet(T-BOX21, TBX21)은 Th1-specific T-box transcription factor로서 T cell의 분화를 유도한다. 천식환자의 경우에는 Th1 cell과 Th2 cell의 비율이 밸런스를 유지하지 않고 Th2 cell의 비율이 상대적으로 높게 나타나는 현상을 보인다. 정상인의 경우 Th1과 Th2의 밸런스가 유지되는 것으로 보아 이들의 밸런스 차이는 천식의 발병과 밀접한 관련이 있다고 할 수 있다. 이러한 밸런스를 유지하여 주는 방법 중 하나는 Th2 세포의 분화를 억제하는 것이고, 다른 하나는 Th1 cell의 분화를 촉진하는 것이다. T-bet은 Th1 transcription factor로서 Th1의 분화를 유도하는 것으로 알려져 있다. T-cell의 분화과정 중에 T-bet의 발현활성을 높이면 Th2 세포의 분화를 억제하여 천식의 증상을 완화시켜 주는 것으로 이해할 수 있다. T-bet promoter의 활성을 측정하기 위하여 유전자의 promoter 부분을 클로닝하였다. Promoter 부분을 luciferase activity를 확인할 수 있는 pGL2(Promega) vector 내에 G418 resistant gene을 삽입하여 stable cell line을 만들면 쉽게 이의 활성을 측정할 수 있게 되므로 cloning site를 이용하여 human T-bet promoter의 -1836~+192 부분을 cloning하였다(그림 2-8).

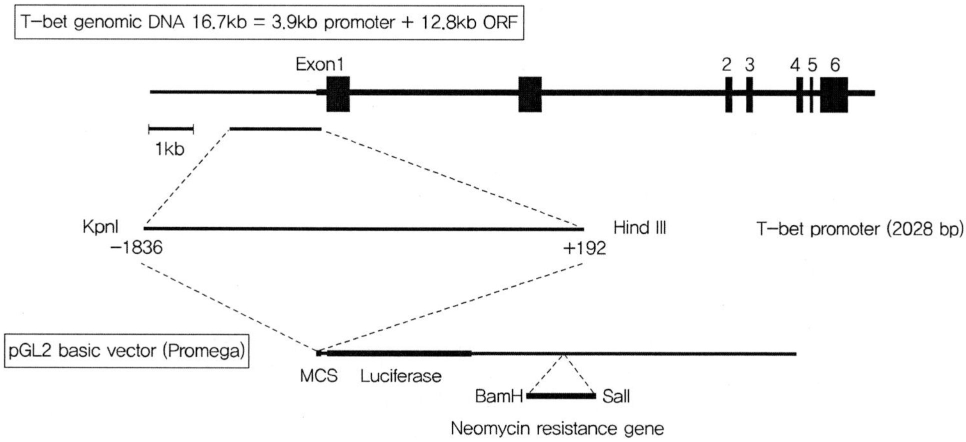

〈그림2-8〉 인간 T-bet(TBX 21) 유전자 클로닝 모식도

Raw264.7 세포주에 transfection한 후, G418을 이용하여 serial dilution 후 single cell만 나타나도록 single colony를 선별하였고, stable cell line으로 안정화시켰다. 안정화된 세포주는 액체질소탱크(-196도)에 저장해 두면서 사용하면 된다. 이 세포를 2×10^{3}개의 세포를 96 well에 심고 24시간 배양한 후에 ① PMA를 처리한 것과 ② PMA(50~100ng/ml)를 처리한

후 샘플을 농도별로 처리한 것을 24시간 더 배양하고 각 well을 PBS로 2회 수세하고 luciferase assay용 lysis buffer를 20ul씩 주입하여 세포를 파쇄시키고 원심분리하면 상층액을 분취할 수 있다. 이 액 20ul에 luciferase assay 시약을 100ul 첨가하여 생성된 광원을 측정하면 상대적인 프로모터 발현의 차이를 알 수 있다(한국화학연구원 허진철 박사 조언). 모든 과학적인 *in vitro* 실험에서는 각 대조구 및 실험구는 반드시 3개 이상을 3 반복(3 independent determinations) 이상으로 실험한 data의 통계처리를 기본으로 한다.

(2) Cyclooxygenase-2 promoter assay

Reactive oxygen species(ROS)는 세포대사(cellular metabolism)에서 필수불가결하게 생성되는 매우 유해한 물질인데 세포 내 신호전달 및 조절과정 중에도 많은 관여를 한다고 알려져 있다. Cyclooxygenase-2(Cox-2)의 활성은 ROS에 의해 증가하므로 항산화제에 의한 ROS의 활성을 감소시키는 것은 세포의 염증반응 조절, 세포사멸 방지, 노화 억제에 중요한 역할을 담당하고 있다.

예를 들면, 포도 표피에 함유되어 있는 천연항산화제인 resveratrol은 ROS를 감소시킴으로써 Cox-2의 활성을 저해하는 것으로 알려져 있다. Cox-2는 염증반응 이외에도 치매(Alzheimer's disease : AD)와 관련이 있다는 보고가 많다. 항염증 관련 약물은 치매의 진행을 억제한다는 연구결과가 있으므로, 본 Cox-2 promoter assay에서는 Cox-2 promoter 유전자를 glioma cell에 삽입시켜 stable cell을 사용하여 스크리닝을 하는 예를 들기로 한다.

먼저, 인간의 Genomic DNA에서 Cyclooxygenase-2(cox-2) 유전자의 promoter 부분(-1432~+52)을 pCDNA3.1 vector에 클로닝한다. Luciferase활성유전자를 Cox-2 promoter 유전자의 뒷부분에 다시 클로닝한 후 u18 glioma 세포주에 lipofectamine을 이용하여 transfection한 후 G418을 이용하여 선별과정을 거친다. Cox-2 promoter/luciferase 발현 세포주에 activator인 PMA(100ng/ml)를 처리하여 Cox-2 promoter의 활성을 높인 상태에서 식품성분 또는 식품추출물을 처리하여 promoter 활성이 변화하는지를 비교한다. 활성 측정 시스템은 Promega의 luciferase assay kit을 사용하였으며, 다양한 reader(예 : Victor3 등)를 이용하여 활성을 확인한다. 여기에서 스크리닝된 추출물은 동물실험 등을 거쳐 뇌세포의 염증억제 활성에 대한 중요한 자료로 사용할 수 있다(계명대 의학과 권택규 교수 조언).

2) 역전사-중합연쇄반응(RT-PCR : reverse transcription-polymerase chain reaction)

1984년 멀리스박사는 유전자 1개를 증폭하는 기술을 개발하였는데 이것이 바로 중합연쇄반응(polymerase chain reaction : PCR)이며 이 발견으로 노벨상을 받는 계기가 되었다. 이 반응은 현재 의학, 생명과학은 물론 농학, 식품공학, 법의학에까지 그 영향을 미치고 있다.

식품공학에서의 응용은 매스컴에 자주 회자되는 유전자변형식품(genetically modified food : GM food)에서 특정 유전자의 삽입을 검출할 때 이 방법을 사용할 수 있다. 예를 들면, Round Up Ready corn(미국 Monsanto사)은 제초제 저항성 유전자가 삽입되어 있어서 이의 생장 시 제초제를 살포하더라도 죽지 않고 살게 되므로 이 유전자가 삽입된 작물은 생산성을 높일 수 있게 된다. 여하튼 이들 유전자 변형식품(또는 작물)은 삽입된 유전자를 중합반응에 의하여 증폭함으로써 제초제 저항성 유전자가 작물 속에 존재하는지를 알 수 있다. 중합연쇄반응은 forward의 primer와 backward의 primer와 dNTPs(디옥시 3인산염기) 그리고 DNA polymerase(DNA중합효소) 및 Mg++ion이 있으면 denaturation(95도, 60초), annealing(55~65도, 30초), 그리고 elongation(72도, 30초)의 과정을 통하여 2n의 증폭이 이루어질 수 있다. 통상 30번 반복에 의하여 약 10억 배의 증폭이 일어나므로 단 한 개의 유전자라도 PCR 조건이 맞기만 한다면 얼마든지 눈으로 식별이 가능하게 된다.

역전사-중합연쇄반응은 RNA 중에서 mRNA의 발현을 확인하는 방법인데, total RNA에서 역전사효소(reverse transcriptase)에 의하여 cDNA를 만들어서 이를 증폭하는 점이 중합연쇄반응과 상이한 점이다. 전체 RNA 중에서 특정 mRNA의 차이를 선택적으로 확인하는 방법은 세가지가 알려져 있다. Northern blot hybridization은 mRNA의 차이를 정량적으로 확인할 수 있는 가장 우수한 방법이다. RNase protection assay(RPA)는 probe 디자인 및 제작이 까다롭지만 정량도 되면서 exon-intron 구조파악이나 transcription initiation site의 규명 등에도 사용할 수가 있다. 역전사-중합연쇄반응은 RNA로부터 cDNA를 만들어 클로닝할 경우에 많이 사용하는데 정성에 비교적 용이하게 사용 가능하다. 정량은 semi-quantitative RT-PCR이라고 하여 real time-PCR(줄여서 RT-PCR이라 하지 않고 Q-PCR이라 함)을 이용하기도 한다.

한편 RNA 분리 시에는 RNase로부터 RNA를 보호해야 하며, 단백질을 제거하여야 하고, DNA로부터 선택적으로 RNA를 분리하여야 한다. 먼저 조직(100mg)에 Trizol시약 1ml을 넣은 다음, glass homogenizer로 간 homogenate를 microfuge tube에 옮기고 bromochlorop ropane (BCP) 100ul를 넣고 교반하고, 10분 후 원심분리하면 층이 분리된다. 여기에서 상층액을 다른 tube에 옮기고 isopropanol을 500ul 첨가한 후, 잘 섞고 원심분리하면 RNA가 침전된다. 이 RNA를 TE 완충액에 녹여서 쓰면 된다. 소량의 조직으로부터 high quality의 RNA가 상당히 높은 수율로 분리된다. 통상적인 수율은 조직의 경우, 수 ug RNA/mg tissue, 배양세포도 수 ug RNA/106 cells 정도이다. 역전사-중합연쇄반응의 시작은 역전사 반응인데 역전사효소를 사용하여 RNA로부터 반드시 cDNA가 만들어져야 중합연쇄반응에서 증폭이 가능하다. 역전사효소의 성질에 따라 상이하나 보통은 50도 전후에서 반응시킨다. 다음 단계는 PCR의 단계와 동일하게 denaturation(95도, 60초), annealing(55~65도, 30초), 그리고 elongation(72도, 30초)의 과정을 거친다. 단지 annealing 온도는 primer의 Tm보다 5도 정도 낮게 사용하며 DNA중합효소로는 내열성 Taq DNA 중합효소를 사용한다.

역전사-중합연쇄반응의 결과는 반드시 각 band의 양을 densitometry로 측정하여 그래프로 나타내는 것이 좋으며 반드시 대조구로 glyceraldehyde 3-phosphate dehydrogenase(GAPDH), actin, tubulin 등을 비교하여 실험하는데 그 이유는 이 mRNA는 세포의 자극에 따라 그다지 변화하지 않는 것으로 대조구로 사용하기에 적당하기 때문이다. 또한 단백질의 양적 변화도 Western blotting이나 면역조직화학기법으로 확인하면 좋다. 역전사-중합연쇄반응에 대한 모식도는 http://www.dnalc.org/ resources/animations/pcr.html에서 쉽게 볼 수 있다.

3) 세포 및 효소에세이(Cell-based and enzyme assays)

(1) 세포기반 초고속스크리닝(Cell-based high through-put screening) 기술

초고속스크리닝(High through-put screening : HTS) 기술은 다국적 제약회사에서 신약 스크리닝을 위하여 이의 기술개발을 개발하고 있으며 virtual screening이나 in vivo screening과의 접목으로 괄목하게 발전하고 있다. 이 기술을 이용하면 식품의 어떤 특정 성분이 어떤 기능성을 가지는지를 신속하게 스크리닝할 수 있다.

HTS를 수행하여 목적하는 바를 이루려면, ① HTS 기기가 필요하며 ② assay system이 필요하다. HTS 기기는 PerkinElmer, Tecan, Aurora Biosciences, Packard, Euroscreen, Zymark, Tomtec, CyBio 등 약 100여 개 이상의 회사에서 다양한 제품이 출시되어 있어서 set로 구입하

거나 각각의 기기를 따로 구입하여 integration을 하기도 한다. 기본적으로는 액체분주기(liquid handler), 다중 측정기(multilabel counter), 로봇팔(robotic arm), 플레이트처리 및 저장고 (delidder and hotel), 배양기(incubator) 등이 필요하다. 〈그림2-9〉는 하루 5만 개의 스크리닝을 수행할 수 있도록 integration한 HTS 기기의 조합이다(한국생명공학연구원 김성욱 박사 호의).

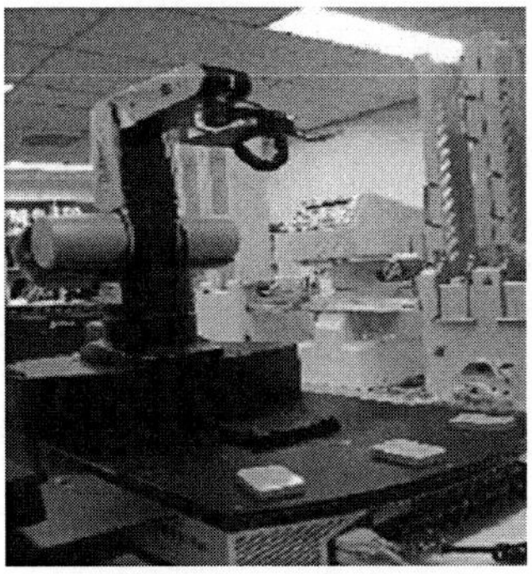

〈그림 2-9〉 초고속스크리닝에 사용되는 HTS 기기를 조합한 일례
(Lee S-H. J. Life Sci, 18, 1312-1315, 2008 참조)

Assay system에 있어서는 cell-based assay, enzyme assay, chemical assay 등이 있다. Enzyme assay나 chemical assay가 경제적이고 간편하나 cell-based assay가 더욱 좋은 결과를 줄 수 있다. Assay가 효율적으로 가능해지려면 library가 다양하고, 사용할 시스템이 극미량에서도 작동될 수 있어야 하며, detection system이나 cellular system 등을 보유해야 한다.한편 세포사멸(cell death, apoptosis)은 세포를 자발적으로 제거(self elimination)하기 위한 세포 내 과정으로서 기관 발달(organ development), 조직 재형성(tissue remodeling), 세포 항상성 유지(self homeostasis) 및 비정상적인 세포의 제거(abnormal cell death)에 필수적인 과정으로 알려져 있다. 이와 같이, 생물체 내에서 중요한 역할을 담당하는 세포사멸 과정은 반드시 정해진 프로그램에 따라 정교하게 조절되어야 하는데, 만약 세포사멸이 저해되거나 이에 대하여 내성이 생기면, 암(cancer), 자가면역질환(autoimmune disease) 및 바이러스 감염질환(viral infection diseases) 등이 유도된다. 따라서 세포사멸에 관련된 단백질 분해효소의 활성을 조절할 수 있는 물질의 탐색은 상기의 질병을 예방할 수 있는 기능성 식품의 개발에 이용될 수 있을 것으로 기대된다. 먼저, 각 96well에 2×10^3개의 전립선암 세포주(prostate cancer cell line)인 PC-3을 분주하고 24시간 배양한 후, 액체분주기로 식품성분 또는 추출물 시료(물추출물, 에탄올 추출물,

메탄올 추출물 외 여러 가지 용매 추출물)를 각각 주입하고(0.1% 이하), 이를 24시간 배양한 후 4% 포름알데하이드를 첨가하여 각각의 세포를 고정하고 DAPI(4′, 6-diamidino-2-phenylindole)로 10분간 핵을 염색시킨 후, 다중분석기(Victor2, PerkinElmer)로 460nm에서 형광 강도(fluorescent intensity)를 측정하였다. 양성 대조구로는 paclitaxel(taxol)을 농도별로 처리하여 IC_{50}의 값을 구할 수 있으므로 샘플과 비교를 할 수 있다.

이 방법에서 저해 활성이 우수한 추출물 후보에 대해서는 B16 멜라노마를 마우스 꼬리 정맥에 주사하여 폐에 어느 정도 전이되는지를 측정할 수 있는데, 이를 항암활성의 증감에 대한 기초 자료로 사용할 수 있다.

(2) Elastase inhibition assay

피부는 표피(epidermis)와 진피(dermis)로 구분할 수 있다. 표피는 우리의 피부를 외부로부터 보호해 주는 가장 기초적인 barrier인 반면 진피에는 다양한 기전이 내재해 있다. 특히 melanocyte는 melanin의 생성에 관여하고 있으며 collagen과 elastin이 피부를 지탱해 주는 matrix의 역할을 하고 있다. 따라서 피부가 외부나 내부로부터 damage(UV, 독성물질 등)에 노출되면 tyrosinase, DCT 등이 활성화되어 melanin을 생성하게 되며 이 melanin은 피부를 보호하여 주는 기능을 한다.

한편 collagen과 elastin은 내외부로부터의 여러 가지 stress에 의하여 파괴될 수 있는데 이에 관여하는 효소가 collagenase와 elastase이다. Collagen과 elastin이 각각의 분해효소에 의하여 파괴되거나 변질되면 피부를 지탱하는 integrity가 미약해지며 이는 피부의 노화를 촉진시키는 것으로 해석할 수 있으므로 이 효소의 억제는 중요한 의미를 지닌다.

Elastase inhibition assay는 먼저 human primary fibroblast 또는 CCD-25sk 를 10% FBS 함유된 DMEM 배지에서 배양하고 0.1% Triton X-100 0.2M Tris 액을 넣어 녹인 후 균질화하고 4도에서 3,000rpm으로 20분간 원심분리하여 상층액을 취하여 elastase 용액으로 한다. 이 효소액(100ug)을 96well에 넣고 0.2M Tris-HCl buffer(pH 8.0)를 넣어 88ul가 되도록 하고 시료 10ul를 첨가한다. 기질은 STANA(N-succinyl-tri-alanyl-p-nitroanilide, 50mM)액을 2ul 넣어 37도에서 1시간 반응시킨 후 유리된 p-nitroanilide의 양을 405nm에서 측정한다. 시료의 농도를 증감하면서 p-nitroanilide의 양이 어느 정도 줄어드는지를 계산하면 된다(제주대학교 이동선 교수 조언).

4) 천식 완화용 기능성 검증 동물모델의 구축과 면역조직화학

천식은 자가면역질환의 일종으로서 이 증상으로 인하여 고통받는 연령은 영유아나 노인층이 상당히 많은 점유율을 보이고 있다. 천식은 기도 및 폐포의 면역과민반응으로 폐세포와 기도의 내피세포 바깥으로 기침을 동반한 다량의 점액물질을 분비시킴으로써 self와 non-self를 구분하려 한다. 예로부터 천식의 제반 증상에는 길경(더덕)이 특효라고 적혀 있다.

천식 동물모델은 마우스(Balb/c, C57BL/6)를 주로 사용한다. 첫째 날에 100ug의 ovalbumin과 1mg의 aluminium phosphate sulfate을 ip(inter peritoneal)로 복부에 주사하여 감작(sensitization)시키고 일주일 후에 4mg의 ovalbumin을 intranasal injection을 통하여 3회, 3일 연속하여 challenge하였다. 한편 Montelukast(positive control)와 시험할 샘플은 intranasal injection을 하루 걸러서 처리하며 최종 처리한 익일 마취제(ketamine: 50mg/kg)를 복강주사하고 기관(trachea)에 28G 주사기를 삽입하여 bronchoalveolar lavage(BAL)를 취하여 eosinophil의 수를 측정하며, 다시 10% 포르말린 용액을 폐조직(postcarval, superior, middle, inferior, left lobes)에 주사하여 조직을 고정하고 H&E 염색을 한다(그림 2-10).

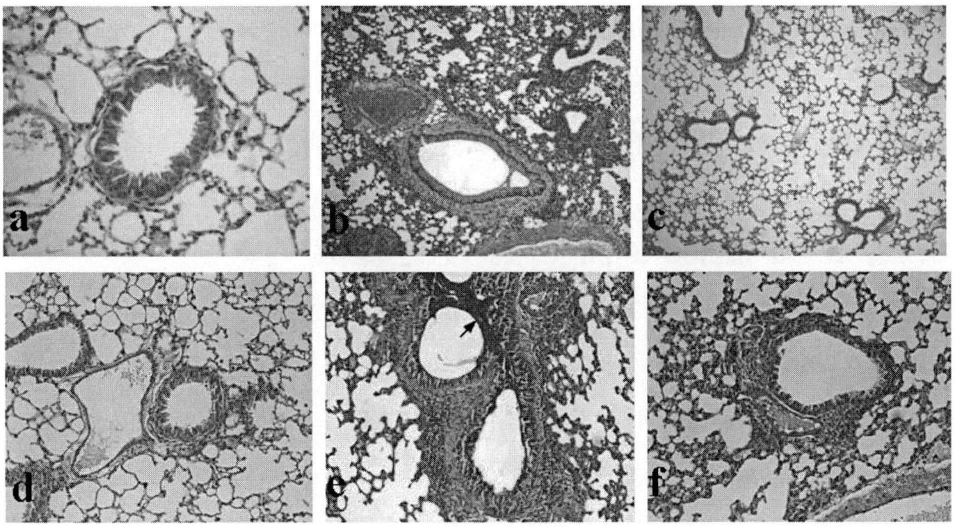

〈그림 2-10〉 천식 완화용 동물모델에서 조직염색의 예

a-c, H&E 염색 : d-f, periodic acid-Schiff 염색. a와 d는 intranasal injection하지 않은 군, b와 e는 intranasal injection 처리군, c와 f는 해바라기 씨 추출물 처리군(인용 : Int J Mol Med, 21, 57-61, 2008)

면역조직화학(immunohistochemistry)은 10% 포르말린 용액에서 24시간 고정시킨 파라핀 섹션을 슬라이드 프로브온에 배치시켜 세포 내에 존재하는 peroxidase를 저해하기 위하여 3% 과산화수소를 포함하는 메탄올 용액에서 반응시킨다. 조직섹션이 아닌 특정 결합을 차단하기 위하여 상온에서 1시간 동안 염소 혈청(goat serum)으로 처리한 후, 슬라이드는 토끼에서 정제한 마우스용 항체(rabbit anti-mouse antibody)로 염색과정을 거쳐 특정 단백질의 발현 여부를 관찰한다. 전 과정의 기간은 적절히 변경하기도 하는데 급성유도는 약 3~4주, 만성유도는 약 6~8주 정도의 시간을 필요로 한다. 흔히 예비 스크리닝을 하면 도라지, 녹차, 해바라기씨, 시금치 추출물이 효과를 나타낸다. 영장류 등의 특수한 경우를 제외한다면 *in vivo* 실험에서는 실험동물의 각 대조군 및 실험군은 통상적으로 5~7마리를 3반복(3 independent experiments) 이상으로 실험한 data의 통계처리를 기본으로 제시하거나 이의 전형적인 예를 그림으로 제시하기도 한다.

한편, 모든 실험동물의 시험은 엄격한 내부지침(institutional guidelines, protocols)과 동물실험윤리위원회(institutional review board [IRB]: independent ethics committee [IEC], 또는 ethical review board [ERB])의 제반규정은 물론 International Association for the Study of Pain Committee for Research and Ethical Issues도 준수하여야 하기 때문에, 가까운 미래에는 동물시험을 대체(alternatives to animal testing)하는 *in silico* computer simulation, 나노기법을 적용한 시험법(microfluidics, 예를 들면 lab-on-a-chip) 등의 개발이 시급하다고 판단된다.

5) 유동세포분석기법(flow cytometry)에 의한 면역세포의 분석

유동세포분석기법은 많은 세포를 유동 칼럼(fluid column) 안에서 단일흐름(single flow)으로 만들고 laser beam을 통과하면서 각 세포의 크기, 구조 및 과립도 등을 측정하므로 다양한 세포의 특징을 분석할 수 있는 방법이다. 이 기법은 극히 미량의 형광물질도 인지할 수 있어서 정확도와 민감도가 높고 다양한 혼합 세포군에서 소수의 아형군을 측정 혹은 분리하는 것이 가능하다.

1930년대에 핵산측정에 처음으로 이용한 이후, 오늘날 약 0.1ul의 입자크기까지 측정 가능한 기기가 출시되었다. 이용되는 분야는 세포사멸 분석, 단일클론항체를 이용한 백혈병 marker 검사, 세포주기 분석, 혈구수 측정, 종양단백질 검출 등에 사용 가능하다. 유동세포분석기(flow cytometer; fluorescence-activated cell sorter)는 크게 ① flow cell과 fluidics ② 광원, 빛 산란과 형광 감지 ③ signal processing으로 구분한다.

(1) Flow cell과 fluidics

일정압력의 isotonic solution이 일정방향(laminar flow)의 액체기둥(fluid column)을 형성하여 10m/sec의 속도로 sheath fluid를 형성하면, 검체가 sheath fluid 중앙을 통과하면서 액체기둥 안에 또 다른 검체액체기둥이 coaxial하게 흐르는 sample core stream이 형성된다. 이 sheath fluid와 sample core stream은 섞이지 않고 sheath stream의 hydrodynamic한 압력에 의해 검체액체기둥 안에 세포는 일정하게 흐르고 laser beam이 세포를 통과하면서 분석하게 된다. 검사의 정확도는 해상력(resolution)과 민감도(sensitivity)에 의해 결정된다.

(2) 광원, 빛 산란과 형광 감지

광원은 argon(488nm)이나 Helium-neon(633nm) 등이 이용된다. 많은 세포가 정확히 laser beam의 중심을 지나기 위해서는 beam의 모양이 매우 중요하다. 원형beam 경우는 인접한 두세 개의 세포가 동시에 beam의 중심을 통과할 수 있으며, 너무 elliptical할 경우는 하나의 세포도 완전히 laser 중심을 통과하지 못할 수 있다. 따라서 렌즈로 laser beam이 세포의 흐름에 대하여는 좁게, 넓이에 대하여는 넓은 모양의 beam을 만드는 것이 이상적이다.

(3) Signal processing

세포가 laser beam을 통과하면서 두 가지 현상이 나타나는데 빛 산란과 형광 방출이 생긴다. Laser beam의 직선방향으로 일어날 경우 forward angle scatter(FS)라 하고 직각으로 분산되는 것을 side scatter(SS)라고 한다. FS(빛의 회절, diffraction)는 laser beam 통과지점에서 분산되며 주로 세포의 크기를 측정하고, 살아있는 세포와 죽은 세포를 구별한다. Side scatter(빛의 굴절, refraction)는 세포내 입자와 관련되어 림프구, 단핵구, 과립구를 구별하는데 도움이 된다. Gating이란 FS, SS에 따라 histogram에 분포된 세포 중 분석하고자 하는 특정세포를 선택하는 작업이다. 형광염색시약이 레이저 빛을 흡수 후 긴 파장의 빛을 방출하는데 서로 다른 파장에서 excitation와 emission을 한다. 임상에서 주로 사용하는 유동세포분석기는 주로 488nm의 아르곤 레이저(argon laser)로 이 파장보다 긴 파장에서 excitation되는 형광물질이 사용된다. 또한 extinction coefficient가 높아야 하는데 이는 하나의 photon이 빛을 흡수할 수 있는 정도를 뜻한다. 흡수한 빛을 얼마나 방출할 수 있는가를 quantum yield라 하는데 fluorescein은 0.5, R-phycoerythrin은 0.98로, fluorescein은 두 개의 photon 중 하나만, R-phycoerythrin은 모두 다 빛을 흡수 후 방출하므로 R-phycoerythrin이 fluorescence intensity가 더 높다.

(4) Dendritic cell 분리

Dendritic cell은 항원을 제시하고 T 세포의 활성화에 관여하는 것으로 알려져 있다. 또한 immune tolerance와 immune memory에도 관여한다. 이에 Dendritic cell을 순수하게 분리하여 식품의 특정성분을 처리하면 T 세포의 활성화에 어느 정도의 영향을 미치는지 구체적으로 알 수 있다.

먼저 IRB 심사를 득한 후, 1~2주의 어린 C57BL/6 마우스 대퇴골(femur)의 내부로부터 28G syringe로 조심스레 액체를 suction하여 100um nylon cell strainer(Falcon)에 옮긴다. ACK lysis buffer에서 5분간 반응하여 적혈구를 파괴하고 bone marrow cell을 10% FCS가 함유된 RPMI 배지에 넣는다. 이때 granulocyte & macrophage-colony stimulating factor(GM-CSF)와 interleukin(IL)-4를 각각 10ng/ml로 첨가해 주어야 한다. 3일 동안 CO_2 incubator에서 배양한 뒤, 배지 위로 부유하는 세포는 대부분 granulocyte이므로 이를 제거한다. 다시 처음과 같이 새로운 배지를 첨가하고 3일 뒤에 부유하는 세포와 잘 부착하지 않은 세포를 걷어 내면 70~90%는 Dendritic cell인데, 이는 CD11c, CD40, CD80, CD86의 표면항원이 발현되는지를 비교함으로써 확인할 수 있다. 식품의 특정성분을 처리하면 각 marker의 변화를 비교할 수 있는데 세포사멸을 위한 실험은 3일째에, 기타는 1~6일째에 다양한 농도를 처리하여 비교할 수 있다.

7.3 생물공학기술 적용에 의한 식품의 기능 향상

위에서 열거한 여러 가지 생물공학기술 중 기능성식품으로 개발하는 과정 중에 만날 수 있는 몇 가지의 일례를 들어 보기로 한다.

1) 알로에 고분자화합물에 의한 위궤양 억제효과

알로에의 학명은 *Aloe vera* Linne라고 하는데 아시아, 아프리카 및 열대지역에 광범위하게 분포하는 식물로서 다양한 기후에서도 잘 자란다. 알로에는 오래전부터 항염효과와 상처 치유에 뛰어난 효과가 잘 알려져 왔으며, healing of burns, cutaneous injuries, edema, and 상처 감소에도 효과가 있다. 특히 위궤양 모델에서도 위점막 세포를 보호하는 효과가 이미 잘 알려져 있다. 한편 한국에서는 기능성 식품으로 식품의약품안전청의 자료(2010년도)에 의하면 인삼·홍삼제품 다음으로 한국에서 많은 매출을 올리고 있는 것이 알로에 관련 제품이다. 위장장애는 전 세계적으로 중요한 임상적 문제를 야기하는 것으로 알려져 있다. 급성 및 만성 위장장애 연구를 촉진시키기 위하여 water immersion restraint(WIRE) stress모델, 알코올 모델 및 indomethacin모델이 개발되어 있다. Ethanol-induced gastric lesions은 acetaminophen, and prostaglandins의 기능을 연구하는 데 사용하고 WIRE stress-induced model은 verapamil, cimetidine 및 스트레스의 기전을 연구하는 데 사용된다. 대개 gastric mucosal lesions은 위장 내피세포의 장애에서 기인되는데 이 위장 내피세포는 gastric lumen에 생성되는 수소이온이나 위해물질에 의하여 야기되는 깊은 손상을 보호하는 작용을 한다. 위장의 혈액은 전형적으로 prostaglandins, matrix metalloproteinases(MMPs), 그리고 cytokines과 같은 신호전달물질에 의하여 조절되는데 이들에 의하여 지속적으로 점액성물질의 생성이나 위장 장해와 이의 손상 수복의 조절에 중요한 역할을 담당하는 것으로 밝혀져 있다. 이에 알로에의 어떤 성분이 위장 장애에 효과가 있는지를 알아보기 위하여 알로에 잎의 껍질을 벗기고 원심분리하고 homogenate를 만들고, 동결건조 후 lab-scale Tami UF system(Tami Industries S.A., France)으로 초여과(ultrafiltration)을 수행하여 50kDa 이상의 큰 것을 polymer fraction으로 하였다. 마우스는 6주령 수컷 Balb/c 마우스를 사용하였으며 대조구(no treatment), 알코올(8ml/kg), 오메프라졸 처리구(3mg/kg), 및 알로에 고분자 분획 처리구(150mg/kg)로 나누어서 각군당 7마리를 사용하고, 각 시료는 경구투여(per oral : p.o.)를 하며 30분 후 알코올에 1시간 노출시킨 후 마취제(ketamine : 50mg/kg)를 복강주사하고 위장을 절개하여 해부 가위로 위장 내피조직을 모은다. 이 조직으로 RT-PCR, immunohistochemistry, ulcer index analysis를 수행하여 matrix metalloproteinase-9(MMP-9), inducible nitric oxide synthase(iNOS) 및 neuronal nitric oxide synthase(nNOS)의 발현이 감소하는 것을 확인한다(그림 2-11).

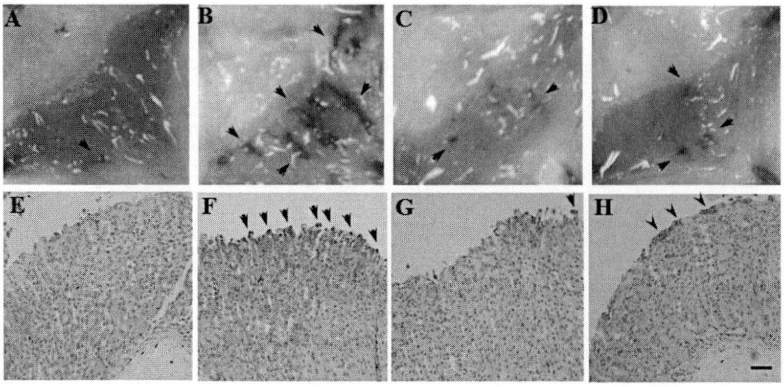

〈그림 2-11〉 위궤양 유도모델에서 알로에 분획물에 의한 위궤양 보호효과의 확인

A-D, 위궤양 지표의 사진[A, 대조구 : B, 알코올 처리구 : C, 알로에 고분자 분획물(50 kDa 이상): D, 오메프라졸 처리구], E-H, MMP-9에 대한 immunohistochemistry의 사진[A, 대조구 : B, 알코올 처리구: C, 알코올 처리 후 알로에 고분자 분획물(50 kDa 이상) 처리구 : D, 알코올 처리 후 오메프라졸 처리구] (인용 : Int J Mol Med, 28, 511-518, 2011).

2) 자소(차조기) 추출물에 의한 아토피 완화효과

자소(紫蘇)는 차조기라고도 불리며 학명은 *Perilla frutescens*라고도 한다. 이 식물의 잎은 항산화 활성은 물론 항균 활성이 강력하여 예로부터 감기나 두통에 사용되었는데, 현재에도 일식이나 한식의 음식 재료로 사용되기도 하며 패독산의 원료로 사용되고 있는 약재이다. 일본에서는 우메보시의 원료로 사용되는데 동물실험에서는 간 보호작용(hepatoprotective activity)이 있다고 알려져 있다. 근년에 알레르기 질환으로서 아토피(atopic dermatitis), 천식(asthma), 비염(rhinitis)이 증가하는 추세에 있다고 한다. 이는 산업화의 영향으로 인한 공업폐수, 대기환경오염, 식품오염으로 인한 요인이 크다고 볼 수 있다. 이들이 면역염증 제어반응의 불균형을 초래하여 과다하게 면역반응을 증강시키기 때문인데 이는 Th1과 Th2 세포의 균형을 조절함으로써 염증을 완화시킬 수 있다. 특히 아토피는 피부조직에서의 matrix metalloproteinase를 포함하는 일련의 효소가 면역조직학적으로 그리고 임상적인 증상의 진단에 매우 중요함이 알려져 있다. 그래서 특별한 경우를 제외하고는 보통의 피부조직에서는 matrix metalloproteinase의 RNA 및 단백질의 발현은 매우 미약하므로 이 효소를 비교함으로써 아토피 증상의 유무나 완급을 추정할 수 있다.

먼저 8주령의 마우스 C57BL/6의 복부에 0.5% DNFB(2, 4-dinitrofluorobenzene)를 도포하여 염증반응을 감작시키고, 1주일 후에 귀 표피조직에 0.2% DNFB를 3일 간격으로 4번

도포하여 귀의 표피조직에 염증을 유발시킴으로써 아토피 증상을 유도한다. 자소잎의 열수 추출물(송광매원 서명선 사장 제공)은 DNFB를 도포하지 않는 날짜에 총 8회에 걸쳐 귀의 표피조직에 면봉으로 1mg 상당량을 발라 주었으며 실험의 마지막 날에 귀의 표피를 절취하여 면역조직화학의 샘플로 사용하였는데 〈그림 2-12〉는 H&E(Hematoxyline & Eosine) 염색 후, DNFB에 의하여 아토피가 유발된 염증세포의 모양을 사진으로 촬영한 예이다. 이 염색의 특징은 염증반응에 관련된 면역세포가 보라색으로 뚜렷하게 염색되는 장점이 있다.

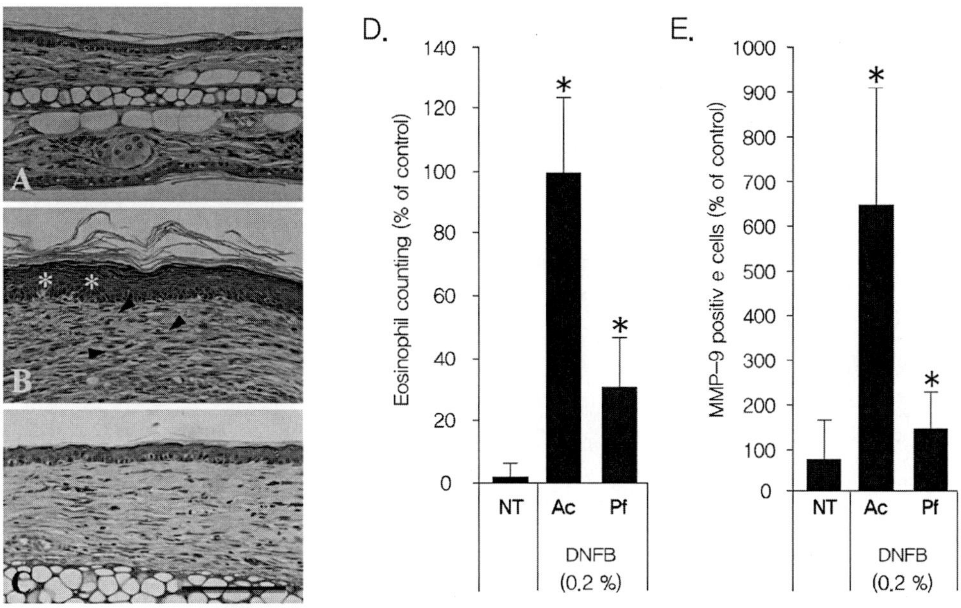

〈그림 2-12〉 자소 추출물에 의한 아토피 완화효과의 검증

A-C, H&E 염색의 사진(A, 대조구: B, DNFB 처리구: C, 자소 추출물 처리구) : *, 염증반응에 의한 면역세포의 수적 증가: 화살표, 면역세포: D, eosinophil counting의 비교: E, MMP-9 positive cell의 비교: Ac, Acetone alone: Pf, 자소 추출물(인용 : Nam *et al.*, in press)

3) 버섯 추출물에 의한 항암·면역증강효과

버섯을 상식하면 면역력이 높아지는 것은 버섯 내에 면역력을 증강시켜 주는 물질이 존재하기 때문이다. 흔히 버섯을 항암식품 또는 면역증강식품이라고 하는데, 대부분의 경우에는 버섯 내의 항암물질이 암세포를 억제하거나 괴사시키거나 마크로파지(macropgage), 자연살해세포(natural killer cell), T 세포를 활성화시켜 면역 활성을 증강시키기 때문이라고 볼 수 있다. Sarcoma180이 이식된 쥐에 복강주사로 β-(1-3)-D-glucan을 투여하면 현저한 항종양

활성을 나타내는 것으로 알려져 있다. 이 다당체는 항원성이 약하고 부작용이 없는 것이 특징으로 구름버섯(균사체), 표고(자실체), 치마버섯(배지생산물)에서 다당체를 이용한 항암제(면역요법제)가 개발 또는 실용화되고 있는 실정이다. 이들 다당체는 실제로는 버섯의 세포벽 성분인데 β-(1-3)-D-glucan 및 이의 단백질 복합체, 키틴(chitin) 및 키토산(chitosan), 또는 이의 유도체에도 면역활성이나 항암활성이 보고되어 있다. 일례로 신령버섯(β-(1-6)-D-glucan-단백질 복합체나 RNA-단백질 복합체), 표고 배양균사체(alpha-mannan peptide), Coriolus versicolor(雲芝) 배양 균사체(PSK: polysaccharide Kreha), Lentinus edodes(표고) 자실체(lentinan), Schizophyllum commune(치마버섯) 배양여액(schizophyllan), 상황버섯의 액내배양 균사체(단백다당류) 등이 알려져 있다. 이와 같이 면역활성을 증강시켜 암의 퇴치를 원하는 천연물질을 biological response modifier(BRM요법제)라고 하는데, 버섯의 경우에는 영지로부터 terpenoid류, 구름버섯과 신령버섯(아가리쿠스)으로부터 steroid류 등을 열거할 수 있으며 항암 화학요법제와는 달리 부작용이 없고 면역기능을 증강시키기 때문에 기존의 화학요법제와 병용할 경우 상승작용을 볼 수 있다고 한다.

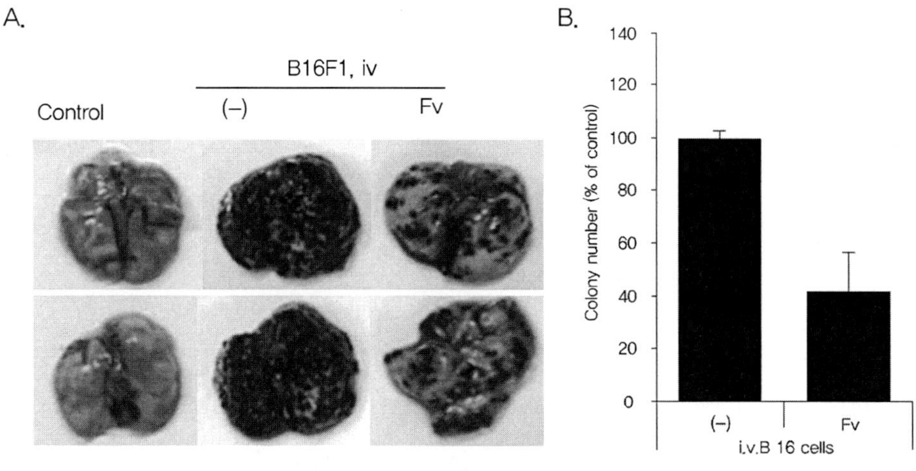

〈그림 2-13〉 버섯 추출물에 의한 항암효과의 검증

A : 마우스 C57BL/6의 폐에 전이된 B16F1 암세포의 사진. 5 X 106cells을 마우스 미정맥으로 주사하여 20일간 사육하면 이 암세포는 혈액을 순환하다가 선택적으로 폐에 전이하여 colony를 형성한다. 사진은 전형적인 5개 중 2개의 예를 제시한 것이다. iv, 정맥주사; Fv, 팽이버섯 열수추출물

B : 형성된 colony를 계산하여 암이 어느 정도 억제되었는지를 확인할 수 있다(인용 : Kor J Food Preserv, 16, 599-603, 2009).

한편, 여러 가지 독버섯에서도 새로운 leading compound를 탐색하여 암, AIDS 및 각종 퇴행성 질환의 치료나 예방에 사용할 수 있기를 기대하여 본다. 버섯의 생리활성물질에 관한 연구는 연구기관, 대학, 제약회사, 향장회사 및 식품회사에서 경쟁적으로 연구를 진행 중이다. 농가의 고소득 보장을 위해서도, 국민 건강과 보건을 위해서도 버섯산업을 육성시켜야 하겠으며, 더욱 버섯류에서 여러 가지 생체항상성 증진물질을 발견하고 이를 홍보한다면 의약품, 기능성 식품(소재), 식품첨가물 등으로 이용될 수 있을 것으로 매우 기대되며 이는 우리의 식품생물산업의 발전에 초석이 될 것으로 판단된다.

제3장
식품의 산업적 응용

1. 미용식품과 식품향장에의 응용
2. 약리성식품의 응용
3. 식음료와 외식산업
4. 차문화의 발전과 차도
5. 산업적 응용의 기초

1. 미용식품과 식품향장에의 응용

1.1 웰빙생활과 미용식품

1) 삶의 질을 높이기 위한 요소로서의 건강

삶의 질(quality of life)을 높이기 위한 기본 요소에는 건강과 정신적 안정감이 필수적이다. 삶의 만족도가 높고 즐거울수록 신체의 면역기능도 높아지게 되고, 신체 각 부위의 내분비계의 기능도 활성화되어 건강은 더욱 좋아지게 된다. 현대인의 삶의 질을 높이는 것은 인생의 가장 중요한 생활목표 중의 하나이며, 몸과 마음이 건강 상태를 유지하는 것이 좋은 건강을 지키는 지름길이며, 삶의 질을 높이는 근간이 된다 할 수 있다. WHO에서는 '건강이란, 병이 없거나 허약함이 없는 것만이 아니라 신체적으로나 정신적, 사회적으로 안녕한 상태이다'라고 정의하고 있다. 즉, 질병이 없고, 심신양면이 건강하고, 사회생활을 원만하게 적응하고 활동할 수 있는 상태가 건강하다고 할 수 있다.

2) 웰빙과 식생활

웰빙은 육체적·정신적 건강의 조화를 통해 행복하고 아름다운 삶을 추구하는 삶의 유형이나 문화를 일컫는다. 다양한 형태의 육체적·정신적 삶의 향상을 위한 문화적 태동이 있기는 하였으나, 이러한 움직임이나 삶의 문화가 포괄적인 의미로 복지·행복·안녕을 뜻하는 웰빙이라는 말로 통용된다.

웰빙(well-being)은 건강하고(well, 안락한, 만족한) 인생(being)을 잘 살자는 것으로 건강과 음식과 문화적인 향상을 추구하는 복합적인 개념이다. 그러므로 웰빙의 참뜻은 단순히 잘 먹고 잘 사는 것이 아니라, 정신적으로 풍요롭고 육체적으로 건전한 삶을 사는 것으로 이해해야 한다.

3) 아름다운 피부와 얼굴

피부는 연령에 따라 많은 변화가 일어나게 되는데 대부분 나이가 들어갈수록 나쁘게 변화되어 가는 경향을 나타낸다. 그러므로 건강하고 아름다운 피부는 다른 사람에게 깊은 인상을 주게 되며 그만큼 매우 중요하다.

피부는 인체의 건강 상태를 나타내기도 하는데 대개 40대 중반 이후 중년에서 피지선의 기능 감퇴로 피지의 분비가 적어지고 땀샘이 위축되며 피부 대사기능에 영향을 주어 피부의 노화가 촉진되게 된다.

4) 피부노화의 원인

한방에서의 피부의 노화는 각 장기가 제 기능을 발휘하지 못하게 됨에 따라 풍(風), 습(濕), 열(熱)과 같은 현상이 일어나는 것이라 하며, 피부의 조기 노화는 주로 기가 허약하여 순환이 잘 안 되고 혈액순환이 더디게 되면서 나타나는 현상인데 다음과 같은 여러 가지 요인에 의해 촉진되게 된다.

(1) 무절제한 식생활 습관

- 편식 : 신체 장부의 기능에 영향을 미치고 피부, 모발, 손발톱, 근육 등에 조기 노화를 일으킨다.
- 영양결핍 : 단백질, 비타민 A와 C, 엽산의 결핍은 피부의 색소침착을, 미네랄의 부족은 피부 미용에 좋지 않은 영향을 미친다.
- 조리가공법의 영향 : 구운 고기류와 튀긴 음식은 가열 과정 중 지방산의 산패로 인해 이를 많이 섭취한 사람이 실제 연령에 비해 더 늙어 보인다. 또한 유지가 고온에서 산화될 때 발생되는 free radical이 노화를 촉진하는 작용을 한다.

(2) 질병 및 신체의 변화

만성소모성 질병에 의한 단백질과 비타민 결핍이 피부가 마르고 거칠어지며 주름이 늘어나게 되고, 임신부나 갱년기의 성호르몬 변화는 피부색소의 침착을 증가시켜 기미 등을 형성하기도 한다.

(3) 과로, 불면, 과도한 성생활

피부의 영양부족을 유발하여 피부가 정상적인 대사기능을 수행하기 어렵게 만들기 때문에 조기 노화 현상이 일어난다.

(4) 장기간의 흡연, 햇빛, 바람, 냉풍에의 노출

피부의 탈수를 촉진하여 대사기능의 이상 또는 손상을 일으키므로 피부가 노화된다.

그 외에 화장품을 잘못 사용하는 것도 피부노화의 원인이 된다.

1.2 화장품

1) 화장품의 기초

화장품은 우리 일상생활과 깊이 관련되어 있고 많은 사람들이 사용하고 있다. 그 소비량도 매우 크게 증가하고 있다. 화장의 발생을 역사적으로 봤을 때 언제라고 확증하기는 어려우나 출토품 등을 통해 구석기 시대로 추정되며, 화장은 인류 역사와 함께 시작된 것이라고 생각되어 매우 오래된 역사를 지닌 것을 알 수 있다.

화장의 목적에 대해 생각해 보면 먼저 자연으로부터의 신체 보호를 들 수 있다. 또 종교적인 면에서의 이용도 있어 더러움을 씻거나, 재난을 예방하는 것과 같은 종교적 신앙에서도 행하여졌다. 또한, 신체에 색을 칠함으로써 재해를 예방하려고 한 것도 들 수 있다. 그러나 과학이 진보된 현대에는 이런 목적은 거의 없어졌고, 신체를 청결히 하고, 인간의 본능적인 욕망으로서 메이크업 등으로 자기를 아름답고 매력 있게 표현하고, 마음을 풍요롭게 하며, 자외선이나 건조 등으로부터 피부나 모발을 보호하고 노화방지에 신경을 씀으로써 아름답게 나이를 먹으며 쾌적한 생활을 즐기는 것이 현대 화장품의 주된 목적이 되고 있다.

2) 화장품의 정의

화장품을 뜻하는 cosmetics는 희랍어 cosmeticos에 어원을 두고 있는데 이는 '잘 정리한다', '잘 감싼다'는 의미로 cosmos에서 유래되었다고 한다.

이와 같이 화장품은 인체를 청결, 미화하여 아름답게 꾸미는 데 도움을 주는 제품들을 말하며 의약품이란 인체에 직접 작용하여 진단 내지는 예방 및 치료효과가 있는 물품을 의미하며 의약부외품은 인체에 직접적으로 적용되지 않는 것을 의미한다. 일반적으로 의약외품까지 화장품의 영역에 두기도 한다.

제2조(정의)

1. '화장품'이라 함은 인체를 청결, 미화하여 매력을 더하고, 용모를 밝게 변화시키거나 피부, 모발의 건강을 유지 또는 증진하기 위하여 인체에 사용되는 물품으로써 인체에 대한 작용이 경미한 것을 말한다. 다만, 약사법 제2조 제4항의 의약품에 해당하는 물품은 제외한다.

2. '기능성화장품'이라 함은 제1호의 화장품 중에서 다음의 각목의 1에 해당하는 것으로써 보건복지부령으로 정하는 화장품을 말한다.

   가. 피부의 미백에 도움을 주는 제품

   나. 피부의 주름 개선에 도움을 주는 제품

   다. 피부를 곱게 태워주거나 자외선으로부터 피부를 보호하는 데 도움을 주는 제품

3) 화장품의 분류

화장품(의약부외품 포함)은 그 사용 부위, 사용 목적 또는 제품의 구성성분 및 형상 등에 따라 여러 가지로 분류할 수 있으나, 일상적으로 자주 사용하는 기초화장품, 메이크업화장품, 보디화장품, 두발 및 두피용화장품, 구강용화장품 그리고 방향화장품 등으로 분류한다.

4) 화장품의 품질특성

화장품은 자신의 취향이나 피부타입 또는 연령에 맞게 선택하여 신체를 청결하게 하고 자신의 외모를 아름답고 표현하고, 자신의 매력을 돋보이게 하는 수단으로 이용된다. 자외선이나 건조 등으로부터 피부와 모발을 보호하며 피부노화를 예방하여 보다 젊고 쾌적한 생활을 즐기게 해 준다는 점에서 남녀노소가 모두 이용하는 인간의 삶의 일부분이 된 필수품의 개념을 가지게 되었다.

품질(quality)이라는 것은 일반적으로 그 제품을 사용하는 사람(소비자)의 만족도에 의해 결정되는 것으로 생각된다. 화장품에 있어서 그 품질특성이라는 것은 화장품을 만들고, 판매하는 경우에 기본적으로 빠뜨려서는 안 되는 중요한 특성을 말한다. 구체적으로는 안전성, 안정성, 유용성, 사용성(사용감, 사용하기 편함) 및 유효성을 들 수 있고, 이 중 사용성 중에는 사용자의 기호에 의해 선택되는 것으로 향, 색, 디자인 등의 기호성(감각성)도 포함된다.

〈표 3-1〉 화장품의 4대 요건

구분	내 용
안전성	피부 자극, 알레르기, 무독성
안정성	산화, 변질, 변색, 미생물 안전성
사용성	① 사용감(피부 친화성, 보습감, 부드러움) ② 편리성 ③ 기호성(향기, 색채, 디자인)
유효성	보습효과, 자외선 차단효과, 세정효과 등

5) 화장품의 기초과학, 기술과 장래

화장품을 개발하는 프로세스에 대해서는 각각의 과정에서 많은 과학, 기술이 관련되어 있고 이들을 충분히 활용하며 개발이 행하여진다.

1970년경까지는 연구의 주류가 제품의 안정성, 사용성, 제조기술, 품질관리 등이 중시되고, 콜로이드의 과학, rheology, 통계학 등이 중심이었다.

1980년대에 들어서서 유용성이 대두되어 안전성, 유용성을 추구하기 위해서는 연구의 대상도 인간 그 자체와 관련된 피부과학, 생리학, 생물학, 생화학, 약리학 등의 분야로 넓어지고, 더욱 마음의 포근함이나 화장의 마무리효과라고 하는 심리학적 효과를 추구하는 심리학, 정신신경 면역학 등의 과학도 필요하게 되었다.

화장품을 개발하기 위해서는 제품의 외적인 면과 이것을 사용하는 인간의 내적인 면을 어떻게 융합시키는가 하는, human science에까지 이르고 있다. 즉, 화장품은 단지 생리학적인 효과만이 아니라 여러 측면에서 오감을 통하여 심리적으로 좋은 영향을 미친다. 그리고 그것은 서로 관련된 인간의 건강이나 행복에 큰 기여를 하고 있다.

6) 계면 화학

(1) 계면활성제의 정의

계면이란 서로 섞이지 않는 두 상(phase) 즉, 수상과 유상이 접하고 있는 경계면을 말한다. 계면활성제(surfactant)란 한 분자 내에 물을 좋아하는 친수성기(hydrophilic group)와 기름을 좋아하는 친유성기(lipophilic group)를 동시에 가지고 있는 화학물질로서, 물과 기름의 경계면을 연결시켜 줄 수 있는 특성을 가지고 있다.

일반적으로는 친수성기를 둥근 머리 모양으로 나타내고, 친유성기는 소수성기(hydrophobic group)라고도 하며 꼬리 모양으로 나타낸다.

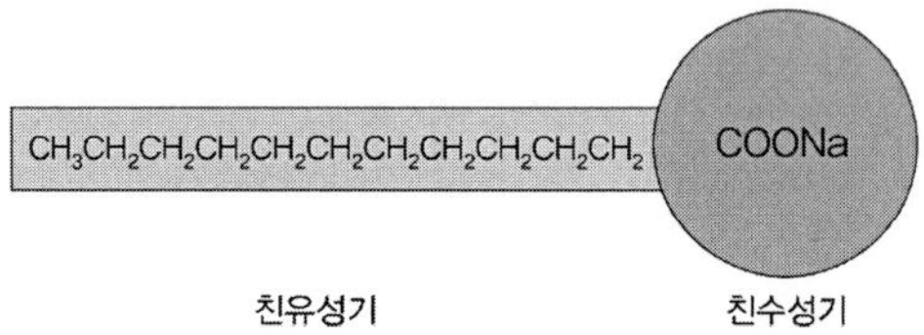

〈그림 3-1〉 계면활성제(surfactant)의 구조

(2) 계면활성제의 분류

계면활성제의 분류에는 여러 가지 분류하는 방법이 있지만, 가장 많이 이용되는 것은 크게 이온성 계면활성제(양이온성, 음이온성, 양쪽성)과 비이온성 계면활성제로 구분이 가능하다.

계면활성제는 사용 용도에 따라 크게 가용화제, 유화제, 습윤제, 세정제로 분류된다. 가용화제는 용매에 대해 용해도가 낮은 물질을 용해시켜 주는 물질로 계면활성제이고, 유화제란 서로 섞이지 않는 액체를 일정 기간 분산, 안정화시키는 물질이다. 습윤제는 물 또는 수용액이 다른 액체나 고체 표면으로부터 공기를 대체하는 능력을 증가시키는 물질이다.

〈표 3-2〉 계면활성제의 성질

변화	물리적 성질
양이온 계면활성제 (cationic surfactant)	유연효과, 정전기 발생억제효과
음이온 계면활성제 (anionic surfactant)	세정작용, 기포형성작용
양쪽성 계면활성제 (amphoteric surfactant)	세정작용, 피부 자극 및 독성이 적음
비이온 계면활성제 (nonionic surfactant)	피부 자극이 적음

(3) 계면활성제의 특성

계면활성제를 물에 녹이면 친수성기는 밖으로 배열하고, 친유성기는 안으로 배열되어 회합체를 만든다. 이러한 회합체를 미셀(michelle)이라고 말하는데 수십 nm의 지름을 가진 콜로이드이다.

(4) 계면활성제의 3대작용

화장품을 연구 및 제조하는 데 있어 계면활성제의 3대작용에는 가용화, 유화, 분산이 있다.

가. 가용화(Solubilization)

화장수는 약간의 끈적거리는 현상을 나타내는데 많은 양의 물에 소량의 오일 성분이 들어있기 때문이며, 가용화된 물에 소량의 오일 성분이 계면활성제에 의해 투명하게 용해된 상태로 미셀의 친유성기가 모인 부분에서는 유용성의 성분을 녹일 수가 있다. 화장품의 예로는 화장수, 에센스, 헤어 토너, 헤어 리퀴드, 립스틱, 네일 에나멜, 향수 등이 있다.

나. 유화(Emulsion)

유화란 물과 기름처럼 서로 섞이지 않는 두 가지 액체를 작은 입자(내상)를 다른 쪽의 액체(외상) 중에 안정한 상태로 분산시킨 불투명하고 뿌옇게 백탁화되어 보이게 만든 것을 말한다. 화장품에서는 로션, 크림, 에센스, 마사지 크림, 클렌징 크림, 등에 광범위하게 적용되고 있다. 유화액(에멀션)은 형태에 따라 O/W형, W/O형, O/W/O형, W/O/W형으로 나뉜다.

다. 분산(Dispersion)

화장품에서 분산(dispersion)이란 안료 등의 고체 입자를 액체 속에 균일하게 혼합시키는 것을 말하며, 이때 사용하는 계면활성제를 분산제(dispersion)라 부른다.

1.3 피부

1) 피부의 구조 및 기능

(1) 피부의 구조

피부는 전신을 감싸 외부로부터의 각종 자극이나 장애 또는 건조로부터 생체를 보호하는 역할을 하고 있고, 성인의 경우는 전신의 약 1.6cm의 면적을 차지하고 있다. 피부의 두께는 일반적으로 남성의 피부는 여성보다 두꺼우나 지방층은 여성이 두껍다고 하며, 또 일반적으로 눈꺼풀이 가장 얇고 손바닥, 발바닥이 가장 두껍다. 피부는 위에서 순서대로 표지, 진피, 피하조직의 3층으로 크게 나눌 수 있으며 약 0.1~0.3mm의 세포가 쌓인 층으로 상부로부터 각질층, 과립층, 유자층, 기저층으로 나눌 수 있다. 여기에 털, 손톱(발톱), 피지선(땀샘, 피지선) 등의 부속 기관이 존재한다.

표피에서는 분열한 기저세포가 순차적으로 밀려 올라가, 형태를 변화시키면서 합성과 분해의 복잡한 과정을 거쳐 물리적, 화학적 저항성이 있으며 화장품이 직접 닿는 곳이기도 한 각질층을 끊임없이 만들어 내고 있다. 표피에는 이들 각화(표피의 변화)한 세포(keratiocyte) 이외에 멜라닌색소를 생산하는 멜라노사이트(melanocyte)가 존재한다. 진피에서는 표피만큼 세포가 빽빽이 차 있지 않고 오히려 세포 외 공간이 많으며, 그 부분은 세포 외 매트릭스라 불리는 거대분자의 망목구조에 의해 차 있다.

진피에는 혈관, 신경, 털, 입모근(立毛筋, 起毛筋이라고도 한다), 땀샘, 피지선이 존재한다. 진피 밑의 피하조직은 결합조직과 그 공간을 채우는 지방세포로 되어 있는데 혈관, 신경, 털, 입모근, 땀샘, 피지선 등이 여기에 존재하고 있다.

(2) 피부각화

표피의 가장 중요한 생리기능을 각종 외부로부터의 자극, 즉 건조, 자외선, 자극 등에 대해 방어할 수 있는 외피, 즉 각질층을 형성하는 것이다.

각질세포는 계속해서 만들어지나 가장 바깥층의 묵은 각질세포가 때로 떨어져 나가기 때문에 일정한 두께를 유지한다. 이렇게 진피 아래로부터 항상 새로운 세포층으로 치환되는 것을 턴 오버(turn-over)라 하는데 이는 약 4주간에 걸쳐 일어나게 된다. 각질층의 파괴 등이 일어나면 피부가 민감하게 반응하여 기저세포의 분열이 왕성하게 되고 turn-over의 속도도 빨라져 원상회복하게 된다. 또한 화학적 자극이나 물리적 자극이 반복되어 피부에 가해지면 각질층이 두껍게 되며, 이런 반응은 외부로부터의 자극에 대한 방어적 반응이라 할 수 있다.

(3) 피지선 및 피지

피지선은 손바닥과 발바닥을 제외한 거의 모든 전신의 피부에 존재한다. 안면, 두부에서는 크기도 크고 그 수도 많으며, 피지선을 구성하는 피지선 세포는 붕괴와 증식을 반복하면서 피지를 생산한다. 피지선에서 생성된 지질은 피지선도관을 통해 표피에 배출된다. 표피지질의 기능에는 사람의 정상적인 피부각화를 행하고 있는 피부에서는 표피지질의 불감지증설(不感知蒸泄)을 막아 각층에 습도, 유연성을 부여하는 것, 또 외부에서의 유해물질이나 세균의 침입을 막아 체내에서의 수분 등 물질의 방출을 막는 역할을 수행하고 있다.

피지선은 여성보다 남성이 크고 피지 양도 많으며, 태아 및 신생아의 피지선은 모체에서의 성호르몬의 영향으로 기능은 항진되나, 소아기에 이르면 축소되어 기능은 저하된다. 그러다가 사춘기가 되면 다시 성호르몬의 영향으로 기능은 항진되며 노년기에 이르면 다시 기능은 현저히 저하하게 된다.

2) 피부의 생리기능

피부는 생체 표면에 있어 직접 외부와 접하고 있기 때문에 끊임없이 여러 가지 자극을 받는다. 피부는 이런 자극으로부터 생체를 보호하고 신체의 움직임을 주위의 변화에 순응시키는 작용을 한다.

(1) 보호작용

진피의 탄력선유와 진피 밑의 피하지방조직에 의해 외계로부터의 기계적 힘이 직접 내부에 미치지 않도록 완충적으로 기능한다. 각층 및 표피 지질은 수분 투과 외부유실을 막는 장벽으로의 기능을 하며, 외부의 유해물질의 방어막으로도 기능한다. 피부에는 면역에 관여하는 세포가 존재하여 면역반응을 통해 감작 상태를 나타내는 피부 반응(붉은반점 등)을 통해 우리에게 시각적인 정보를 제공하고 있다.

(2) 체온조절작용

피부는 피부 모세혈관의 확장, 수축에 의한 피부 혈류량의 변화와 발한에 의한 기화열에 의해 체온조절에 도움이 된다. 저온에서는 피부혈관을 수축시키고, 고온에서는 혈관이 확장되어 체온을 높여 준다. 자율신경에 의해 조절되는 입모근(立毛筋, 소름)은 수축되어 표피에 공기층을 형성하고 체내에서의 열발산을 억제하여 체온조절에 도움을 준다.

(3) 지각작용

피부는 외부 환경 변화를 수용하고 피부감각을 만든다. 피부 감각은 일반적으로 압각(壓覺), 촉각, 온도 감각, 통각이 있는데 정보는 지각신경 말단을 자극하고 척수, 뇌간, 시상을 경유하여 대뇌 피질로 전달되어 감지된다.

(4) 흡수작용

피부 표피로부터의 흡수와 모낭 피지선에서의 흡수 등 두 가지 흡수방법에 의해 여러가지 물질이 생체 내에 흡수된다. 지용성 물질은 피부로 흡수가 쉽지만 수용성 물질은 피부로 흡수되기 어렵다. 이것은 각층 자체가 소수성이어서 물이나 수용성 물질의 방어막으로 작용하기 때문이다. 이러한 이유 때문에 기능성을 가진 물질들의 피부로부터의 흡수를 위한 약물 최적 투여방법(delivery system)이 개발되어 오고 있다.

(5) 기타작용

피부는 홍조, 창백, 털을 세우는 등 기후변화와 외부로부터의 물리적 자극과 같은 외부 환경과 내부의 감정적 변화에 영향을 받아 피부에서 다양한 변화가 나타나게 된다. 이와 같은 현상은 피부에 감정전달의 기관이 있기 때문이다.

3) 피부질

(1) 피부질의 분류

각화의 상태는 피부질을 결정하는 중요한 요소이지만, 피지의 양 또한 하나의 특성이므로 피부질은 건성, 보통, 지성피부 등 크게 3가지로 분류하는 것이 일반적이었다.

최근에는 피지 양과 수분량의 조합을 통한 4가지 분류를 기본으로 하고 있다. 피지의 양은 보통~적음에서 수분이 많은 보통피부, 수분이 적고 거침이 나타나는 건성피부, 피지의 양이 많고 수분도 많은 지성피부와 피지의 양이 많고 건조한 건조형지성피부로 분류되어 있다.

(2) 여드름피부

여드름은 정식으로는 심상성좌창이라 불리운다. 환자의 70~80%는 11~25세의 연령층에 집중되어 있고, 가벼운 여드름은 청년기 피부의 특징의 하나라고 할 수 있다.

(3) 여드름의 원인

• 피지선의 비대(피지분비 과잉)

테스토스테론은 피지선에 촉진적으로 영향을 미치며 분비가 원활히 진행되지 못하게 되고 모낭 내에 피지가 쌓여 발진의 원인이 된다. 여성의 경우는 배란 후 한때의 황체 호르몬의 증가가 피지선을 자극하고 피지의 분비를 증가시키기 때문에 생리 전에 여드름이 증가하는 경우가 있다.

• 모낭공의 각화 항진

모낭공이나 피지선의 개구부가 각질로 막히거나 좁아지면 정상적인 피지의 배출이 억제되어 피지가 정체하게 된다.

• 세균의 영향

피부 상재균인 여드름 간균이나 피부 포도상 구균이 증가하여 이들 균의 lipase가 피지를 구성하고 있는 피질성분 중의 triglyceride를 분해하여 유리지방산으로 변화시켜 모낭상피에 작용하여 각종 효소를 생산하고 모낭벽을 파괴하여 모낭 주위의 결합조직에 염증을 일으킨다.

(4) 여드름의 스킨케어

여드름의 증상이 심한 경우는 항염증제 등에 의한 치료가 필요하나 이상과 같이 여드름의 원인 및 형성의 경과를 고려하면 여드름의 예방과 회복을 위해서는 다음과 같은 스킨케어가 중요하다.

· 항상 피부를 청결히 한다.

· 피지배출관을 막는 화장을 삼가야 한다.

· 지방분이 많은 음식이나 당분, 전분질의 과식을 삼가야 한다.

· 스트레스 축적이 없도록 할 것과 과도한 운동, 과로를 피해야 한다.

4) 자외선과 피부

(1) 자외선

자외선은 가시광선의 보라색보다 더 짧은 파장의 광선UVC(200~280nm), UVB(280~320nm), UVA(320~400nm)로 대별된다. 피부가 받는 자외선은 290~300nm의 자외선으로, UVB의 에너지는 UVA의 평균 약 1/5이다.

※ UVA : 생활자외선 / UVB : Vi-D 합성, 색소침착, 피부화상 / UVC : 피부암의 원인

(2) 자외선에 의한 급성 반응

자외선을 쬔 피부의 급성변화는 자외선을 쬔 직후에는 UVA와 가시광선에 의해 피부가

거무스름하게 일차 흑화가 일어난다. 이는 기존의 멜라닌이 일시적으로 산화하여 검게 보이는 것으로 수 시간 후에는 원래대로 돌아온다.

자외선에 심하게 노출된 후 수 시간에 걸쳐 피부에서는 빨갛게 되는 썬번(sunburn)현상이 일어난다. 다량의 자외선을 쬔 경우는 더욱 심해져 물집이 생기고 화상 상태가 되는데 이 썬번을 일으키는 파장역은 300~310nm에서 가장 높다. 빨갛게 된 후 3일째부터 피부는 서서히 검게 변한다. 이것을 2차 흑화 또는 썬탠(suntan)이라 부르며 멜라노사이트의 기능이 항진하고 멜라닌을 많이 생산하여 그 멜라닌이 표피 세포 중에 많아짐에 따라 일어난다.

(3) 광방어

현재 자외선에 피폭되는 것은 피부상태에 전혀 도움을 주지 않는다고 알려져 있다. 따라서 급성, 만성적인 자외선에 의한 상해작용을 막기 위해서 의류나 모자 등으로 자외선을 막아줌과 동시에 썬스크린 등을 도포하여 가능한 한 자외선을 피부에 투과시키지 않는 것이 피부를 건강하게 유지하는 비결이다.

SPF : Sun Protection Factor(UVB로부터 보호) = 숫자로 표시
PFA(PA) : Protection Factor of UVA(UVA로부터 보호) = +로 표시

5) 피부의 노화

(1) 자연노화 및 광노화

강한 태양광선을 받은 피부 부위인 안면이나 목덜미, 손등 등에는 피부가 딱딱하고 뻣뻣하며 깊은 주름이 눈에 띄게 되는데 이들 변화가 주로 자외선이 원인으로 일어나는 광노화라 불린다.

자연노화는 일반적으로 기능 저하와 위축성 변화이며 피부에 있어서 세포 수의 감소나 두께의 저하가 나타나는 현상이다. 이에 대해 광노화 피부의 경우 피부가 두껍고, 특히 변성된 탄성선유의 집괴가 축적하는 증상을 나타낸다.

(2) 노화피부의 외관변화

· 주름

이마, 눈주위, 미간, 입주위 등의 안면이나 목, 목덜미, 팔꿈치, 겨드랑이, 손발 등 신체

각 부위에 생긴다.

• 이완

피부의 이완은 턱, 눈두덩, 볼, 옆구리 등에 나타나는데 요인은 주름과 같이 진피의 탄력성이 저하되거나 피하지방조직의 지지력 저하, 피부를 지지하는 근력의 저하 등을 들 수 있다.

• 색소침착, 색조변화

노화와 함께 피부색은 명도가 저하되고, 색상은 적(赤)에서 황(黃)으로 변화한다. 그 결과 피부가 생기 없게 변화한다.

• 피부표면 형태

일반적으로 노화와 함께 피부의 균질성을 잃고 밀도는 감소하며, 게다가 모공이 커지는 경향이 있다.

(3) 피부노화의 방지 및 대책

피부노화를 방지하는 대책으로 알려진 것은 다음과 같다.

· 과도한 자외선이나 피부의 건조로부터 피부를 지킨다.
· 노화와 함께 감소하는 피부에 유용한 성분을 보충한다.
· 노화와 함께 증가 또는 노화를 촉진하는 피부에 있어 바람직하지 못한 성분의 발생을 방지한다.
· 마사지나 냉온자극 등으로 혈액을 촉진하여 피부에 영양보급을 좋게 한다.
· 안면의 표정근을 적절한 방법으로 움직여 근육의 이완을 막는다.
· 스트레스가 적고 규칙적인 생활을 하고, 마음의 젊음을 유지한다.

1.4. 미용식품 각론

1) 노화 방지 미용식품

노화는 활성산소와 활성효소에 의해 생산되는 과산화지질에 의해 일어나는 현상이며, 또한 심근경색, 뇌졸중, 백내장, 기미, 주근깨 주름, 당뇨병 등과 발암의 프로모터, 또는 동맥경화 어깨 뻐근함, 냉한 체질, 두중, 변비 등이 동반되어 일어난다. 이처럼 노화에 직접적으로 관여하는 활성산소는 신체에 많은 악영향을 끼친다. 그리고 불포화지방산의 과산화는 식품유지의 자동산화에 의한 품질의 열화의 문제뿐만 아니라 생체조직에 있어서 효소활성의 실화와 막의 손상을 일으키는 것으로 인해 과산화지질 생성은 노화뿐만 아니라 신체의 각종질환을 유발하는 인자로써 주목되고 있다.

(1) 식물성 노화 방지 미용식품

• 황금 추출물

황금(Scutellariae Radix)은 자소과의 다년생 속썩음풀(Scutallaria baicalensis George)의 주피를 제거한 뿌리를 건조시킨 것이다. 황금추출물은 면역증강작용, 세포활성작용이 극히 강한 천연물이다. 황금 추출물은 활성산소를 소거하여 멜라닌의 생성을 억제 할 뿐만 아니라 멜라닌을 생성하는효소(tyrosinase)를 억제하고, 또한 tyrosinase에 의해 생성된 멜라닌(멜라닌의 생성중간체)을 탈색하여, 멜라닌 생성을 저해한다. 피부에 대하여 극히 우수한 보수성, 탄력성을 보이고 여드름, 기미 등의 거친 피부 방지와 미백작용을 보인다.

• 차 추출물

차에 함유되어 있는 카페인, 비타민 C, 비타민 E 등 외에 주요 성분인 카테킨 등의 효능도 밝혀지고 있다. 카테킨이 가지는 항산화작용은 라디칼소거에 의한 것이라고 생각되고 있다. 차 추출물에 함유된 폴리페놀은 이러한 활성산소소거효소군의 활성을 높이고 생체 내 산화를 억제하는 효과가 있다.

• 로즈마리 추출물

로즈마리(*Rosmarinus dfficinalis* L.)는 자소과의 상록 저목이고, 유럽남부의 지중해 연안에 자생하고, 유럽중부를 시작으로 세계 각지에서 재배되고 있다. 주성분은 cineol, α-pinen으로 구성된 정유 및 로즈마리산 등이다.

로즈마리 추출물에 강한 활성산소 제거작용이 있고, 또한 그 성분인 karnosin aid, karnosol, epirosemasol, rosemasol에도 강력한 저해 활성이 있는 것이 확인되었다. 또한 남성호르몬 억제효과의 억제지표인 5α-reductase 활성저해와 피지분비를 억제하는 것이 확인되었다.

• β-카로틴

β-카로틴은 식물계에서는 푸른 잎, 꽃, 과실, 뿌리 등에 동물계에서는 혈액, 모든 장기,

지방, 난황, 유(젖) 등에 존재하는 카로티노이드 색소의 일종이다. β-카로틴은 유기물의 산화분해를 방지하고, 빛에 의한 에너지 생산(광합성)에 밀접하게 관여하고 있다.

구조식

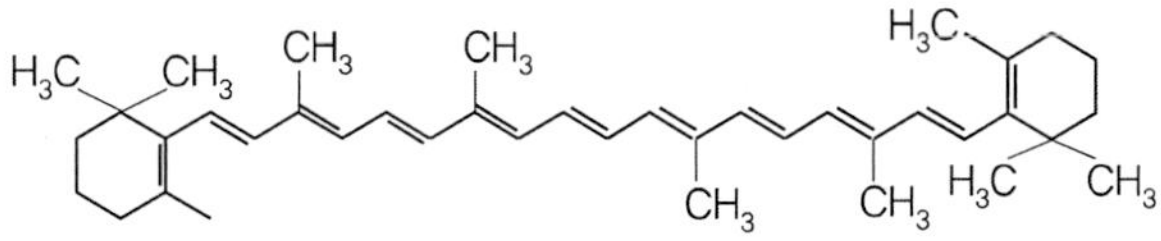

분자식 $C_{40}H56$

분자량 536.88

• **세사민**

세사민은 참깨의 종자에 함유되어 있는 리그난의 일종이고, 혈중 알코올은 재빨리 감소시키는 효과가 있다. 세사민 및 또는 에피세사민은 마이크로솜 지질과산화 억제 활성작용에 관여함이 증명되었다.

• **두충차잎 추출물**

두충차잎은 두충과(*Eucommiaceae*)의 두충(*Eucommia ulmoides Oliv.*)의 잎을 건조시킨 것이다. 두충잎 추출물은 강한 과산화 지질생성 억제작용을 나타내며 두충잎 추출물에서 강한 산소 소비 촉진이 얻어지고 세포부활작용이 일어남이 확인되었다.

• **애옥자 추출물(무화과나무)**

애옥자는 학명을 *Ficus awkeotsuang Makino*, 화명을 칸데이타비라고 칭하는 식물의 과실(무화과 열매)을 건조시킨 것이다.

애옥자 추출물에는 우수한 활성산소억제효과가 있으며, 비타민 E를 능가하는 우수한 항산화작용을 가지고 있다. 애옥자 추출물에는 저농도에서 상당히 높은 콜라겐 합성 촉진효과가 있고, 피부의 처짐, 작은 주름을 방지하고, 피부의 광택, 당김을 개선하는 작용이 있다.

• **뽕나무잎 추출물**

뽕나무잎 엑기스는 피부조직의 노화방지와 직접 관계하는 상당히 우수한 특성을 가지고 있다. 플라보노이드를 함유하고 있기 때문에 결합 조직의 합성에도 크게 관여하고 있다. 천연의 뽕나무 열매, 뽕나무잎을 물 또는 친수성 유기용매로 추출하여 얻을 수 있는 항산화제 및 활성산소소거제는 α-토코페롤보다 강하고, BHT와 동등의 항산화 활성을 보였다.

· **리그난 배당체**

참깨 종자 내에 리그난류가 함유되어 있고 많은 당 화합물, 즉 리그난 배당체로써 참깨종자 또는 그 탈지박 안에 존재한다. 이러한 리그난 배당체는 항산화작용, 하이드록시라디컬 소거작용을 가진다.

· **탄닌**

탄닌은 식물 중에 넓게 또한, 다량으로 함유되어 있고 그 이용법은 다방면에 미치고 있기 때문에 탄닌은 피부유연효과에만 구애되지 않고 일반적으로 수렴작용과 지혈작용을 가진다고 알려져 있다. 그러나 그 외에도 항균작용, 라디칼소거작용, 과산화지질억제작용, Tyrosinase 활성저해작용 등이 있다.

· **참깨류**

참깨의 항산화 물질을 중심으로 하는 생리활성 성분연구는 특히 세사미놀에 주목하고 있다. 참깨 종자에는 α-토코페롤, 세사몰, 세사민, 세사모리놀, 세사미놀, 필로레시놀 등의 리그난화합물과 펠라산, 시린가산 등의 폴리페놀 화합물이 함유되어 있고, 이것들이 항산화작용에 중요한 작용을 하고 있다. 리그난계 항산화성분은 참깨종자의 보조성과 참깨유의 산화안정성에 크게 관여하고 있다. 또한 세사미놀은 과산화 반응을 억제한다. 그외 항균활성, 노화억제효과, 육모촉진효과가 있다. 최근에 세사미놀이 참깨유의 산화안정성분뿐만 아니라 인체에서 생기는 과산화반응을 억제하고 있는 사실이 밝혀졌다. 세사미놀은 노인 세포에서는 과산화장해를 유효하게 억제한 것을 보고하였다.

참깨유를 배합한 화장료는 피부노화 방지와 거친 피부방지에 개선효과가 있으며 피부의 주근깨 등의 발생 방지 개선에 유효하다. 또한 표피의 수화를 양호하게 보유하고 항라디컬성을 부여하여 피부의 노화를 방지한다.

· **비타민 E(토코페롤)**

비타민 E는 녹엽식물, 해조류, 패류, 어류 등 자연계에 넓게 분포되어 있고, 특히 소맥배아유, 선실유 등 식물유에 많이 함유되어 있다. 천연에 존재하는 비타민 E 작용물질로써 4종의 토코페롤류가 발견되고 있다.

비타민 E의 생체에 있어서 기능은 피부 보습성을 높이고, 피부를 매끈하게 해 주며 지질과 산화를 억제한다. 또한 항염증작용, 화상 치료를 돕는다.

• 클로로겐산(Chlorogenic acid)

클로로겐산은, 생콩에서 분리된 화합물이다. 또한 클로로겐산은 담뱃잎, 배잎, 사과 과육, 고구마, 뽕나무, 차 등 넓게 식물에 존재하고 많은 식물의 잎에 함유되어 있다.

클로로겐산의 이용은 거의 음식물의 탈색 갈변화의 방지와 이미이취의 억제, 그리고 위와 십이지장의 점막보호, 비타민 C의 안정화를 목적으로 주로 사용하며 근년 화장품 분야에서의 작용으로써 과산화지질 생성 억제작용, 자외선 흡수작용 멜라닌 생성 억제작용(미백작용) 등이 확인되었다.

• 사과 폴리페놀

고등식물에 함유되어 있는 다양한 성분군 중에 방향족성 수산기를 많이 가지는 성분군에 대해서 일반적으로 '폴리페놀'이라 부르고 있다. 사과 폴리페놀은 수용성이 높고, 열 안정성이 우수하고, 산화 방지효과, 미백효과, 소취효과 등을 시작으로 하는 여러 가지 효과를 가진다.

• 루틴

루틴은 식물에 다량으로 함유되어 있는 flavonoid이다. 메밀에 많이 함유되어 있고 혈관강화, 혈압강하, 염증과 통증의 완화, 세균 저항력의 증가 등의 효과가 있다고 한다. 또한 모세관장벽을 강하게 하고, 출혈 등의 혈색의 투과를 억제한다는 효과에 의해 비타민 P라고 붙여졌다.

이 루틴이 화장품에 유효활용하기 위해서 연구·개발된 것이 수용성 루틴이다. 기존의 루틴에 비해서 극히 물에 용해되기 쉽고, 빛과 열에 대하여 안정하고 무취이다. 피부에 대해 높은 효과가 기대될 수 있는 성분이다.

루틴의 주요한 작용은 혈관강하작용이고 모세혈관이 약해지거나 혈관투과성이 증가하여 생기는 각종 출혈을 억제한다. 루틴을 배합하는 피부 외용제는 일광 후의 색소 침착, 주름, 주근깨, 홍반 등에 염색화, 미백에 우수한 효과를 가짐과 동시에 안전성에도 우수하다

(2) 동물성 노화 방지 미용식품

• 콘드로이친

콘드로이친은 패각과 진구류에 함유되어 있는 경단백질의 일종인 진주조개, 홍합, 달팽이 등에 비교적 많이 함유되어 있다.

콘드로이친은 20종 이상의 아미노산을 구성되고, 미백작용, 보습성에 우수하고, 또한, 산화방지제 기능이 우수하여 화장품에 사용된다. 항알레르기작용, 항염증작용, 활성산소소거작용, 창상치유효과 및 모발손상수복작용 등의 작용도 있다. 콘드로이친액은 의약품에서도 중요한 손상치유효과를 가지며 무수코하쿠산과 석시닐화로 우수한 보습제가 된다. 건강한 모발에 대하여 가수분해 콘드로이친액은 수용성 콜라겐과 동시의 흡착효과를 나타내고, 손상된 모발에 대하여 수용성 콜라겐이상의 흡착효과를 나타낸다.

• **락토페린**

락토페린은 눈물, 침, 말소혈, 유즙 등 세포 내외 액에 함유되어 있는 천연의 철 결합성 단백질이다. 대장균, 칸디다균, 클로스토리디움균 등의 유해 미생물에 대하여 항균작용을 한다고 알려져 있다. 락토페린의 기능은 그 외에 면역기능조절효과, 과산화지질억제효과, 히스타민 유리억제효과, 정균효과, 항바이러스작용, 세포증식효과 등이 있다. 락토페린, α-락토페린, 금속 포화 락토페린은 tyrosinase 활성을 저해하는 작용이 있다. 또한 락토페린에는 피부 상재균에 대한 항균효과도 확인되고 있다. 분비형 면역글로블린A와 락토페린을 함유하는 화장료는 거친 피부 개선에 효과가 있다.

2) 항알레르기 미용식품

• **차 추출물**

차 추출액에서 분리된 카테킨류를 이용한다. 비만세포의 히스타민 유리 억제 실험을 행한 결과 차 추출액 중의 활성 본체는 에피갈로카테킨, 에피갈로카테킨갈레이트, 에피카테킨킬레이트인 것이 확인되고, 거의 활성은 에피갈로카테킨킬레이트에 의한 것으로 밝혀지고 있다. β-헥소사미니다제 유리 억제작용, 히스타민 유리억제작용, 히아루로니다제 활성 저해작용에 대한 보고가 있다. 또한 찻잎의 항알레르기작용에 관한 연구·보고도 있다.

• **콘드로이친**

즉시알레르기라 불리는 I형 알레르기가 발증하는 일련 반응과정 중에 생약에 의한 면역억제효과 확인되는 IgE 산생-비만세포의 활성화-케미칼메디에타의 방출 부분이라고 불린다. 콘드로이친에 대하여 케미칼메디에타의 하나인 히스타민 억제로 항염증효과에 대하여 히스타민에 의한 염증을 경감하였다.

• 사과 폴리페놀

사과 폴리페놀은 항염증작용, 진양작용, 항알레르기작용이 있다. 또한 항알레르기제인 클로모그릭산 Na에는 뒤떨어지지만 히아루로니다제를 저해하는 효과도 있다.

3) 세포부활 미용식품

• 클로렐라 추출물

클로렐라는 담수에서 생식하는 단세포 식물의 하나이다. 클로렐라 추출물에 의한 보습성이 확인되었으며 그 외 클로렐라 분획물의 방사선 장해방어효과, 항종양작용 등의 보고도 있다.

• 로얄제리

로얄제리는 밀봉(*Apis melifica*) 벌집에서 생기는 왕이라고 불리고, 일벌의 인두선에서 분비되는 백색~담황색의 크림상 물질로 여왕벌을 위한 특별 음료이다.

로얄제리 중에서는 사람 정상 섬유아세포의 인터페론β(1FN-β)생산을 증강하는 인자가 존재한다. 주요작용으로써는 노화 예방작용, 항균작용, 피지분비억제작용, 항 종양작용, 혈액 및 순환계의 관한 작용이 있다. 또한, 피부의 보호 및 수분부여효과, 세포부활효과 등이 있다. 또한 로얄제리에서 분비된 트란스-10-하이드록시-데젠산은 안지오텐신전이효소저해작용(혈압 정상화작용) 및 인슈린작용(항당뇨작용)을 한다.

• 뮤틴

뮤틴은 포유동물의 상피성세포와 점막, 타액선등에서 생산, 분비되는 당단백질이고, 분자량이 10만~100만인 거대분자의 점성물질이다.

피부보호작용, 보습작용, 피부부활작용, 거친피부개선작용, 각질개선작용, 미백작용 등이 있다. 모르모트간장을 이용한 산소소비능력시험에서 높은 보호작용이 나타나고, 세포부활효과가 확인되었다.

• 사람상피세포성장인자(hEGF)

사람상피세포성장인자(hEGF, Human Epidermal Growth Factor)는 세포증식촉진인자이다. 또한 사람의 뇨에도 EGF가 존재한다고 알려져있다.

주요한 생리작용은 피부노화 방지효과(거친피부개선효과, 각질개선효과, 각질층의 turn-over를 빠르게 하는 효과, 미백효과 등)에 우수하다.

· Silk 산가수분해

Silk 산가수분해물은 견섬유의 가용화 피브로인 용액을 유산으로 가수분해하여 얻는 분자량이 500 이하의 저분자물질이다. 프로콜라게나제의 생산을 촉진하고 콜라겐 대사를 부활한다.

Silk 산가수분해물은 섬유아세포에 작용하고, 콜라게나제 활성을 증강시킴에 따라 병에 의하거나, 생리적으로 낮아진 콜라겐의 대사를 부활하게 할 수 있다. 노화에 의해 저하된 선유아세포의 프로콜라게나제 생산량이 Silk 산가수분해물에 의해 현저히 회복되는 것을 알았다. 피부 투과성에 대해서도 콜라게나제 생산촉진 활성이 확인되었다.

· 해조추출물

해조류는 갈조류, 홍조류, 녹조류로 분류된다. 녹조류에는 파래속, 갈조류에는 대황속, 큰실말속, 홍조류에는 청각채속드에 속하는 해조가 있다. 이러한 해조류를 원료로 추출된 해조추출물은 대부분이 겔 형성(젤리상)을 동반하고 고분자다당체로 구성되어 있다. 대표적인 것은 아르긴산, 카라기난, 칸텐 등으로 이러한 대부분이 가공식품, 제과, 냉과에 이용되고 있다. 히아루론산합성촉진작용, 히아루로니다제 저해작용, 피부수렴작용, 면역부활작용, 멜라닌생성억제작용, 콜라겐 합성촉진작용 등이 있다.

· 레티놀

레티놀(비타민 A)은 사람 체내에 천연으로 생성되는 내재성 화합물이다. 비타민 A 알코올, 비타민 A_1이라고 부를 수 있다.

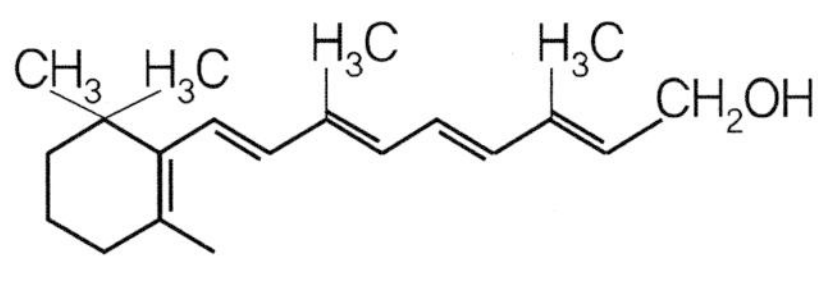

레티놀은 망막에 있어서 레티놀이 되고, opsin과 결합하여 rhodopsin을 만들어 동공확대에 관여하고, 한편 다른 조직에 있어서는 레티놀인산 에스테르가 되고, 뮤코다당의 생성에 관여하고, 상피 세포와 연골, 생체막의 기능을 유지하는 작용을 가진다.

피부에 도포한 경우, 피부표면 또는 피부내의 에스테라제에 의해서 분해되고 레티놀과 수용성 비타민과의 상승적인 피부 증상 개선효과를 얻을 수 있고 주름 개선 등, 피부의 노화방지에 효과적이다.

• **비피더스균 추출물**

비피더스균은 사람의 건강에 깊이 관여하여, 요구르트 등의 식품과 의약품에 넓게 이용되고 있다.

자외선으로 손상된 사람 피부 선유아 세포의 DNA 수복은 비피더스균 추출물의 배합에 의해 증대되며 비피더스균 추출물의 세포부활작용이 인정되었다. 비피더스균 추출물은 저농도에서 티로시나제 활성을 50% 억제한다. 비피더스균 추출물은 육모효과도 최고로 높다. 비피더스균 배양 상청에서 유래한 획분은 우수한 멜라닌 생성억제작용을 나타내고 보습작용도 있으며 피부 자극성이 거의 없다고 한다.

• **귤과식물 추출물**

귤과식물 *Rutaceae Juss*의 추출물은, 그 종류와 추출 부위에 따라 다른 작용을 한다. 건조된 잎부분과 줄기에서 추출된 것으로 탈모방지효과, 발모, 양모, 탈모예방효과, 자외선흡수작용, 보습작용을 가진다. 또한 귤, 오렌지, 그레이프 후르츠, 유자나무 등의 귤속은 그 종자의 압착물과 추출물이 turn-over 촉진작용에 의해 주름개선효과가 있다.

• **γ-아미노낙산**

γ-아미노낙산은 감자 근경, 사과 과육, 홍텐 사이의 뿌리, 콩과식물의 근립, 차의 잎 등 식물계에 넓게, 유리형으로 존재하고, 동물에서는 뇌수에 많이 존재하는 아미노산의 일종이다. 뇌의 대사에 중요한 역할을 가지고 있고, 뇌 내 신경의 주요한 억제성 전달물질로써, 뇌 혈류를 활발하게 하고 뇌의 산소 결합량을 증가시켜 뇌세포의 대사기능을 촉진시키는 작용을 가진다.

화장품 소재로의 작용으로는 피부노화방지, 미백작용, 육모작용 등이 있다. 화장료에 배합된 γ-아미노낙산은 피부에 흡수되면 말소혈관확장작용으로 피부 기능 항진, 세포를 부활한다. γ-아미노낙산은 미백효과뿐만 아니라 두피의 모모세포를 부활하여 우수한 양모효과, 탈모예방효과 등을 발현하고, 두피대사기능을 정상화하여 비듬방지효과를 높인다.

γ-아미노낙산과 디이소프로필아민디클로로아세테이트를 배합한 피부 화장료는 양자의 피부부활작용에 의해서 피부 말소혈관을 확장시키고 피부 기능을 항진하여 피부의 주름을 방지하고 산뜻한 피부와 동시에 우수한 피부 노화방지효과(거친 피부개선효과 및 각질 개선효과에 우수, turn-over 속도를 빠르게 하는 효과)를 단시간에 발현시키고 지속하는 등 현저한 효과를 얻을 수 있다.

4) 보습(保濕) 미용식품

• 패류육산성다당류

패류육산성다당은 패육, 특히, 진주조개의 패주를 제거한 부분을 효소 분해하여 추출한 것이다. 이 산성다당류는 보수성, 보습성을 가지기 때문에 피부와 모발에 습윤성을 부여하여 건조를 방지함과 더불어 우수한 침투성, 조직 친화성이 있는 것을 알았다. 또한 강한 활성산소 억제작용, 히아루로니다제 저해작용을 한다.

• 아미노산

아미노산은 단백질의 구성성분으로 피부의 최외부의 각질층에도 존재하며 피부의 pH와 수분의 변동을 조절하고, 그 기능을 유지한다. 아미노산의 물에 대한 친화성과 제한성에 관한 상관관계가 확인되었으며 이러한 결과로부터 지질 이분자 막의 barrier 기능 및 수분 보유능이 아미노산의 첨가에 의해 큰 영향을 받는다.

• 베타인

베타인은 사탕수수 뿌리에서 분리·정제된 화학적으로 순수한 천연물질이고 넓은 동식물계에 존재하고 동물에서 새우, 게, 낙지, 오징어, 패류 등의 수산물에 많이 함유되어 있고, 단맛과 깊은 관련이 있다. 또한 식물에서는 맥아, 버섯류, 과실 등에 함유되어 있는데 베타인의 단백변성작용, 계면활성제의 상용성, 생분해성을 나타내었다. 화장품 용도로는 보습성, 모발손상수복작용, 정균성 등이 알려져 있다.

• 대두단백분해물

대두단백분해물은 식품용 탈지대두에서 얻어지는 단백질을 효소분해하여 얻을 수 있는 펩티드이다. 식물 대두를 원료로 하는 대두단백분해물은 동물유래의 펩티드와 비교해서 화장품에 영향을 미치고 냄새 등의 품질면에 대해서도 우수하고 수성용해성도 우수하며 장기에 침전물의 발생이 없다.

대두단백분해물은 최근에도 보습으로 우수한 펩티드의 하나이고, 화장품용 보습제로써 상당히 유효한 성분이다.

• 데옥시리보핵산(DNA)

데옥시리보핵산은 동식물의 세포 핵에 함유되어 있고, 일반적으로는 염기성 단백질인 히스톤과 프로타민과 결합한 핵 단백질 뉴클레오히스톤, 뉴클레오프로타민으로써 존재한다. 데옥시리보핵산은 분자량이 크기 때문에 그 수용액은 높은 점성을 나타내며 우수한 보습성을 나타낸다. 그 외에도 히아루로니다제 저해작용, 유화작용, 자외선 흡수 등이 있다.

· 낫또 추출물

대두에 간균의 일종인, 고초균(*Bacillus natto*)을 가하여 발효시킨 후 글루타민산 폴리머를 주체로 하는 고분자 물질이라고 생각된다. 낫또 추출물은 경표피 수분상실량 측정시험 및 각층 수분 함유량 측정시험의 경우, 동물성 콜라겐과 동등 이상의 보습효과가 확인되었다. 게다가 대두발효 분획물은 항염증작용, 항산화작용 등의 작용이 있다.

· 대두 추출물

대두의 배당체는 각각의 생리작용이 확인되고, 대두이소플라본화합물 함유 미백화장료, 대두사포닌함유화장료조성물, 대두배유의 물추출물을 유효성분으로 하는 보습제 등, 대두성분을 이용한 각종 피부외용제로도 정안되고 있다.

또한, 대두에서 추출된 수용성저분자획분(대두추출액)이 각층의 박리작용을 가지고 거칠어진 피부표면상태를 개선하는 작용이 있다고 한다. 그 외, 대두의 종자에서 추출정제된 세라마이드류를 중심으로 한 현탁액은 손상된 지질 barrier를 직접수복하고, 수분보유기능을 회복시키는 것이 가능하다. 최근에는 대두의 종자에서 추출된 이소플라본을 고농도로 함유한 엑기스에서 여성호르몬작용, 미백작용, 보습효과와 자외선손상 수복작용을 가지는 것 등의 보고가 있다.

· 수용성콜라겐

콜라겐은 의약품으로써 특히, 외과에 걸쳐서 의료용 재료로 창상, 화상의 치료에 영향을 주는 치료촉진작용, 인공피부, 피부수복제 등의 이용이 있고, 화장품의 응용에 대하여도 피부보호 관점에서도 좋은 원료이다. 화장품의 경우, 피부에 수분을 보유하고, 건조한 피부에 자연적인 방법으로 수분을 공급한다. 또한, 소 콜라겐에 의한 피부수정기술도 연구보고 되었다. 수식콜라겐 및 콜라겐 함유 화장료는 투명성이 우수하고, 피부와 모발에 광택을 부여한다.

· 키토산 및 그 유도체

키토산은, 자연계에는 Mocor속과 phycomyces속으로 곰팡이의 세포벽에 함유되어 있고, 공업적으로는 게 껍데기에서 제조한 키틴을 농알카리에 의해 탈아세틸화하여 제조한다.

키토산은 원료특성으로써 증점성, 보호콜로이드형성성, 금속봉쇄성이 있고, 모발 등에 흡착

후 휘발되는 특성으로써 보습성, 대전방지성, 마찰저항저감성, 유연사증가성, 피막형성성이 나타나고 있다. 그 외, 키토산에는 항균성, 창상치료촉진효과가 확인되고 있다.

• 히아루론산 나트륨

히아루론산은 눈의 초자체, 닭의 볏, 배꼽의 시작, 피부, 관절액등 동물의 결합조직에 넓게 존재하고 있는 산성뮤코다당류의 한 종류이고, N-아세틸-D-글루코사민과 D-글루크론산을 반복구성단위로 구성된 고분자이다.

화장품 영역에서 있어서 히아루론산은 보습성, 막 형성성, 피부감촉의 개선 등 다수의 보고가 되고 있다. 또한, 히아루론산은 결합조직에 많이 함유되고, 피부에서는 높은 점탄성을 나타낸다. 체내에 있어서는 윤활작용과 조직 구조 유지능을 나타내고 세균감염에 대한 방어, 창상치료과정에서의 응용이 많이 시험되고 있다. 히아루론산은 종래의 보습제에 비해 보다 이상과 가까운 보습제로 불린다. 또한 사용감이 우수하고, 피부에 대한 자극이 적고, 그렇지만 노인성 건피증 주부 습진 및 만성습진 등을 시작으로 하는 각종 피부병환의 치료에 유용하다. 더욱이 두피의 혈행을 촉진하여 육모효과, 탈모방지효과가 우수하다.

• 유청 및 그 분획성분

종래부터 우유는 거친 피부, 작은 주름, 기미 등을 방지하고, 피부를 매끈하게 하는 등의 효용이 있다고 알려져 있다. 근년유정은 사람 피부에 존재하는 천연의 보습성분과 유사성분을 함유하여 화장품의 원료로써 주목되고 있다.

포유동물의 유정 콜라겐 합성항진작용은 특히 높게 확인되고, 콜라겐 합성항진작용을 가지는 포유동물의 유정 및 그 분획 성분을 배합한 피부 화장료는 진피의 콜라겐 합성을 특이적으로 촉진하여, 피부결을 정돈하고, 매끈한 피부로의 개선 등 미백효과에 우수하다. B16 마우스 멜라노마세포를 이용한 실험과 기미, 주근깨, 일광 등의 증상을 호소하는 피험자에 대하여 행한 미백시험에 의해 유정분획물의 멜라닌 생성억제작용 및 미백작용의 개선이 확인되고 있다.

• 올리고당

올리고당은 2~10개 정도의 다당이 글리코시드 결합으로 연결된 구조를 가진 총칭이다. 플락토올리고당은 거친 피부 개선작용, 보습작용을 가지며, 우수한 과산화지질상승억제작용도 가진다.

• 생강 추출물

생강에는 혈행촉진, 발한촉진, 구토진정, 식욕증진 등의 약용작용이 있으며, 생강의 정유에는 말소혈액 순환 촉진작용, 발한작용, 건위작용이 있다. 생강 추출물에 함유된 gingerol과 shogaol이 피부각층 수복작용, 각질층 수분량을 증가시키는 작용을 가지는 것도 함유되어 있다.

· 뮤코다당

뮤코다당은 구성당으로써 헥소사민을 함유하고 이당조반한 구조를 가진 다당이다. 글리코사민글리칸이라고도 칭한다. 히아루론산, 콘드로이친 유산, 델마탄 유산, 케라탄 유산, 헤파란 유산, 헤파린 등이 전형적인 뮤코다당이다. 키틴도 뮤코다당의 일종으로 분류된다. 뮤코다당은 피부의 천연보습인자인데 그 보습작용은 우수하다. 또한 진피세포외층 성분으로써도 중요한 역할을 가진다. 뮤코다당은 피부의 천연보습인자이기도 하고, 강력한 보습작용을 가진다. 그렇지만 뮤코다당은 끈적거리는 강한 사용 감촉을 가지고 있고 화장료에 배합할 경우에 주의가 필요하다. 뮤코다당의 끈적거림을 없애는 것을 목적으로 유당을 배합하거나, 고무질 및 사급암모늄염을 병용하는 등의 방법이 있다.

· 흑설탕 추출물

흑설탕 추출물, 사탕수수, 첨재당에서 얻은 흑설탕에 함유된 흑색색소인 함질소화합물에서 페닐 글루코즈 화합물을 함유한 특정 올리고당을 함유한다. 종래는 흑설탕 그대로 첨가된 화장료가 피부를 희게 하는 데 사용되었다.

흑설탕 추출물은 외용에 있어서는 보수성을 가지고 강한 항알레르기효과를 가지며 거친 피부, 가려움, 주름 회복, 염증개선 등 화장법 개선에 현저한 효과가 있다.

2. 약리성식품의 응용

2.1 식품의 기능

식품의 제일 중요한 기능은 생명을 유지하기 위하여 생체 내로 영양소를 공급하는 자원으로 활용되는 것이다. 현재 평균적인 식생활을 하고 있다면 각종 영양소뿐만 아니라 칼슘과 철 등의 미네랄도 충분히 섭취하고 있는 것이다. 모든 것이 부족했던 지난날의 영양이 부족하던 때와는 반대로 과도한 영양분의 섭취가 오히려 사회문제로 대두되고 있다.

식품이 가지는 두 번째 중요한 기능은 기호성이라고 할 수 있다. 즉 식품은 살기 위해서 먹는 게 아니고 맛을 즐기기 위해서 먹는 것이며, 맛은 시각적 요소, 미각적 요소, 후각적 요소, 촉각적 요소, 청각적 요소, 만복감 등 여러 가지 감각적 기능이 종합된 것이다. 식품이 가지는 세 번째 중요한 기능은 식품 중에 존재하는 생체를 조절하는 생물활동에 대한 조정기능이다. 식품의 생체조절기능이 발휘될 수 있도록 디자인되어 제조된 것이 기능성식품이다.

현재 세계 각국에서는 수명의 연장에 따른 인구 구성의 고령화, 비만, 암, 심장병, 고혈압, 당뇨병 등의 성인병이 중대한 관심사가 되고 있으며 음식을 통해 적극적으로 건강을 유지하고자 하는 노력과 관심이 집중되고 있다.

2.2 천연물과 약리성 물질

사람은 그 신체가 천연물로 되어 있고, 자연의 대사 사이클 중에서 매일 천연물을 섭취함으로써 생활이 가능하다. 사람들이 이용하는 약리성 물질 또한 이 사이클의 산물에 해당되며 그것을 모델로 해서 제조된 것도 많이 있다. 시대의 변화에 따라 계속해서 새로운 약이 오래된 약을 대체해 가지만, 그에 따라 예기치 못한 부작용이 나타나는 등, 장해를 일으키는 것 역시 그 출발점은 천연물이다.

동식물 체내의 대사 중에서 1차대사(Primary metabolism)는 생물에 있어서 기본적이고 공통적인 생명에너지 획득의 대사과정이며, 2차대사(Secondary metabolism)는 1차대사산물의 산물에서 출발하는 더욱 고차적인 대사과정이다. 이들 두 가지 사이에 엄밀한 경계선을 긋는 것은 곤란하지만, 전자의 산물을 1차대사산물(Primary metabolites), 후자의 산물을 2차대사산물(Secondary metabolites)이라고 부르고 있다. 2차대사산물은 종류가 너무 많아서 약으로 이용할 수 있는 천연유기화합물도 2차대사산물에 많이 있다.

2.3 약리성 기능식품의 정의

1) 약리성 기능식품의 개요

노령화 사회가 도래하고 식품산업이 발달함에 따라 식품의 3차 기능인 생리활성 조절

기능을 부각시킨 새로운 형태의 식품이 개발, 보급되고 있으며, 소비자들은 이러한 정보에 무방비로 노출되어 간혹 원하지 않았던 피해에 직면하기도 한다.

이러한 잘못된 정보와 그 정보에 대한 맹신, 이익에 대한 욕심 등 소비자와 해당 식품업체 등 모두가 피해를 보게 될 수 있으므로 건강기능식품을 올바로 이용하기 위하여 건강기능식품에 관한 법률이 필요하게 되었다(시행령, 시행규칙, 각종 고시가 제정되어 2004. 1. 31부터 시행).

2) 약리성 건강기능식품의 정의

건강기능식품이란 인체에 유용한 기능성을 가진 원료나 성분을 사용하여 제조·가공한 식품을 말한다. 여기서 '기능성'이라는 것은 인체의 구조 및 기능에 대하여 영양소를 조절하거나 생리학적 작용 등과 같은 유용한 효과를 얻을 수 있는 것을 말한다.

인체의 구조 및 기능에 대하여 영양소를 조절하거나 생리학적 작용 등과 같은 보건용도에 유용한 효과를 얻을 수 있는 기능적 요소와 정제, 캅셀, 분말, 과립, 액상, 환 등의 형태적 요소를 동시에 갖추어야 한다.

생체 조절기능성 물질은 영양소와 달리 미량으로 존재하며 생체에 영향을 준다. 이러한 생체조절물질은 처음부터 식품에 존재하여 직접적으로 작용하는 것도 있고, 체내에서 소화되기 시작하여 그 기능을 나타내는 잠재적인 것도 있다. 또 생체에 호르몬을 분비시키거나 효소를 분비시키는 것처럼 간접적으로 생체 조절에 관여하는 것도 있다. 이러한 생체조절물질 중에서 질병을 예방하거나 생체 활성을 조정하는 효과가 원료식품에 따라서는 의약품보다 높은 것들이 종종 있을 수 있다.

식품 중의 생체조절물질의 기능은 ① 생체방어작용 ② 질병의 예방화 ③ 생체활성 조절 ④ 비만 방지 ⑤ 노화 방지 등이 있다.

3) 건강기능식품의 범위

(1) 고시형(기준·규격형) 건강기능식품

식약청 고시에서 정한 품목으로 일정 자격을 갖춘 영업자라면 누구든지 제조, 수입할 수 있는 건강기능식품-영양보충용 제품, 홍삼제품 등 총 37개 품목

(2) 개별인정형 건강기능식품

고시형 건강기능식품에 해당되지 않는 원료의 안전성과 기능에 관한 자료를 식약청에 제출하여 기능성 원료로 인정받고, 그 원료로 만든 제품의 기준 규격을 인정받아야 하는 건강기능식품

4) 건강기능의 표시

건강기능식품의 표시 기준에는 식약청 평가를 통해 인정된 기능성을 다음의 세 가지 방법으로 표시할 수 있다.

• 영양소 기능 표시

인체의 성장 · 증진 및 정상적인 기능에 대한 영양소의 생리학적 기능을 나타내는 것으로 영양소 기준치가 설정된 것에 한한다.

• 기타 기능 표시

인체의 정상기능이나 생물학적 활동에 특별한 효과가 있어 건강상의 기여나 기능향상 또는 건강 유지, 개선을 나타내는 영양소 기능 외의 표시이다.

• 질병발생위험 감소 기능 표시

전체 식사를 통한 식품의 섭취가 질병의 발생 또는 건강상태의 위험 감소와 관련한 표시이다.

5) 약리성 건강기능식품의 효능평가

기능성을 인정하기 위해서는 인체의 구조나 기능성 변화를 쉽게 감지해 줄 수 있는 객관적 지표(biomaker)를 사용한 기능성의 평가가 필요하다.

(1) 우리나라 건강기능식품의 기능성 분류

· 성장, 발달 및 분화 조절 : 성장조절

· 물질대사(내분비 대사) 조절 : 체중조절, 성기능, 혈당조절, 간 기능 조절

· 유해물질로부터의 보호 : 알코올, 산화

· 심장혈관계의 기능 유지 : 콜레스테롤(지질), 혈압조절, 혈행개선

· 소화관생리와 기능 조절 : 장 내 건강유지, 위장관기능(변비, 소화기능, 장기능)

· 행동 및 심리 조절 : 수면 촉진, 스트레스 완화, 집중력, 기억력 촉진

· 면역기능 조절 : 면역기능 증진, 면역기능 저하(알레르기)

· 치아 구강건강 유지 : 치아부식 방지, 치아개발, 잇몸 건강 유지

· 미용효과 : 미백효과, 주름개선, 자외선 차단

· 기타 : 위에 포함되지 않은 다양한 영역

2.4 성인병과 건강관리를 위한 식품 선택

1) 성인병

(1) 성인병의 원인

성인병의 원인은 주로 생활환경, 영양소 섭취 등과 관련이 있기 때문에 성인병을 생활습관병이라고 하기도 한다. 그러므로 건전한 식생활습관을 갖는 것이 발병요인을 제거하여 예방할 수 있는 지름길이기도 하다. 건강한 사람도 영양관리를 잘못하면 중년기 성인병에 걸리게 되며, 질병의 증세에 따라 특정 영양소를 제한·금지하거나 보충해야 할 때가 있다.

〈표 3-3〉 가장 많이 발병되는 질병

항목	질병이름
혈관질환	동맥경화증, 뇌혈전, 뇌출혈, 고혈압, 동맥경화, 심근경색
소화기 및 내장질환	위·십이지장궤양, 위암, 대장암, 간염, 췌장염, 담석증, 간암
혈액질환	철 결핍성 빈혈
대사장애	비만, 당뇨병, 갑상선질환

(2) 성인병 관리

성인병은 일단 발병하면 만성질환으로 이어져 사회적인 활동능력을 급격히 저하시키거나 불구화시킴으로써 사회생활과 가정생활 파탄의 원인이 되고 있다. 성인병은 일상생활의 패턴을 건전하게 바꿔 주면 충분히 예방할 수 있다. 이러한 성인병은 자각증상 없이 자신도 모르게 진행되기 쉬우므로 조기발견이 어렵고, 증상이 나타날 때는 이미 회복이 어려운 경우가 많기 때문에 예방에 각별히 유의해야 한다. 성인병은 운동을 통하여 신체 각 기관의 기능이 떨어지는 것을 방지하고, 특히 신체활동에 활력을 주는 산소를 원활히 공급하는 운동을 통해 예방할 수 있다.

(3) 건강유지의 조건

건강은 인간이 삶을 영위하기 위한 기본요건이며, 건강상태를 유지함으로써 개인의 행복과 나아가서 건전한 사회를 이룩하는 기초가 된다. 질병에 걸리지 않는 건강한 삶이어야 정상적인 생활이 가능할 뿐만 아니라 가정과 사회에서 보람 있는 활동을 할 수 있게 된다.

질병은 유전적 요인과 환경적 요인의 복합적인 형태로 발생하게 되는데 질병의 예방을 위해 우리가 할 수 있는 일은 환경적 요인을 개선하는 것이다. 환경적 요인에는 식생활습관, 적절한 운동, 스트레스 방지, 온화한 기온, 행복한 가정생활 등 여러 가지 요소들이 있다.

성인병 및 노인병의 예방 그리고 건강의 유지와 증진은 현대 사회의 중요한 관심사가 되고 있다. 이들 성인병은 한 번 발생하면 약으로 치료하기 쉽지 않기 때문에 예방이 무엇보다 중요하다. 성인병의 예방은 식생활 개선으로 가능한데 식품학적인 측면에서 약리성식품이 질병의 예방에 효과가 있다면 기하급수적으로 늘어만 가는 의료비를 억제함으로써 국가 경제에 기여할 수 있을 것이다.

(4) 건강과 영양소의 상관관계

자신의 건강을 유지하기 위하여 먼저 대사가 원활하게 이루어질 수 있도록 충분한 영양섭취와 적당한 운동 생활을 영위하는 것이 필요하다.

매일 음식물을 섭취하는 것은 음식물에 있는 영양소가 생명현상과 건강을 유지해 주는 필수물질이기 때문이며, 건강을 유지하기 위해서는 식사량 조절, 편식, 영양과잉 조절 및 규칙적인 식사 횟수 및 시간 등을 고려하여야 한다.

(5) 질병예방을 위한 식품선택

식품을 섭취하여 필요한 영양을 공급받을 때 여러 가지 종류의 식품을 알맞게 배합하여 먹지 않으면 건강을 해치는 것은 물론 신체적인 장애를 일으키게 된다. 음식물의 섭취는 식품의 종류와 양에 따라 적당히 조절하며 조화롭게 섭취하는 것이 중요하다.

2) 치료식과 식이요법

치료식은 병의 증세의 개선이나 치료를 효과적으로 수행하기 위한 것이다. 식이요법은 치료 달성의 수단으로써 치료식을 계속하는 경우에 하는데, 정확한 식생활지도와 규칙적인 일상생활을 설계하여 함께 병행해야만 식이요법의 좋은 효과를 거둘 수가 있을 것이다. 치료식은 식이의 내용을 굳기(Comsistency), 질감(Texture), 독특한 맛(Flavor), 에너지 및 영양소의 농도, 식품의 종류 등에 따라 식사를 변경할 수 있다.

(1) 치료식의 기본조건

치료식은 건강하고 정상적인 사람의 일상식을 변형한 것부터 여러 가지 종류가 있다. 기본적으로 치료식은 맛있게 만들어 환자의 식욕이 항진되도록 하며 요리형태를 다양하게 변화를 주어 환자의 식욕을 촉진시키도록 하여야 한다. 또한 원칙적으로는 가공식품은 사용하지 않아야 하고 환자나 그 가족에게 치료식의 필요성이나 성과에 대해 지속적으로 이해시켜야 한다.

(2) 치료식의 종류

일반 치료식에는 일반식, 경식, 연식, 유동식 등이 있다.

- **일반식**

  한국인의 영양권장량에 기본을 두고 영양상태를 양호하게 유지하기 위해 공급되는 정상식이며 주로 산과환자, 외상환자, 정신질환환자 등에게 제공된다.

- **경식**

  경식은 회복기에 있는 환자에게 제공되는 가벼운 식사로 연식에서 일반식으로 옮기기 전에 사용하는 음식이기 때문에 소화하기 좋고 위장에 부담을 주지 않는 식품을 선택한다.

- **연식**

  연식은 액체와 반고체형의 식품으로 비소화성 섬유질 및 결제조직이 적은 식품을 공급하는 식사이다. 회복기환자, 소화기계 질환, 이유기의 유아, 수술 후 회복기의 환자, 구강, 식도장애 환자에게 적용된다.

- **유동식**

  유동체로 잔사나 섬유가 적은 음식물, 보기에는 고체이나 구강 내에서는 액체상태가 되는 음식물, 경관영양에 적합한 음식물을 총칭하여 유동식이라 한다. 유동식은 수분이 많아서 열량이나 단백질이 부족되기 쉬우므로 가능한 한 단기간만 급식하는 것이 좋다.

2.5 약리성식품 원료

1) 탄수화물(Carbohydrates) 당질, 당류

단당류[기본적으로 $(CH_2O)n$ 조성을 지님] 및 그들 상호 간에 축합된 것으로 그 외 유도체 등을 일반적으로 탄수화물이라 부른다.

광합성으로 녹색식물의 엽록소가 촉매작용을 하고 태양에너지를 이용해서 탄산가스와 물에서 만들어지는 1차대사산물이 기본이며 이것은 지상에서 유기화합물 생합성중 최초의 산물이다.

- **D-자일로스(D-xylose)**

  다당류 성분으로 목재, 옥수수의 줄기 등에 들어 있다.

  [효용] 충치예방효과 있다.

- **D-갈락토스(D-galactose)**

  D-galactose 유당, 소당 및 다당류 성분으로서 존재. 유아가 유즙 중의 유당분해시에 발생하는 갈락토스를 대사시키지 못할 경우, 갈락토스혈증이 된다.

- **글리세린(glycerin, glycerol)**

  가장 분자가 작은 단당의 글리세린알데히드(glyceraldehyde) 및 디하이드록시아세톤(dihydroxyacetone)의 환원체와 같다. 지방산에스테르(글리세라이드, glyceride)를 형성하고 유지, 지질 등으로 널리 동식물에 함유되어 있다.

  [효용] 변비관장약, 피부 및 점막의 보호, 연화, 뇌부종 치료, 안압 저하약 등

- **D-글리시톨(D-glycitol), D-솔비톨(D-sorbitol)**

  D-솔비트(Sorbit)라고도 한다. 최초에는 나나카마도 *Sorbus aucuparia*에서 분리되어 이름 지었으며 식물에 널리 분포되어 있다. 포도당을 환원해서 조제한다.

  [효용] 간질환, 당뇨병과 수술 전후의 에너지 보충으로 정맥주사, 링거정맥주입, 아스코르빈산 합성의 중간체이다.

- **D-글루코사민(D-glucosamine)**

  새우, 게 껍질의 다당 키틴 chitin 등을 구성하여(N-아세칠글루코사민으로 된 것도 많지

만 황산에스테르도 있음) 동물에 널리 분포하고, 지의류나 균류에도 들어 있다.

[효용] 연골조직 구성성분

• **D-갈락토사민(D-galactosamine)**

[효용] 콘드로이친황산을 형성해서 동물연골 등에 널리 분포한다.

• **말토스(maltose, 맥아당)**

전분을 구성하고 있으며 전분을 가수분해하면 얻어진다.

[효용] 수액, 그 외 영양원

• **유당(lactose)**

포유동물의 젖에 함유되어 있다.

[효용] 소아의 영양제, 부형제이다.

• **설탕(사탕, 백당)(sucrose, saccharose)**

널리 식물에 함유되어 있고 식용으로 다량소비되고 있다. 사탕수수나 사탕무가 제조원료. 가수분해하면 포도당과 과당의 1 대 1 혼합물이 되고, 그때 광학활성이 우선성에서 좌선성으로 바뀌므로 전화당 invert sugar라고도 한다.

[효용] 감미료, 전화당의 단맛은 설탕보다 강하다.

• **셀룰로스(cellulose)**

셀로비오스가 β-1, 4 결합을 반복해서 직쇄상으로 분자량 100만 전후의 구조를 지닌 것이다. 셀룰로스는 목면(*Gossypium*속 식물의 종자에 붙어 있는 면모로 주로 셀룰로스)이 이용되고, 목재에서 공존하는 리그닌과 헤미셀룰로스를 제거해서 얻을 수 있다.

[효용] 종이류, 의류섬유, 가역제 등의 제조원료. 셀룰로스의 유도체로 변화시킨 것으로서 식품의 풀 성분, 의약품의 현탁제, 점성제 등 여러 종류가 제조에 이용되고 있다.

• **전분(starch)**

말토스의 α-1, 4 결합을 분자량 수 만~100만 이상으로 연장한 직쇄상의 아밀로스 amylose와 또한 α- 1, 6 결합해서 곁가지가 붙은 아밀로펙틴 amylopectin의 2개에서 만들어진다. 보통 아밀로펙틴쪽이 많다. 보리, 쌀, 옥수수, 감자 등이 주된 제조원료이다.

[효용] 부형제, 풀 성분, 전분을 부분적으로 가수분해해서 얻어지는 덱스트린이다.

• **한천(agar)**

우뭇가사리(*Gelidium amansii*) 등의 홍조류의 열탕추출액을 냉각해서 동결, 압착 등의 방법으로 탈수해서 제조한다. 아가로스(agarose), 아가로비오스(agarobiose)를 구성단위로 하는 다당)와 아가로펙틴(agaropectin)으로 되어 있다.

[효용] 식용, 미생물 등의 배지, 완하, 점활제

• **알긴산(alginic acid)**

미역(*Laminaria angustata*)이나 다시마(*Macrocystis pyrifera*) 등을 비롯하여 갈조류 특유의 점질산성 다당. β-D-mannuronic acid와 α-L-guluronic acid의 1, 4결합을 기본 구조로 한다.

[효용] 혈장증량제, 수술에 사용하는 실, 의료용 거즈의 제조 원료, 연고, 크림, 치즈 등의 안정제, 응고제로서 식품 공업상 대단히 중요하다.

• **콘드로이친황산(chondroitin sulfate)**

연골(chondros : 그리스어)의 주성분으로 존재하는 조직의 충전물질로 조직의 석탄화, 수분유지, 탄성유지 등의 역할을 하고 있다. N-아세칠-D-갈락토사민의 황산에스테르와 D-글루쿠론산이 결합한 것이 구조의 기본단위이다.

[효용] 세포부활, 각막보호 등

2) 배당체(glycosides)

당이 다른 화합물(주로 OH기)과 아노마탄소에서 결합하고 있는 것으로 이 결합을 글리코시드 결합이라고 한다. 아노마탄소가 결합하고 있는 상대가 산소의 경우에는 O-글리코시드(O-glycoside), 질소의 경우(뉴클레오시드)는 N-글리코시드(N-glycoside), 탄소의 경우는 C-글리코시드(C-glycoside)라고 부른다. 가수분해에 의해 당과 비당(aglycone)으로 나누어지지만, C-글리코시드는 가수분해가 잘 안 된다.

[효용] 쓴맛을 가지며 약리적효능을 가지는 화합물들이 많다.

3) 방향족 화합물(Aromatic Compounds)

• **계피산(cinnamic acid)**

개미산 경로의 페닐알라닌에서 탈아미노화에 의해 생성되는 최초 화합물로서 산화에 의해 p-쿠마르산, 카페산으로 진행된다. 에고노키과, 콩과의 수지(안식향 등)에서 얻을 수 있고, 식물 속에서는 에스테르 형태로 존재한다.

[효용] 항균, 항곰팡이 성질을 지닌다.

- **계피알데히드(cinnamic aldehyde)**

계피[*Cinnamomum cassia, C. zeylanicum, C. burmanii, C. sieboldii* (녹나무과)의 껍질]의 정유 주성분으로 독특한 방향을 나타낸다.

[효용] 진정, 하열작용이 있고 식품향료로서 많이 사용된다.

- **레인(rhein)**

대황(*Rhei rhixoma*), 센나(*Sennae folium*) 등에 유리, 배당체(복합형 rhein) 형태로 비교적 다량 들어 있다.

[효용] 약한 설사작용이 있다.

- **바르바로인(barbaloin)**

알로에(aloe)에 들어 있는 주성분 안스론 배당체이다.

[효용] 알로에의 설사성분의 하나이다.

4) 플라보노이드(flavonoids)

- **캠페롤(kaempferol, 5,7,4′- trihydroxyflavonol)**

*Rhamnus japonica*의 과실(서이자), 이질풀(*Geranium thunbergii*)의 전초 등 많은 식물의 배당체로서 존재한다.

[효용] 설사작용이 있고 설사생약의 유효성분이기도 하다.

- **쿼세틴(quercetin, 5,7,3′,4′- trihydroxyflavonol)**

가장 널리 분포되어 있는 플라보노이드로서 유리 또는 배당체로서 식물의 각 기관에 함유되어 있다.

[효용] 모세혈관의 괄약성이나 이상한 침투력을 억제하는 비타민 P와 같은 작용을 하며 내출혈 예방이나 고혈압 등에 응용된다.

- **제니스테인(genistein, 5,7,4′- trihydroxyisoflavone)**

처음 발견된 이소플라본으로 에스트로겐작용이 있다. 색채금잔화[*Genista tinctoria*(콩과)]에서 배당체 게니스틴[genistin(genistein-7-O-glucoside)]으로 분리되었다.

[효용] 유방암 예방효과

5) 탄닌(tannins)

식물기원의 폴리페놀로서 단백질이나 염기성 성질, 금속 등에 강한 친화성을 나타내고 난용성 침전이 생기기 쉬운 화합물군을 탄닌이라고 총칭한다. 산이나 효소에 의해 가수분해되는 가수분해성 탄닌과 역으로 고분자화하는 축합형 타닌으로 대별되고, 전자는 더욱 갈로탄닌, 에라디 탄닌 등으로 분류된다. 가수분해성 탄닌의 구성 폴리페놀은 주로 개미산 경로에서 생합성되는 몰식자산 및 관련화합물.

한편 축합형 탄닌은 초산-말론산 경로와 개미산 경로와의 복합경로에서 생합성되는 플라반-3-올 및 플라반-3, 4-디올 류가 다수 축합된 기본구조를 가진다. 약용식물을 비롯하여 식물계에 널리 분포하고 다양한 생물활성이 알려져 있다.

• 떫은 감

Diospyros kaki(감과)의 떫은 맛은 (-)-epigallocatechin, (-)-epicatechin 및 그 갈로일화물이 축합한 탄닌에 의한 것이다. 과실이 숙성해서 단맛이 되는 것은 폴리페놀옥시다제의 작용으로 위의 수용성 탄닌이 더욱 산화중합되어 난용성 고분자화합물로 되어 떫은맛을 느끼지 못하게 하기 때문이다.

[효용] 주조양조 시에 청징제로서, 또 민간에서는 고혈압, 외상, 화상 등에 이용되고 있다.

• 차의 탄닌

Camellia sinensis(동백과) 잎에서 만들어진 녹차 폴리페놀의 주성분은 (-)-epigallo-catechin gallate로서 공존하는 (-)-epicatechin gallate 와 함께 저분자화합물이면서 강한 떫은 맛과, 단백질 등과 결합을 나타낸다. 그 외 (-)-epigallocatechin이나 (-)-epicatechin 등이 들어있다.

홍차원료의 아셈종의 차잎에는 이들 폴리페놀 류의 함량이 특히 높고, 찻잎을 발효시켜 홍차를 제조할 때, 이들 폴리페놀은 산화축합해서 홍색색소인 테아플라빈 theaflavin류와 축합형 탄닌의 thearubigin 등으로 변화한다. 녹차, 홍차와 우롱차 등의 반 발효차와 비교해 보면,

3종의 차 폴리페놀 구성에 있어서 단량체비율은 녹차>우롱차>홍차 순으로 축합된 탄닌에 대해서는 그 역순이다.

[효용] 고혈압 등 성인병의 예방 및 치료

6) 왁스(wax)

왁스는 화학적으로는 지방산과 고급알코올(C_{14}~C_{36}, 미리실알코올, 세탄올 등)과의 에스테르이다.

주된 것은 벌집의 밀랍 bees wax(팔미틸산 미리실 $C_{15}H_{31}COOC_{30}H_{61}$), 말향고래의 뇌에 있는 spermaceti(팔미틸산 세틸 $C1_{5}H_{31}COOC_{16}H_{33}$)과 말향고래기름 sperm oil(오레인산세틸 $C_{17}H_{33}COOC_{16}H_{33}$), 카르나우바 야자잎의 카르나우바 왁스 carnauba wax(리그노세린산 미리실 $C_{23}H_{47}COOC_{30}H_{61}$) 등이다.

[효용] 연고, 좌약, 화장품 등의 기제에 쓰인다.

7) 텔페노이드

텔페노이드는 버섯, 해초, 양치식물 등의 하등동물, 침엽수, 현화식물 등의 꽃, 종자, 수피, 근경, 뿌리, 잎 등에 정유나 수지성분으로 널리 분포하는 2차대사산물이다. 또한 해산동물, 곤충류, 동물에도 들어 있다.

[효용] 방향, 쓴맛, 신맛과 주목되는 생리활성을 지닌 화합물도 많고, 향료, 의약품으로 이용되는 것도 많다.

- **미리센(myrcene, β-myrcene)**

[효용] 정유, 감귤류 과피 등에 있다.

- **게라니올(geraniol)**

장미의 향기이며 향료로 된다. 로즈유(장미과), 시트로네라유(벼과)

[효용] 정유의 주성분으로 유리되거나 초산에스테르로 존재한다.

- **리모넨(limonene)**

d-리모넨은 귤속 *Citrus* 식물의 과피 정유인 오렌지유의 주성분(90%)

[효용] 교취제, 청량음료, 과자, 주류, 화장품향료, 방향성 건위약, 발한, 거담제 등

• **l-멘톨(l-menthol)**

박하[*Mentha arvensis var. piperascens*(자소과)]의 정유인 박하유, 서양박하(*M. piperita*)의 정유(peppermint oil)의 주성분. dl-멘톨은 멘토, 티몰에서 합성된다.

[효용] 살균, 방부작용이 있으며 방향성 건위, 장 내방부, 진통약, 츄잉껌, 치약향료, 과자, 음료 등에 향으로 많이 쓰인다.

• **캄파(camphor)**

d-캄파는 쿠스노키 각부위의 수증기 증류로 얻어지는 정유 주성분이며 결정성이다.

[효용] 국소자극, 중추신경 흥분작용이 있고, 신경통, 타박상 등에 사용되며 강심제로 사용된다.

• **피레트린(pyrethrin)**

제충국화[*Chrysanthemum cineraliaefolium*(국화과)]의 자방에 들어 있는 살충성분은 피레트린, 쟈스모린 등의 시클로프로판환을 가지는 국화산의 에스테르로서 피레스로이드라고 총칭된다.

[효용] 모기향 등의 살충약으로 사용된다.

• **고시폴(gossypol)**

목화(*Gossypium arboreum*)의 종자, 뿌리, 면실유에 들어 있는 카디난형 세스키텔펜 2량체로서 남성피임활성이 알려져 있다.

[효용] 종자를 먹으면 출혈성 위장염, 신장염을 일으키며 고시폴에는 항산화작용도 있다.

• **스테비오시드(stevioside)**

파라과이산 *Stevia rebaudiana*(국화과)의 잎에 존재한다.

[효용] 강한 감미성분으로 설탕의 140배 감미를 가진다.

8) 카로티노이드(carotinoids)

카로티노이드는 고등식물의 꽃(사프란 등), 과실(토마토, 고추, 감, 수박, 호박), 뿌리(인삼), 종자(옥수수), 조류, 이끼류, 광합성 박테리아 등에 광합성 보조색소로 존재하는 테트라텔펜으로, 탄소수 40의 불포화탄화수소 피토엔을 전구물질로 한다. 동물의 카로티노이드는 식물유래보다 많다.

카로티노이드 색소는 물에 불용, 석유에테르, 에탄올에 난용. 클로로포름에 가용. 탄화수소계 카로티노이드는 공기, 빛에 불안정하여 분해된다.

카로티노이드를 다량으로 섭취하면 혈행에서 한선으로 나와 피부가 황색이 된다(감피증). 카로티노이드는 탄화수소인 카로틴과 관능기를 가지는 크산토필로 크게 나누어진다.

[효용] 황색, 등색, 홍색의 천연착색료로서 이용된다. 또 카로틴은 동물 체내에서 산화개열하여 비타민 A(레티놀)로 변환된다. 비타민 A 결핍증에 의해 생기는 피부점막의 각화, 야맹증, 각막, 결막건조예방 등에 이용된다.

- **β-카로틴(β-Carotene)**

식물에 광범위하게 분포. 당근[*Daucus carota*(세리 과)] 등의 색소이며, 동물의 황란, 혈액 중에도 존재한다.

[효용] β-카로틴은 가장 강한 프로비타민 A이다.

- **캡산틴(capsanthin)**

고추과실의 적색색소로서 제아크산틴 등과 함께 팔미틸산, 스테아린산에스테르로 존재한다.

[효용] 강한 항균활성, 항산화효과 등 생리활성효과가 강하다.

9) 폴리 텔페노이드(polyterpenoids)

이소프렌단위가 head to tail 결합된 고분자화합물에 해당되며, 텔페노이드로 분류된다. 천연 껌이 대표적인 예이다.

- **천연 껌(rubber)**

파라고무나무(*Hevea brasiliensis*)의 껍질에 상체를 내면 유액이 생성된다.

[효용] 생고무 원료이며 공업적으로 용도가 많다.

- **굿타페르카(guttapercha)**

상온에서는 딱딱하지만 50°C 이상에서는 유연해지며, 탄성과 가역성을 가지게 된다. *Palaquium, Payena*속의 유액에서 얻어진다.

[효용] 츄잉껌의 베이스나 전기절연체 재료, 치과재료로서 이용된다.

10) 스테롤(sterols)

- **콜레스테롤(cholesterol)**

동물조직에 유리되거나 에스테르로서 널리 분포되어 있다. 식물에는 녹조, 홍조 등에 약간 들어 있다. 사람의 담석은 거의 콜레스테롤(= 콜레스테린 cholesterin, chole = 담즙. stereo = 고형물)이다. 그 에스테르는 양 기름 라노린의 주성분의 하나이다.

[효용] 계면활성작용이 있고 화장품기제이며 호르몬합성의 원료에 이용된다. 동맥경화 등의 원인물질이다.

- **에르고스테롤(ergosterol)**

효모(yeast), *Claviceps purpurea*, 복령(*Poria cocos*), 저령[멍장이버섯과(*Poryporus umbellatus*)], 송이버섯(*Lentinus edodes*) 등에 들어 있고, 자외선 조사로 에르고칼시페롤(비타민 D_2)로 변화된다. 코레칼시페롤(=비타민 D_3)은 간유에 들어 있는 7-디하이드로콜레스테롤에 자외선조사하여 합성된다.

[효용] 비타민 D_2, D_3는 항구루병 활성이 있고 부갑상선기능 저하증, 골연화증, 만성신부전 등의 치료에 이용된다.

11) 스테로이드 호르몬(steroid hormones)

스테로이드계 화합물의 호르몬. 여성호르몬(난포호르몬, 황체호르몬), 남성호르몬, 부신피질호르몬 등이 있고 호르몬제 외에 항염증제 등 중요한 의약품이 많다.

- **발정난포호르몬(follicular hormone, estrogen)**

난소 중에 분비되어 발정을 유도한다. 에스트라디올(estradiol), 에스트리올(estriol), 에스트론(estrone)이 있으나, 에스트론은 석류나무 종자나 야자나무의 꽃가루 등에도 존재한다.

[효용] 에티닐에스트라디올(ethinylestradiol) 등 각종 유도체가 합성되어 난포 호르몬작용약으로서 이용되고 있다.

- **황체호르몬(corpus, luteum hormone, progestogen)**

탄소수 21의 스테로이드로서 난소황체에 분비된다.

[효용] 수정란을 자궁에 착상시켜 임신을 유지한다.

• 남성호르몬(androgen)

동물의 고환에서 분비되는 테스토스테론(tertosterone)이 가장 강한 남성호르몬이며, 생체 내 대사로서 안드로스테론(androsterone)으로 뇨 중에 배설된다. 안드로스테론도 남성호르몬이다.

12) 담즙산(bile acids)

동물의 담즙 중에 글리신이나 타우린과 산아미드 상에 결합된 글리코콜릭산(glycocholic acid), 타우로콜릭산(taurocholic acid)의 나트륨염 등으로 존재한다. 담즙산은 5β-스테로이드로 코란산(cholanic acid)의 옥시유도체이다. 물에 불용성인 지방, 지용성 비타민 등을 유화시켜 효소작용을 활성화시킨다. 동물에 따라 글리코콜릭산, 타우로콜릭산의 비가 다르다.

• 데옥시콜릭산(deoxycholic acid)

콜릭산과 같이 포유동물의 담즙에 분포한다.

[효용] 강심, 진정, 하열, 해독, 진경 등의 작용이 있다.

• 우르소데옥시콜릭산(ursodeoxycholic acid)

타우린과 결합한 포접담즙산으로서 웅담(곰담즙의 건조물)에 들어 있다.

[효용] 담즙분비촉진, 진경작용이 있고 고미건위, 정장, 진경약, 이뇨약으로 쓰인다.

• 진세노사이드(ginsenosides)

약용 인삼에 들어 있는 비스데스모시드. 약용인삼(오타네 인삼, 고려인삼) Panax ginseng의 뿌리(인삼, ginseng)는 신농본초경 상품에도 수록되어 있는 중요한 한약 중의 하나이며, 건위소화, 건위강장, 진통 등을 목적으로 하는 한방처방에 배합된다.

[효용] 진세노사이드 Rb, Rc 군(디올 계)은 중추신경계에 대해 억제작용을 하며 신경안정효과가 있고, Rf, Rg 군(트리올 계)은 중추신경계에 흥분작용, 항피로작용이 있다.

• 알리인(alliin)

마늘(Allium sativum, Liliaceae 백합과)의 줄기에 있는 시스테인 유도체로 신맛이 있다. 효소 alliinase의 존재에 의해 알리신(allicin)으로 변한다. 알리인은 무취의 화합물이지만 알리신에는 마늘 특유의 자극취가 있다.

[효용] 살균방부작용이 있고 근육 내에 축적되며 필요에 따라 비타민 B_1을 생성한다.

13) 청산배당체(cyanogenic glycosides)

α-하이드록시니트릴류의 O-배당체로서 희산이나 효소에 의해 간단히 분해되며 청산 HCN가스를 발생하는 물질의 총칭한다. 아그리콘의 α-하이드록시니트릴류은 대응하는 아미노산의 산화, 탈탄산 등에 의해 생합성된다.

• 아미그달린(amygdalin)

행인(중국산 살구 *Prunus armeniaca* 및 인접종의 종자), 도인(복숭아 *P. persica*의 종자), 매실 등 *Prunus*속 식물에 함량이 높은 청산배당체이다. 효소(에뮬신)나 희산에서 가수분해에 의해 먼저 만델니트릴과 글루코스로 되고 전자는 또 벤즈알데히드와 시안화수소로 분해되지만, 행인수와 같은 것에서는 양쪽 부가에 의해 만델니트릴을 형성한다.

[효용] 진핵, 거담작용이 있고 행인수, 행인유의 제조원료뿐 아니라 한방처방에도 배합된다.

14) 알카로이드(alkaloids)

식물 중에 함유된 질소원자를 가지는 염기성 화합물을 일반으로 알카로이드 또는 식물염기라고 총칭한다. 많은 알카로이드는 쓴맛이 있고 특수한 생리작용을 가지는 의약품으로 이용된다. 알카로이드는 식물 체내에서 유리상태, 유기산(유산, 사과산, 주석산 등)과 결합하여 염으로 존재한다. 유리의 알카로이드는 결정성 또는 액상으로서 대부분은 유기용매에 녹으며 물에는 난용성이다. 그러나 알카로이드의 염은 물에 잘 녹고 유기용매에는 잘 녹지 않는다. 알카로이드는 고등식물에 많이 존재하고 특히 쌍자엽식물류인 가지과 등에는 알카로이드가 풍부하며 그중에는 유독식물도 많다.

• l-히요스티아민(l-hyoscyamine), 아트로핀(atropine)

l-히요스티아민은 가지과 식물 등에 들어 있다. l-히요스티아민은 주의해서 가수분해하면 광학불활성의 트로핀과 광학활성의 트로파산을 생성한다. 그러나 매우 라세미화가 되기 쉽고 용액 중에서 가열하면 광학불활성의 아트로핀으로 된다.

[효용] 독약이며 진경약, 산동약외에 국소진통작용이 강해서 진통약으로 이용된다. 몰핀과 유기인계 농약의 중독에 대해 해독제로 이용된다.

• **코카인(cocaine)**

남미원산의 코카나무과 코카(*Erythroxylon coca*)의 잎에 들어 있다.

[효용] 국소마취약이지만 연용하면 습관성 중독을 일으키기 때문에 마약으로 취급된다. 코카인에 황산을 첨가해서 가열하면 안식향산메칠의 냄새를 낸다.

• **니코틴(nicotine)**

가지과 담배(*Nicotiana tabacum*) 및 동속식물의 잎에 들어 있고, 가지과(*Duboisia myoporo-ides*), 콩과(*Mucuna pruriens*), 국화과(*Eclipta alba*), 가가이모과(*Asclepias syriaca*), 벤케이소우과(*Sedum acre*) 등 많은 과의 식물에 존재한다.

[효용] 니코틴에는 중추흥분작용이 있고 대량 섭취하면 호흡마비를 일으킨다. 이 황산염은 농업용 살충제로 이용된다.

• **투보쿠라린(tubocurarine)**

츠츠라후지과(*Chondodendron tomentosum*)의 수피의 알카로이드. 남미 인디언의 화살독, 죽통크라레 등에서 분리되었다.

[효용] 외과수술에서 근이완약으로 이용된다.

• **베르베린(berberine)**

감귤과(*Phellodendron amurense*) 또는 동속식물의 과피(황백)의 주된 알카로이드이다. 또 황련(*Coptis japonica, C. japonica var. dissecta*)의 근경(황련)의 주된 알카로이드이기도 하다. 이 알카로이드는 황색의 제4급 염기이며 물에 잘 녹고 유기용매에 잘 녹지 않는다.

[효용] 고미건위약, 정장약으로 이용되며 각종 세균에 대해 항균활성을 나타낸다.

• **팔마틴(palmatine)**

[효용] 고미건위약, 지사약으로 사용된다.

• **노스카핀[noscapine, 별명 나르코틴(narcotine)]**

아편 중에 4~10% 들어 있다.

[효용] 몰핀에 이어 아편중의 함량이 높은 알카로이드. 비마약성 강력한 진핵작용이 있다.

• **하이드라스틴(hydrastine)**

히드라스티스(*Hydrastis canadensis*)의 근경에 함유되어 있다.

[효용] 자궁 및 혈관수축작용이 강하기 때문에 자극지혈제로 이용된다.

• **몰핀(morphine)**

아편의 주 알카로이드이다.

[효용] 중추신경계에 작용하는 매우 유효한 진통약이며 그 외 진정, 최면, 지사에 약효가 있다. 반복사용하면 습관성이 나타나는 중독을 일으킨다. 마약이며 독약도 된다.

• **코데인(codeine)**

아편에 1~3%의 소량이 들어 있기 때문에 몰핀의 메칠화로 제조된다.

[효용] 진정작용, 진통작용은 몰핀보다 매우 약하지만 탁월한 진핵작용이 있기 때문에 널리 사용되고 있다. 몰핀보다 의존성이 강하지 않지만 마약으로 지정되어 있다.

• **테바인(thebaine)**

아편에 0.4~1.5% 들어 있고 마약으로 지정되어 있다.

[효용] 마취진통작용은 약하며 경련작용이 강하므로 약용은 아니다.

• **LSD(LSD25)**

맥각알카로이드연구 중에 우연히 합성된 것이다.

[효용] 중추신경계에 작용해서 강력한 환각이나 정신분열을 일으킨다. 마약으로 지정되었다.

• **키니네(quinine)**

꼭두서니과(Cinchona) 및 *Remijia*속 식물의 수피에 들어 있다. 매우 쓴맛이다.

[효용] 항말라리아작용이 강하며 말라리아치료약으로 사용된다. 하열약으로도 이용된다.

• **솔라닌(solanine)**

가지과 고구마(*Solanum tuberosum*)의 새눈의 독성분이며 배당체이다. 가수분해에 의해 글루코스, 갈락토스, 라무스 각 1분자 및 아그리콘의 소라니딘(solanidin)을 생성한다.

[효용] 소라닌은 천식에 이용된다.

• **카페인(caffeine)**

커피콩[*Coffea arabia*(Rubiaceae, 꼭두서니과) 등의 종자(0.8~1.8%)], 차엽[*Camellia sinensis*(Camelliaceae, 동백과) 등의 잎(1~5%)], 과라나[*Paullinia cupana*(Sapindaceae, 무크로지과)의 종자(4~5%)], 카카오[*Theobroma cacao*(Sterculiaceae, 벽오동과)]의 종자(0.05~0.35%) 등, 세계 각지의 기호성 음료식물에 많이 들어 있고, 카페인을 함유하는 식물 대부분이 차로 음용되고 있다.

[효용] 중추흥분약, 강심이뇨약으로 널리 이용되고 있다. 중추신경 흥분외에 강심, 이뇨, 골격근흥분, 혈관확장 등의 작용이 있다.

• **테오브로민(theobromine)**

카카오 종자(4%)에 많이 들어 있고, 콜라[*Cola nitida*(벽오동과, Sterculiaceae)의 종자], 차잎 등에도 들어 있다.

[효용] 강심이뇨작용이 있고 중추신경 흥분작용은 카페인에 비해 약하다.

• **산쇼올(sanshool)**

산초(*Zanthoxylum piperitum*, 감귤과) 외에 동족식물의 과피에 들어 있다. 산쇼올은 공기중에서 불안정하다.

[효용] 강한 매운 맛이 있고, 살충작용이 강하다.

• **시니그린(sinigrin)**

겨자, 갓(*Brassica juncea*), 흑겨자(*B. nigra*), 와사비(*Wasabia japonica*), 와사비 무(*Cochlearia aromatica*, 유채과) 등에 들어 있고 효소분해에 의해 생기는 휘발성의 아릴이소티오시아네이트는 강한 매운맛과 자극성이 있다.

[효용] 일시적으로 혈압을 상승시키는 작용이 있다. 곰팡이 방지작용이 있다.

2.6 약리성식품의 시장성

기능성식품에 대한 동향, 기능성 소재와 기능성식품의 효능과효과, 관련 산업체의 상황을 살펴본다면 장래의 기능성식품, 약리성식품은 기존의 식품시장과 대비되어 더 큰 규모의 시장을 형성할 것이고, 관련 산업은 새로운 부가가치를 창조할 수 있는 신미래 동력적인 산업으로 성장할 것으로 예측할 수가 있을 것이다.

고도 경제성장으로 소득이 증대하여 물질적으로 풍부해진 시대가 되었으며, 소비자는 배불리 먹는 것에 만족하지 않고 더 나은 기호성을 찾게 되었다. 또한 보다 여유로운 생활 속에서 사람들은 안정을 추구하고, 건강지향적 삶을 영위하게 되었으며, 이러한 사회적 현상의 배경에는 성인병과 관련한 각종 질환의 증가, 식품 첨가물과 잔류농약의 불안, 다이어트 지향 등의 사회적 이슈가 저변에 깔려 있다고 할 수 있다.

이러한 상황에서 건강관리를 위하여 운동과 휴식(수면도 포함) 그리고 건강 약리성식품에 의존하게 되는데 음식이 직접적으로 관여하는 경우가 많다. 성인병을 예방할 수 있는 기능적 특성을 가진 식품이라면 소비자가 찾는 것은 당연할 것이고, 이 때문에 기능성식품의 수요가 확실히 증가하여 커다란 시장을 형성하고 있는 것은 주지의 사실이다.

소비자들의 건강지향 욕구가 점차 강해지고 있는 점을 고려하면 기능성식품의 시장성은 더욱 확대되어 갈 것으로 전망되며, 이와 함께 이를 효율적으로 관리할 수 있는 법적 제도장치와 기능성식품업계의 건전한 발전이 조화되어 나아가야 할 것이다.

3. 식음료와 외식산업

3.1 음료의 개요

음료에는 커피, 코코아, 녹차, 홍차, 인삼차, 율무차, 쌍화차 등과 같은 기호음료와 콜라, 사이다, 보리음료, 이온음료와 같은 청량음료 등이 포함된다.

1) 식음료의 개념

식음료는 액 중에 다양한 특수한 성분이 함유되어 사람들의 기호를 만족시켜 주는 음료로 차, 커피, 코코아 등과 같은 액상의 마시는 것을 말한다.

청량음료는 유산균 음료, 우유 등을 제외한 탄산음료, 과실음료, 유성음료(乳性飮料)및 광천수(鑛泉水) 등을 말한다. 이들 중에서 탄산가스를 함유하는 것과 함유하지 않는 것으로 구분하는데 과실음료, 유성음료 중에서도 탄산가스를 함유하는 것을 탄산음료로 분류하며 투명한 탄산음료를 사이다라고 부르고 있다.

· 무향 음료 : 광천수, 소다수

· 유향 음료 : 정유(精油) 성분 및 합성향료로 착향한 것, 과즙주스

· 종실, 식물 추출물 함유 음료 : 콜라(종실), 계피(수피), 생강(뿌리)

· 유산 음료 : 탈지유를 젖산발효시킨 것에 설탕 등을 첨가한 것

2) 식음료의 종류

(1) 비(非)알코올성 음료

· 과즙 음료 : 농축과즙음료, 천연과즙음료, 희석과즙음료, 과육음료, 과즙청량음료

· 유성음료(우유원료 제품) : 요구르트, 유산균 음료

· 쌀음료 : 감주

· 종실 음료 : 커피, 코코아

· 발아 음료 : 녹차, 우롱차, 홍차

· 탄산음료 : 탄산 함유 과실음료, 탄산수, 투명탄산음료, 콜라음료

(2) 알코올 음료

· 양조주 : 포도주, 사과주, 맥주, 청주 등

· 증류주 : 브랜디, 위스키, 보드카, 진, 데킬라, 럼 등

· 재제주 : 미림(맛술), 합성청주, 매실주 등

3.2 커피이론

1) 커피의 특성

(1) 커피의 전설

커피에 관한 전설은 두 가지인데 첫번째는 기원전 6~7세기경, 에티오피아의 아비시니아의 산골, 염소 치는 소년 칼디(Kaldi)의 이야기이다.

어느 날 칼디는 이상한 광경을 목격하게 되는데, 숲속의 작은 나무에서 빨간 열매(커피열매)를 먹고 나면 기르고 있던 염소들이 갑자기 춤을 추는 듯 뛰고 달리고, 염소들이 흥분을 하여 밤에 잠도 자지 않았다고 한다. 이에 칼디는 직접 열매를 따 먹었는데, 몸에 힘이 넘치고 기분이 상쾌해지는 것을 경험하게 되었다. 그 후 이 열매를 이슬람의 승려가 여러 가지 실험을 거쳐 잠을 쫓는 효과가 있음을 알아냈고, 커피는 에티오피아 이슬람 승려들의 철야기도를 위한 음료의 원료로 이용되게 되었다.

두번째 전설은 기도와 약으로 병자를 치료하는 능력이 있는 아라비아의 이슬람 승려 오마르(Omar)의 이야기다. 오마르는 모함을 받아 예멘 모카항 근처의 사막으로 쫓겨나게 되고, 굶주림으로 죽음의 문턱에까지 이르렀는데 나무숲에 붉은 열매가 달려 있는 것을 보았고, 그 열매로 허기를 채웠다. 빨간 열매는 매우 쓴맛이 나 그냥은 먹을 수 없어 물을 넣고 끓여서 그 물을 마셨는데 신기하게도 몸의 피로가 풀리는 것처럼 느껴졌다. 오마르는 이 음료를 이용해 환자들을 치료하기 시작했고 그가 머무는 숙소 앞에는 환자들이 끊이질 않게 되었다고 한다.

(2) 커피의 어원

영어식 표현인 커피(Coffee)는 그 어원이 이디오피아어로 힘을 뜻하는 카파(Kaffa)에서 비롯되었다. 커피의 전설에서처럼 마시면 온몸에서 힘이 솟는다는 의미다. 실제로 에티오피아에는 카파라는 지역에서 지금도 야생커피를 수확하고 있다.

(3) 커피원두의 분류

오늘날 상업적으로 재배되고 있는 커피나무를 식물학적으로 분류하면 아라비카종, 로부스타종 및 리베리카종 등 3가지로 분류된다.

에디오피아가 원산지인 아라비카종은 전세계생산량의 70%를 차지하고 있으며, 콩고가 원산지인 로부스타종은 주로 인스턴트커피에 이용되고, 라이베리아종은 산출량이 매우 미미한 편이다. 커피의 원두는 최고급커피인 블루마운틴(자마이카산), 모카(예멘, 에티오피아산), 코나(하와이산), 킬리만자로(탄자니아산) 등이 있으며, 가장 흔한 커피는 산토스(브라질산)와 메델린(콜롬비아산) 등이 있다.

(4) 커피 생산지

대부분의 커피나무가 자라고 있는 곳은 열대 및 아열대 지역으로 지도에서 하나의 띠를 이루고 있는데 이것을 커피 벨트라고 한다.

브라질이나 인도의 몬순 지역처럼 건기와 우기가 뚜렷한 곳에서 재배가 많이 이루어지고 있다. 토질도 매우 중요한데 커피가 재배되는 대부분의 지역은 화성암 풍화 지대로 토양이 비옥하고 배수가 잘 되는 곳이어야 한다.

대표적인 생산국으로는 브라질, 콜롬비아, 인도네시아(루악커피), 인도, 케냐, 자마이카, 에티오피아, 콩고 및 예멘 등 약 60개국에서 전 세계 판매량의 대부분을 생산하고 있다.

(5) 커피의 품질 구별

커피의 품질을 구별할 때 우리는 주로 관능적 요소에 의해 구별하는 경우가 많은데 이때 관능적 요소의 주요 구성 요소는 바디(Body), 신맛(Acidity), 아로마(Aroma), 플레이버(Flavor) 등이 있다.

- **아로마(Aroma)**

  아로마는 후각으로 느껴지는 향기를 말한다.

- **신맛(Acidity)**

  신맛은 커피의 고유한 특징인데 시큼한 맛과는 달리 혀끝, 혀 및 부분과 입천장으로부터 느껴지는 신선하고 강한 맛이다. 신맛이 충분하지 않으면 커피 맛이 밋밋하게 느껴진다.

- **바디(Body)**

  커피를 한 모금 입 안에 머금었을 때 촉각을 통해 입 전체에 느껴지는 농도, 밀도, 점성 등을 의미한다. 밀도가 가득 찬 느낌이 들 때 풀(full), 밀도가 맞게 느껴질 때 로우(low), 중간 정도일 때 미디움(midium), 매우 농도가 진하고 점성이 강할 때 헤비(heavy) 등으로 표현한다.

- **플레버(Flavor)**

  플레버(Flavor)는 커피를 입 안에 머금었을 때의 전체적인 느낌과 풍미를 말하는 것으로 커피의 맛을 구성하는 바디, 신맛, 아로마 등이 서로 조화를 이루어 만든 느낌이다.

(6) 커피 로스팅(Roasting)

생두인 그린빈(green bean)을 로스팅하는 정도에 따라 라이트로스팅(light roasting) → 시나몬로스팅(cinnamon roasting) → 미디엄로스팅(midium roasting) → 하이로스팅(high roasting) → 시티로스팅(city roasting) → 풀시티로스팅(full city roasting) → 프렌치로스팅(french roasting) → 이탈리안로스팅(italian roasting)의 단계로 진행이 되며, 각 단계마다 고유의 색깔과 향미와 맛을 지니게 된다.

(7) 커피 추출 기구

• **드립퍼(Dripper)**

드립퍼를 이용한 커피추출법은 여과지 위에 있는 커피 가루 위로 뜨거운 물을 직접 부어서 추출하는 방법인데 매우 투명한 커피 맛을 즐길 수 있다는 것이 장점이다.

• **사이폰(Siphone)**

진공관식 커피기구인 사이폰은 베이큠(Vacuum)이라고도 하며, 두 개의 플라스크로 되어 있고 수증기압의 차이로 인해 물의 이동을 이용하여 커피를 추출하는 방법이다. 사이폰은 커피가 추출되는 과정을 직접 지켜볼 수 있다.

• **프렌치프레스(French Press)**

프렌치프레스라는 기구는 압력을 이용해 간단히 커피를 만드는 방법으로 커피 속의 모든 오일 성분이 물에 녹아 양질의 커피 맛을 즐기게 해 준다.

• **모카포트(Mocha Pot)**

모카포트는 이탈리아에서 많이 쓰는 에스프레소 기구다. 강철로 만들어졌는데 윗부분인 포트탑, 커피가 들어가는 중간의 바스켓, 하단의 베이스로 나뉜다. 하단인 베이스에 분쇄한 원두를 담은 바스켓을 끼우고 물을 끓이면 수증기가 커피가 들어 있는 바스켓을 통과하며 커피를 추출하여 포트 탑으로 올라가게 된다.

• **이브릭(Ibric)**

터키에서는 커피를 전통적인 이브릭을 이용해 끓여 마신다.

깔대기 모양으로 만든 작은 구리 주전자인 이브릭에 아주 곱게 간 원두와 물을 넣고 끓여 마신다.

(8) 상식적인 커피관련 용어들

· 카페 : 커피

· 라떼 : 우유

· 마키아또 : 점찍다

· 치노 : 거품

· 모카 : 초코

2) 에스프레소(Espresso)

에스프레소(Espresso)는 빠르게 추출하는 커피를 말한다. 일반적인 드립식 커피가 2~3분에 걸쳐 천천히 커피를 추출하는 반면에 에스프레소는 30초 내외의 짧은시간에 커피의 모든 맛 성분을 추출한다.

에스프레소는 전용 추출기계를 이용하는데, 뜨겁게 데워진 물을 가압 모터로 인위적인 힘을 가하여 순간적으로 추출한 커피가 에스프레소다. 에스프레소는 강한 중력의 힘을 가하므로 수용성 성분 외에 비수용성 성분도 함께 추출되기 때문에 자연적인 중력에 의해 커피를 추출하여 원두로부터 물에 녹는 수용성 성분만 추출되는 드립식 커피보다 더욱 진한 맛과 강렬한 향을 만들어 낸다.

에스프레소는 이탈리아에서 탄생하고 발전하였으며, 이탈리아인들에게는 생활의 일부분일 정도로 보편적이다. 에스프레소는 현재 전 세계 커피시장에 넓은 시장을 형성하고 있으며, 커피 맛을 즐기는 전 세계 미식가의 입맛을 사로잡고 있다.

(1) 블렌딩(Blending)

조화로운 감칠맛을 가진 에스프레소는 여러 종류의 원두로 각각의 특성을 살려 조화롭게 혼합된 커피에서 진정한 에스프레소가 만들어진다. 조화로운 감칠맛, 풍부한 향이 바로 훌륭한 에스프레소의 전제 조건인데 원산지가 다르고, 특성이 다른 커피를 적정 비율로 블랜딩했을 때 얻어지게 된다.

각각의 원두에 대한 적정한 혼합 비율이 에스프레소의 맛과 향을 결정해 주기 때문에 블랜딩을 잘하는 로스팅 업체는 섬세한 원두 혼합과정을 통해 시장에 질좋은 상품을 공급하게 되고 블랜딩에 실패한 업체의 경우 품질의 부조화로 인해 시장에서 외면을 받게 되는 것이다.

조화로운 블렌딩을 위해 가장 좋은 방법은 매번 커피를 소모할 때마다 블렌딩에 사용된 원두 전체를 점검해야 하는데 원두의 구성비율을 조절하여 각각의 특성을 점검함으로써 최상의 블렌드 커피를 창출해 내도록 노력해야 한다. 간소화된 블랜딩 방법으로는 이미 알고 있는 고정비율을 이용하여 블렌딩에 사용할 원두 종류를 택하고 각 원두의 블렌딩 성분비율을 정해 놓은 후 그 내역에 따라 동일한 원산지에서 다음 블렌딩에 사용할 커피원두를 구매하여 이용하는 방법이다.

(2) 원두의 선택

엄선된 각각의 원두들을 적절하게 섞고 볶아서 커피가 만들어지기까지 원두의 생산 및 공정 단계는 매우 중요하다. 포장된 커피 원두가 만약 공기 중에 그대로 노출되면 원두가 지니는 최상의 향은 이산화탄소와 함께 산화된다. 신선도를 오래 지속시키는 방법으로는 진공 포장방식, 개폐밸브 시스템, 압축포장법 등 세 가지 포장방법이 이용되고 있다.

(3) 커피의 물

커피의 맛을 최적으로 유지하기 위해서는 에스프레소 기계로 공급되는 물에 이미와 이취가 없어야 한다. 일반적으로 수돗물에는 염소성분이 있어 이로 인해 독특한 냄새가 난다. 따라서 커피를 추출할 때 수돗물을 이용하면 염소 냄새로 인해 커피 고유의 향에 문제가 발생할 수 있다.

칼슘 및 마그네슘 염류를 비교적 다량으로 함유한 경수(light water)는 보일러의 에스프레소 기계 내부 벽에 잘 흡착되는데 물을 직접 끓이게 되면 이 칼슘이 히터의 표면에 녹아 히터를 망가뜨린다. 또한 연결되어 있는 직경이 가는 파이프 등이 막히게 되며, 여러 가지 이온 성분의 금속들과 불순물로 인하여 커피 고유의 맛을 잃게 한다.

(4) 에스프레소의 환경적 요소

에스프레소의 품질을 변화시키는 것에는 환경적인 요인도 포함된다. 에스프레소는 기후 변화에 따라 에스프레소는 맛과 향이 달라지기도 한다. 그 가운데서도 습기는 에스프레소의 품질을 변화시키는 가장 큰 요인 중 하나여서 판매 장소가 실내인지 실외인지가 매우 중요하다. 실내는 항상 기온을 일정하게 유지할 수 있어 에스프레소의 품질 변화가 심하지 않지만 실외의 판매장에서 작업할 경우 원두를 갈아 packing하는 과정에서 원두의 변화는 즉시 일어나기 시작한다. 따라서 고온다습한 날씨에 에스프레소를 추출한다는 것은 최악의 조건이다. 태양이 강한 날씨에는 분쇄된 원두의 수분이 공기 중으로 빠르게 증발하게 되고, 비가 오는 습한 날씨에는 분쇄된 원두의 수분 흡수도 많아지게 된다.

(5) 원두의 보관

원두의 보관은 포장된 원두의 경우 어느 정도의 품질을 유지할 수 있지만 보관 장소에 따라서 많은 차이가 난다. 장기간 보관을 할 때는 냉동고에 보관하는 것이 유리하지만 냉동 보관한 원두를 바로 꺼내서 사용한다면 커피의 품질을 위해서는 바람직하지는 않다. 냉동고에서 차갑게 보관되었던 원두를 실온에서 포장을 뜯는 순간 공기 중의 수분이 커피원두에 흡착되어 빠른 산화를 가져오기 때문이다. 냉동 보관했던 원두는 포장을 뜯지 않은 상태로 하루 정도 실온에서 방치하여 해동시킨 후 사용해야 하는 것이 바람직하며, 단기간에 사용할 원두라면 그늘지고 환기가 잘되는 곳에 보관하였다가 사용할 것을 권장한다.

(6) 에스프레소 기계(Espresso Machine)

에스프레소 기계는 분쇄된 커피에 고압력의 끓는 물을 통과시켜 커피를 추출해 주는 역할을 한다. 커피 원두로부터 당분과 단백질 등의 수용성 물질과 지방과 같은 비수용성 물질들을 추출해서 조화로운 감칠맛과 풍부한 향이 조화된 에스프레소 커피를 만들어 주는 장치이다.

(7) 그라인더(Grinder)

원두 형태의 커피는 일반적으로 분쇄된 커피보다 더 많은 커피 향을 함유하고 있다. 에스프레소가 즉석커피라는 점을 감안하면 커피를 추출하기 직전 원두를 분쇄하는 것이 바람직한데 이때 원두를 분쇄하는 기계를 '그라인더'라고 한다.

3) 바리스타

(1) 바리스타(Birista)의 정의 및 역할

이탈리아 어원에 따르면 바리스타는 bar 안에서 제품을 만드는 사람을 뜻한다. 이탈리아에서는 일반적으로 바리스타라 부르기도 하고 바맨(barman)이라 부르기도 한다. 맛있는 커피를 만들기 위한 바리스타의 역할은 카페의 고객이 만족할 만한 품질의 원두를 잘 선택하여 자신만의 노하우를 곁들여 최상의 품질의 음료를 고객에게 서비스하는 것이다.

4) 라떼아트(Latte art)

언제부턴가 우리 주변에서는 다양한 커피를 취급하는 에스프레소 전문점을 쉽게 찾아 볼 수 있게 되었는데 카푸치노나 카페라떼, 카라멜 마끼아또 같은 이탈리아식의 커피메뉴나 음료를 즐겨 찾는 새로운 커피문화의 trend가 형성되고 있음을 피부로 느끼게 되었다.

에스프레소 커피시장의 확대와 더불어 에스프레소를 이용한 커피 전문점이 대거 등장하고 커피 음료의 종류가 다양해지고 복잡해지면서 커피 제품이 획일화되면서 바리스타는 자신의 능력을 발휘할 기회를 점차 잃게 되었다. 이때 등장한 것이 커피에 예술적 디자인을 접목시킨 라떼아트(Latte Art)였던 것이다. 라떼(Latte)란 이탈리아어로 우유(milk)를 말한다. 그리고 아트(Art)는 미적 작품을 형성하는 창조적 활동을 뜻한다. 에스프레소 커피에 사용되는 라떼아트의 의미는 커피를 대상으로 우유를 활용한 예술적 작품을 창조하는 것이라고 할 수 있다. 라떼아트는 꽃과 나뭇잎 모양을 이용한 이탈리아의 로제따아트(Rosetta Art)가 시초였으며, 크레마 위에 그려지는 디자인이 점점 발전되면서 다양한 형태와 이름이 만들어지게 되었다. 바리스타가 디자인 카푸치노(라떼아트, Latte Art)를 도입한 이유는 카페모카 등은 커피 고유의 맛보다는 달콤하고 부드러운 초콜릿 맛이 강하기 때문에 아무 커피전문점에서든 비슷한 맛을 낼 수 있지만 커피와 우유를 가지고만 만드는 카푸치노만큼은 바리스타의 능력에 따라 다양한 맛과 다양한 라떼아트를 표현할 수 있기 때문에 바리스타 자신의 실력을 확실히 표현해 주는 음료로 활용이 가능하기 때문이었다.

3.3 술

1) 술의 역사적 배경

술은 인류의 역사와 더불어 존재하였으며 술의 기원은 아주 먼 고대, 신에게 바치는 신성한 제사에 사용되는 음료로 전승되어 왔음을 알 수 있다.

최초로 인간이 만든 술은 농경시대부터 비롯되었는데 BC 4000년경에 맥주가 최초로 만들어졌고, 다음으로 발견된 술이 포도주였다. 중세 이전까지 맥주와 포도주를 즐겨 마셔 왔으나 중세에 강한 주정(酒精)의 제조과정을 고안해 내어 증류비법이 유럽에 전파되었고, 그 결과 보다 알코올코올도수가 증강된 증류주를 개발하게 되었다.

그 후 12C경에 러시아에서 보드카(Vordca)가 개발되었고, 브랜디(Brandy)와 진(Gin)이 탄생되었으며, 서인도제도에는 사탕수수를 원료로 한 럼(Rum)이 만들어졌으며, 멕시코에서는 원주민이 즐겨 마시는 풀케(pulque)를 증류하여 테킬라(Tequila)를 만들었다. 이외에도 수많은 리큐르(Liqueur)가 만들어졌고, 각 지역에서 자기 민족에 맞는 새로운 알코올음료가 생겨나고 있다.

2) 술의 분류

(1) 양조주(Fermented Liquor)

양조주는 효모의 발효작용에 의해 당분(carbohydrate)을 원료로 하여 발효시킨 술과 곡류 중의 전분(starch)을 당화, 발효시킨 술로 구분한다. 당질을 원료로 만든 술에는 와인(Wine), 사과주(Cider) 등이 있고, 전분질을 원료로 하여 만든 술에는 맥주, 막걸리, 약주, 청주 등이 있다.

(2) 증류주(Distilled Liquor)

일반적으로 과실이나 곡물로부터 양조하여 만드는 양조주는 6~14% 내외의 알코올을 얻을 수 있는데, 더 높은 알코올농도를 얻기 위해 양조한 술을 증류해서 만든 것이 증류주이다.

(3) 혼성주(Compounded Liquor)

혼성주는 증류수 또는 양조주에 색깔, 맛, 향기를 내는 재료와 당분을 가해서 만든 술로 리큐르(Liqueur)라고 불린다.

3) 포도주(wine)

포도주란 포도를 원료로 양조한 술인데 인류와 더불어 오늘날에 이르기까지 애용되어 온 술이다. 유럽은 물론 북남미주를 비롯하여 아프리카, 오스트리아 및 아시아의 여러 지역에서 포도의 재배와 포도주 제조의 기술이 널리 보급되고 있다는 사실로 보아 포도주와 인류와의 관계는 필연적인 것이라 할 수 있다.

포도주는 천연 효모에 의하여 자연 발효를 일으키고 발효가 완료되면 여과하는 간단한 방법으로 양조를 하는 것이 보편적인 방법이다. 포도주를 이용한 제품군에는 발포성 포도주, 알코올을 보강한 포도주, 약초를 배합한 포도주 등 여러 가지 형태의 포도주가 만들어질 수 있다. 으깬 붉은포도를 그대로 발효시키면 적포도주(red wine)가 되고, 백포도주(white wine)를 만들 경우는 청포도를 사용하거나 적포도에서 깐 포도알에서 과즙을 짜내 발효시킨다. 발효는 보통

뚜껑이 없는 큰 통에서 이루어지는데 특수한 경우 뚜껑이 있는 작은 통을 쓰는 경우도 있다.

적포도주(red wine)는 저장기간이 8~23년인 것이 맛의 절정기이고, 좋은 것은 50년 이상도 저장할 수 있으며 백포도주(white wine)는 2년 후부터 마실 수 있으며, 10년 후면 맛이 절정에 달하고, 경우에 따라 30년 동안 맛이 유지된다.

(1) 포도주의 분류

- 색 : 적포도주(red wine), 백포도주(white wine), 핑크색 포도주(rose wine), 황포도주(yellow wine)
- 맛 : 감미 포도주(sweet wine), 산미 포도주(dry wine)
- 알코올 첨가 유무 : 강화 포도주(fortified wine), 비강화 포도주(unfortified wine)
- 탄산가스 유무 : 발포성 포도주(sparkling wine), 비발포성 포도주(still wine)
- 용도별 : 식전 포도주(aperitif wine), 식사 중 포도주(table wine), 식후 포도주(dessert wine)
- 산지별 : 이탈리아산 포도주, 프랑스산 포도주, 스페인산 포도주, 포루투갈산 포도주, 러시아산 포도주, 아르헨티나산 포도주, 아메리카산 포도주, 독일산 포도주, 한국산 포도주

(2) 포도주와 식사

가. 식전 포도주(Aperitif wine)

식전에는 일반적으로 술을 마시지 않으나 식전에 포도주를 마시는 경우에는 포도주 중에서 달지 않은 것(dry wine)을 마시는데 일반적으로 벌머스(vermouth)나 셰리(sherry)가 적합하다.

나. 식사 중 포도주(Table wine)

식사 중 마시는 포도주는 생선요리에는 백포도주, 스테이크 등에는 적포도주가 좋다.

다. 포도주를 서브하는 요령

포도주는 식사의 종류와 조화(combination)를 고려하여 서브해야 한다.

요리가 무거울 때는 강한 포도주, 요리가 가벼울 때는 약한 포도주가 잘 어울린다. 그리고 포도주 잔은 커야 하는데 잔이 커야만 포도주의 향기도 그윽하기 때문이다. 백포도주는 냉각시켜서 서브하고, 적포도주는 실내온도 정도로 서브한다. 온도에 따라 적포도주의 떫은 맛과 산미가 완화되고 백포도주는 냉각되면서 감미가 완화된다. 포도주는 서브하기 전에

적당한 온도로 맞추어야 하며 얼음을 넣으면 좋지 않다. 그만큼 온도에 따라 맛의 변화가 미묘하게 달라지기 때문이다.

포도주 병은 눕혀서 저장되어야 하는데 이렇게 하면 코르크 마개가 언제든지 젖어 있어서 외부로부터 공기를 차단해 주기 때문에 포도주가 상하지 않게 된다.

좋은 포도주라도 병마개를 하지 않고 24시간 방치하여 두면 식초와 같이 변질되어 버린다.

라. 식사 때 제공되는 포도주

- 벌머스(Vermouth) : 벌머스는 백포도주로서 감미를 부가하여 보강하고 또 약용식물로 우려낸 것이다.
- 셰리(Sherrt) : 셰리는 백포도주로서 스페인의 헤레사(jeres) 지방의 것이 대표적인 것이다. 이는 수프 요리에 적합한 포도주이기도 하고, 식욕촉진 술(aperitif)로 제공되기도 한다.
- 샴페인(Champagne) : 프랑스의 샹파뉴(Champagne) 지방에서 생산되는 천연 발포성 포도주(sparkling wine)로 축배용으로 흔히 애용하는 술이다. 삼페인의 특징은 흔쾌하고 탄산이 포화상태에 있는 까닭에 독특한 풍미를 준다.

4) 맥주(Beer)

(1) 맥주의 개념과 역사

맥주는 대맥아(malted barley)를 발효시켜서 쓴맛을 내는 호프(hop)와 물, 그리고 효모(yeast)를 섞어 저장하여 만든 탄산가스가 함유된 알코올성 음료로 주정도 약 4%이고 여름에는 7˚C, 겨울에는 10˚C 정도로 서브하는 것이 이상적이다.

(2) 맥주의 원료

• 보리(大麥)

맥주 보리의 품종으로 줄기 주위에 두 줄로 보리알이 열매를 맺는 이조대맥이 가장 많이 사용되고 있다.

• 호프(hop)

호프는 맥주의 독특한 쓴맛과 향을 내고 보존성을 증가시킨다는 효과가 있기 때문에 맥주에 있어서 불가결한 원료가 된다. 호프는 뽕나무과에 속하며 예명은 휴멀러스·루펄러스(Humulus·lupulus)라고 하는 만성식물이다.

• 물

맥주용의 물로 적합한 수질로는 pH가 산성인 것이 좋다. 알칼리성이라면 산소작용의 진행이 어렵고 맥주즙의 투명도가 좋지도 않다.

• 효모

맥주에 사용되는 효모는 맥아즙 속의 당분을 분해하고 알코올과 탄산가스를 만드는 작용을 하는 미생물로 이 효모에는 상면발효 효모와 하면발효 효모가 있다.

(3) 맥주의 분류

맥주에는 여러 가지 종류가 있는데, 제조방식에 따라 하면 발효 맥주와 상면발효 맥주로 나눌 수 있으며, 빛깔에 따라 담색 맥주, 중간색 맥주, 농색 맥주 등의 3가지로 나누어진다.

5) 증류주

(1) 위스키(whisky)

가. 위스키의 역사

위스키는 증류주 중에 가장 많이 애용되는 술로 곡류를 당화, 발효시킨 후 함유된 알코올을 증류하여 얻어 내는 술이다.

위스키는 나라별, 지방별, 원료별, 증류법 또는 저장법 등에 따라 다양한 위스키가 만들어지는데, 이러한 주정을 큰 참나무(oak) 통에 넣어서 오랫동안 성숙시킨 후에 판매된다. 그러므로 위스키가 처음에 증류될 때에는 무색이지만, oak 통에서 성숙되는 동안에 착색이 되고 향미가 생겨서 고유의 품질이 만들어지는 것이다.

위스키는 12세기경 아일랜드에서 제조되기 시작하여 17세기경 스코틀랜드로 전파되어 오늘날의 스카치·위스키의 원조가 된 것이라 할 수 있겠다.

나. 위스키의 분류

• 스카치위스키(Scotch Whisky) : 스코틀랜드가 원산지로 지금은 2,300여 종으로 위스키의 60%의 생산량을 자랑하고 있다. 보리(barley)의 몰트(mail, 엿기름)을 주원료로 스코틀랜드의 맑은

샘이나 시냇물을 이용해서 만든다.

• 벌본위스키(Bourbon Whisky) : 아메리칸 위스키로 미국의 벌본(Bourbon) 지방에서 생산되는 것이다. 이곳에서는 옥수수가 많이 생산되어 이를 원료로 만든 위스키를 말하나 이 위스키는 참나무통 안에서 착색된 것으로 미국의 위스키를 대표한다.

• 캐나디안위스키(Canadian Whisky) : 라이위스키(rye Whisky)의 계열에 속하는 것으로, 캐나다에서는 소맥(小麥)의 사용이 많으나 일반적으로 호밀, 보리, 옥수수를 원료로 한다.

• 아이리시위스키(Irish Whisky) : 위스키 중에서 아이리시위스키가 제일의 전통을 자랑하며, 스카치의 맛보다 조금 무거운 느낌이 든다. 아이리시위스키는 아일랜드산의 보리, 귀리, 밀, 옥수수로 만든 몰트위스키와 그레인위스키가 혼합된 것이다.

(2) 브랜디(Brandy)

가. 브랜디의 정의와 역사

향기로운 냄새와 그 맛의 품위를 자랑하는 브랜디(brandy)는 과실의 발효액을 증류하여 알코올도수가 강하게 제조된 술을 총칭하며, 포도를 원료로 한 것이 단연 압도적으로 많다. 포도로 포도주(wine)를 만들기 시작한 것은 기원전이지만 포도주를 증류하여 스피리트(spirit)를 얻게 된 것은 13세기경에 들어와서부터이다.

나. 브랜디의 원료

브랜디의 원료로서 사용되는 것은 역시 포도이다. 브랜디의 생산지에 따라서 다르겠지만 프랑스에서는 폴·블랑츠(Folle Blanch), 상·에미용(Saint Emiein) 꼴롱바(Colombar) 등의 5가지 종류의 포도 품종이 사용되고 있다. 브랜디는 포도뿐만 아니라 일반 과실 즉 사과나 체리로도 만들어지는 것이 있다. 그러나 블랜디는 프랑스의 꼬냑 지방의 포도로 만든 것이 세계적으로 가장 유명하다.

다. 브랜디의 표시

브랜디는 숙성기간이 길수록 품질이 향상된다. 이러한 브랜디의 품질 표시는 브랜디의 병을 보면 메인라벨이나 넥라벨(neck label)에 별(☆)의 수 또는 V.O., V.S.O, V.S.O.P., X.O., Extra 등의 표시를 볼 수가 있다.

현재로는 엑스트라(Extra)가 최고의 것으로 알려지고 있다.

〈표 3-3〉 브랜디의 성숙도 표시

표 시	숙성연도
☆	2~5년
☆☆	5~6년
☆☆☆	7~10년
☆☆☆☆☆	10년 이상
V.O.(Very old)	12~15년
V.S.O.P.(Very special old pale)	25~30년
X.O.(Extra old)	40~45년
Extra Napoleon	70~86년

라. 브랜디의 분류

프랑스에서는 브랜디를 오드비(Eau-de vie, 생명의 물)라고 하여 모든 브랜디의 총칭으로 부르고 있다. 따라서 포도로 만들어진 것을 오드비·드·뱅(Eau-de vie de vin, wine brandy) 또는 그레이프 브랜디(grape brandy)라고도 부른다. 프랑스는 꼬냑 지방의 Cognac과 아르마냑 지방의 Armagnac 브랜디가 유명하다.

6) 칵테일(Cocktail)

(1) 칵테일의 정의

칵테일이란 여러 가지의 양주, 과즙과 향미 등을 혼합하여 얻은 음료 즉, 재료를 서로 섞어 만드는 음료라고 해석되고 있으나, 넓은 의미의 칵테일은 혼합 음료의 모두를 가리켜 믹스드링크(mixed drinks)라 한다. 좁은 의미의 칵테일은 혼합의 과정에서 셰이커(shaker)나 믹싱글래스(mixing glass)를 사용하여 칵테일 글라스에 넣어 마시는 것을 말한다.

(2) 칵테일의 종류

• 에피타이저 칵테일(Appetizer Cocktail)

식욕촉진제로 마시는 가벼운 칵테일로서 드라이(dry)한 칵테일에는 올리브를, 스위트(sweet)한 칵테일에는 체리로 장식(decoration)하여 제공하는 혼합주를 말한다. 즉 맨해튼과 마티니 칵테일이 바로 이에 속한다.

• **클럽 칵테일(Club Cocktail)**

정찬의 코스에서 오드볼이나 수프 대신 내는 우아하고 자양분이 많은 칵테일로서, 식사와 조화를 이루고 자극성이 강한 것이 특징으로 클로버클럽과 로얄클로버 칵테일이 이에 속한다.

• **비포 디너 칵테일(Before Dinner Cocktail)**

식사 전에 마시는 칵테일로서 마티니 칵테일이나 맨해튼 칵테일이 바람직하다.

• **에프터 디너 칵테일(After Dinner Cocktail)**

식후의 소화 촉진제로 마시는 칵테일로서 알렉산더 칵테일이 널리 애용되고 있다.

• **서퍼 칵테일(Supper Cocktail)**

만찬용의 드라이한 칵테일로서 비포 미드나이트 칵테일이라고 한다.

• **나이트 캡 칵테일(Night Cap Cocktail)**

잠자리에 들기 전에 마시는 음료로 아니세트(anisette)와 코인트로(cointreau), 계란 등 강장성(强壯性)의 것을 사용한 칵테일을 말한다.

• **샴페인 칵테일(Champagne Cocktail)**

축하연 때 마시는 칵테일로서 샴페인을 사용하여 상쾌한 맛을 풍긴다.

(3) 칵테일의 부재료(副材料)

가. 청량음료(Soft drinks)

알코올이 함유된 음료를 하드 드링크(hard drinks)라고 하는 반면에 알코올 성분이 없는 음료(non-alcoholic drinks)를 일반적으로 청량음료(Soft drinks)라고 부르고 있다.

• **탄산음료**

청량감을 주는 탄산가스가 함유된 음료로서 이 탄산가스는 미생물(微生物)의 발육을 저지하고 향기의 변화를 보호한다.

- 콜라(Cola) : 콜라 열매 속에 있는 콜라 두를 가공처리(加工處理)하여 콜라 엑기스를 만들어 내어 여기에 물을 타고 각종 향료를 넣고 탄산가스를 함유시킨 것이다.
- 소다수(Soda Water) : 탄산가스와 무기염료를 함유한 천연광천수
- 진저에일(Ginger ale) : 새앙의 향을 함유한 소다수로 식욕증진이나 소화제로 효과가 있어 많이 마시고 있으나, 대개의 경우 진(gin)이나 브랜디(brandy)와 혼합하여 마시기도 한다.

- 토닉 워터(Tonic Water) : 레몬, 라임, 오렌지, 키니네 껍질 등으로 엑기스를 만들어 당분을 배합한 것이다.
- 사이다(Cider) : 사과를 발효해서 제조한 일종의 과실주로 알코올함량이 1~6% 정도인 청량음료이다.

• **무탄산음료**

- 광천수(Mineral Water, 鑛泉水) : 광천수에는 천연수와 인공수가 있는데 여기서 말하는 광천수(Mineral Water)는 칼슘, 인, 칼륨, 라디움, 염소, 마그네슘, 철 등의 무기질(無機質)이 함유되어 있는 인공광수(人工鑛水)를 말한다.

나. 과즙 주스(Fruit Juices)

· 포도 주스(Grape juice) : 천연 포도즙보다 가공된 캔이나 병으로 포장된 것을 사용한다.

· 레몬 주스(Lemon juice) : 생 과실을 짜서 즙을 내어 이용하나 얇게 썰어 데코레이션용으로 글라스에 놓는다.

· 라임 주스(Lime juice) : 레몬보다 약간 작은 과실로 산미가 강한 주스이다.

(4) 기타 재료

· 플레인 시럽(Plain Syrup) : 백사탕을 물에 넣어 끓인 것

· 그레나딘 시럽(Grenadine Syrup) : 당밀에 풍미를 가한 적색의 시럽이다.

· 라즈베리 시럽(Raspberry Syrup) : 당밀에 나무딸기의 풍미를 가한 시럽이다.

· 메이플 시럽(Maple Syrup) : 미국, 캐나다 등지에서 재배되는 사탕의 수액을 넣어 만든 것

3.4 외식산업의 푸드 코디네이터와 푸드 비지니스

1) 푸드 코디네이터의 개념

음식의 라이프스타일이 다양화되고 well-being trend가 도입되면서 소비자들의 식품에 대한 인식은 배를 채우는 것에 국한되지 않고 음식 문화를 즐기고자 하는 방향으로 발전하게 되면서 푸드 코디네이터(Food Coordinator)라는 새로운 직종이 생겨나게 되었다. 우리나라에

서는 푸드 스타일리스트가 먼저 알려지기 되었는데, 처음에는 음식을 맛있게 보이도록 연출하는 직종으로 광고회사나 음식잡지의 사진촬영 등으로 영역이 한정되어 있다가 점차 활동 영역이 확장되고 있다. 일본이나 미국, 유럽에서는 푸드 코디네이터라는 직종이 이미 전문직으로 대우받고 있으나 아직 우리나라는 이제 막 새로 시작되는 미개척 분야인 Blue Ocean 분야라 해도 과언이 아닐 것이다.

의류 분야에 인간의 외형을 꾸미기 위한 여러 가지 액세서리를 이용하여 이미지를 만들고 유행을 선도하고 새로운 라이프스타일을 창출하는 패션 코디네이터가 있다면, 식생활 분야에서의 음식뿐만 아니라 서비스, 분위기, 문화, 공간적, 시각적 즐거움 등 인간의 감성을 만족시키는 여러 도구를 사용하여 음식의 이미지를 만드는 역할을 하는 것이 푸드 코디네이터라고 이해하면 될 것이다.

스타일리스트는 직접 디자인을 하지 않고 상품 기획과 회사의 정책을 디자이너에게 알려주고, 디자이너의 오리지널 디자인을 재조정하여 상품이 잘 팔릴 수 있도록 조언한다. 코디네이터는 정보를 수집, 분석하여 각 부분에 필요한 정보를 제공하고 방향을 정하는 조정자의 역할을 담당한다.

스타일리스트는 완성품을 가지고 데코레이션하며, 코디네이터는 둘 이상의 요소들을 통합하고, 조화시킨다는 의미에 착안하여 보다 넓은 의미의 영역을 가지고 있는 코디네이터로 통합해서 불러도 무방할 것이다.

2) 푸드 코디네이션 인접 학문

푸드 코디네이터가 되기 위해서는 경험해야 하는 인접학문은 첫째는 음식 문화에 대한 이해를 필수로 하고 있다. 둘째는 식품영양학의 조리에 관한 내용인데 음식에 대한 기초적인 이해가 없다면 푸드 코디네이션의 역할을 정확히 이해하기 어렵다. 셋째는 경영 마케팅에 대한 이해를 필요로 한다. 음식을 상품화하여 소비자에게 판매되기까지의 과정을 총괄적으로 지휘해야 하므로 음식을 상품화하고, 가격을 정하고, 홍보, 마케팅을 하여 소비자들이 사도록 하느냐에 대한 학문을 필수적으로 이해해야 한다. 넷째는 디자인, 아트 등 예술분야의 학문적 지식이 필요하다. 음식에 대한 미적인 요구가 상승하면서 시각적 구매 의욕을 고취시키기 위해 기본적으로 디자인이나 아트에 관련된 자질을 가지고 있지 않으면 안 된다.

3) 푸드 코디네이션이 창출하는 새로운 직업

푸드 코디네이션의 개념이 들어온 지 얼마 안 되는 우리나라는 방송, 광고 등의 미디어 매체나 전문잡지 등의 인쇄 매체의 테이블 코디네이션과 푸드 스타일링만이 알려져 있다. 외국의 경우 슈퍼마켓이나 백화점의 식료품 디스플레이, 레스토랑의 테이블 코디네이션, 메뉴 개발, 방송매체 등의 요리 스타일링, 파티전문 코디네이션, 전문잡지 스타일링 등 분야별로 세분화되어 있다.

(1) 음식사진연출과 푸드스타일리스트

콘셉트에 맞게 음식을 그릇에 아름답게 담고 배치하는 푸드 스타일링과 사진연출을 담당하는 직업이다.

(2) 식공간 연출과 테이블 데코레이션

음식의 이미지를 좌우하는 식공간과 테이블을 음식과 조화가 되도록 데코레이션하는 직업이다.

(3) 파티 플래닝과 푸드 코디네이터

파티 콘셉트에 어울리는 식공간을 구상하고 실행하는 사람, 즉 파티의 기획에서부터 음식과 공간 연출까지 전반적인 것을 진행하는 직업이다.

(4) 미디어와 푸드 코디네이터

다양한 매체를 통한 커뮤니케이션이 발달함에 따라 미디어별로 음식사진이나 영상뿐만 아니라 TV의 음식 관련 프로그램 진행, 지면의 음식 관련 칼럼 등을 전문적으로 쓰는 것을 진행하는 직업이다. 푸드 라이터(또는 푸드 칼럼니스트)도 이 영역에 해당된다.

(4) 레스토랑 컨설팅

레스토랑의 기본 콘셉트뿐만 아니라 입지조건, 소비자의 타깃, 메뉴 개발뿐만 아니라 브랜드 아이덴티티(brand identity), 인테리어, 홍보 마케팅까지 레스토랑 전반에 걸친 컨설팅을 하는 직업이다.

(5) 특화된 서비스 개발

특별한 사람을 대상으로 한 음식을 상품화할 기회가 늘어남에 따라 타깃의 특성에 맞는 메뉴나 서비스를 개발하는 직종이다.

(6) 기타 역할

와인 소믈리에, 커피 바리스타, 플로리스트, 매장 디스플레이 등 식품과 관련된 모든 영역의 직종들을 푸드 코디네이터의 직종으로 볼 수 있다.

4) 푸드 코디네이터와 외식산업

푸드 코디네이터로서 음식을 상품화하기 위해서는 목적을 확실히 해야 한다. 즉 소비자의 기호성을 확실히 파악하지 않고서는 다양한 모습으로 나타나는 소비자들의 입맛을 충족시키기는 매우 어렵다.

푸드 코디네이터는 직접 소비자를 상대하지는 않지만 소비자를 직접 상대하는 레스토랑 경영자, 식품업자, 식품회사 경영자 등에게 의뢰받아 그들의 입장이 되어 소비자에게 심어줄 음식에 대한 이미지를 만들어 간다. 또한 새로운 아이디어를 제안하는 조언자의 입장을 견지하게 되는데 이것이 바로 푸드 코디네이터의 역할이다.

푸드를 코디네이트하는 것만이라면 조리사, 식품구매담당자, 회사의 상품개발 담당자 등이 모두 푸드 코디네이터가 될 수 있겠지만, 푸드 코디네이터의 본질은 더 상위 개념으로 식품에 관해 전문적 지식과 기술을 사용하면서 식품이나 음식을 최상의 작품으로 조합해 나갈 수 있을지를 고민하여 최종 소비자에게 자신이 디자인한 푸드를 제안하기 위해 설득력 있는 비전을 보여 주어야 한다.

현대 문명의 푸드 비즈니스의 세계에서 푸드 코디네이터는 없어서는 안 될 중요한 전문직인데 푸드 코디네이터의 역할을 잘 수행하기 위해선 몇 가지 능력을 필요로 하고 있다. 첫 번째 능력은 손님의 욕구 포착능력이다. 손님의 욕구는 그 사람의 라이프스타일, 소비할 당시의 상황에 의해 달라진다. 두 번째 능력은 상품화를 위한 전문적지식과 기술이다. 세 번째 능력은 계수 관리 능력이다. 아무리 멋진 제안이라도 경영자에게 이익을 가져다 주지 않으면 의미가 없다. 네 번째로 미적인 감각과 소비자를 감동시킬 수 있는 예술적인 능력을 갖추어야 한다.

이러한 능력을 모두 익혔을 때 비로소 푸드코디네이터 전문가로 인정받을 수 있을 것이다.

지금 식품의 세계에서는 새로운 감각을 지닌 프레젠테이션 능력이 뛰어난 푸드 코디네이터를 요구하고 있으며, 푸드 비즈니스 전반에 걸쳐 전문가다운 푸드 코디네이터의 활약을 기대하고 있다.

5) 요리 사진 연출과 푸드 스타일리스트

텔레비전이나 잡지 등 각종 미디어에 등장하는 푸드 스타일리스트들이 많아지면서 요즘 젊은이 사이에서는 희망하는 직업으로 대두되었다.

푸드 스타일리스트가 주로 하는 일은 텔레비전, 비디오, 광고 등 동영상과 스틸사진을 촬영할 때, 화면에 촬영되어지는 요리 및 식기, 패브릭류, 소품 등을 준비하고 연출, 제작에 직간접으로 관련하는 것이다.

푸드스타일리스트가 활동하는 영역에는 텔레비전, 비디오, 광고, 잡지 등 광범위하고, 각종 미디어의 다양화와 병행하여 활동의 영역이 넓어질 가능성이 무궁하다. 의뢰 받는 일의 내용은 요리연구가와 같이 레시피 개발, 조리하는 것 촬영, 테이블 코디네이트, 식사 공간 연출 등 여러 가지이다.

그러나 푸드스타일리스트의 업무 중 가장 기본적인 것은 바로 요리 사진을 연출하는 일인데 개성을 나타낼 수 있는 독창성, 설득력 있는 보편성 등을 갖춘 요리 사진을 연출하기 위해서는 사진의 기본, 스타일링 기법 등을 연구하여야 한다.

6) 푸드 코디네이터의 활동 확장

(1) 푸드 저널리스트

오늘날 음식에 관한 정보는 텔레비전, 라디오, 인터넷 등의 미디어에 다양하게 제공되고 있는 실정이다. 미디어가 제공하는 음식의 정보를 몇 가지 테마로 선정하여 전하는 푸드 저널리스트는 단순히 미식의 정보에도 해박한 지식을 가지고 있으면서 소비자의 입장에도 설 수 있는 혜안도 가지고 있어야 한다.

(2) 푸드 라이터

요리 레시피, 푸드 스타일링에 관한 정보, 레스토랑 소개 및 요리 프로그램 등에서 요리 정보를 담당하는 부분의 일을 하는 푸드 라이터는 새로운 업체의 개업 소식이나 독특한 업소의 정보, 새로운 요리법이나 식재 등을 얼마만큼 알고 있는지 정보의 양과 정보 수집 능력이 관건이며, 살아 있는 현장의 정보가 가장 좋은 정보이다.

(3) 플로리스트

플로리스트는 꽃을 목적에 따라 아름답게 꾸미는 일을 하는 사람을 말하는데, 플라워(flower)와 아티스트(artist), 혹은 플로스(flos)와 전문가를 나타내는 접미사인 이스트(ist)의 합성어이다. 주요 업무는 고객의 요청에 따라 꽃을 포장하여 판매하거나 각종 행사장에 화훼 장식을 하는 등 최종 소비 단계에서 꽃의 부가가치를 창출하는 것이다.

푸드 코디네이터가 플로리스트의 활동으로 영역을 넓히고자 할 때는 테이블의 센터피스, 파티의 어레인지먼트 등 플로리스트 내의 특화된 전문적인 영역을 만들어 가는 것이 좋다.

(4) 와인 소믈리에

포도주를 관리하고 추천하는 직업이나 그 일을 하는 사람을 말한다. 영어로는 와인 캡틴(wine captain) 또는 와인 웨이터(wine waiter)라고 한다. 중세 유럽에서 식품 보관을 담당하는 솜(somme)이라는 직책에서 유래하였다. 주요 역할은 고객의 입맛에 맞는 와인을 골라 권하고 주문한 식사와 어울리는 와인을 추천하는 것이다.

따라서 각종 와인의 종류와 맛에 대한 지식이 풍부해야 되며 포도의 품종, 숙성 방법, 원산지, 수확 연도 등 와인의 특징에 대한 다양한 지식과 와인의 주문, 품목 선정, 구매와 저장, 재고 관리, 목록작성, 판매까지 총괄해서 맡아야 한다.

(5) 바리스타

이탈리아 어원에 따르면 바리스타는 Bar 안에서 제품을 만드는 사람을 뜻한다. 이탈리아에서는 일반적으로 바리스타라 부르기도 하고 바맨(Barman)이라 부르기도 한다.

맛있는 커피를 만들기 위한 바리스타의 역할은 카페의 고객이 만족할 만한 품질의 원두를 잘 선택하여 자신만의 노하우를 곁들여 최상의 품질의 음료를 고객에게 서비스하는 역할을 수행해야만 한다.

4. 차문화의 발전과 차도(茶道)

4.1. 차의 정의

차(茶)란 넓은 의미로 보면 마실거리 전체를 말하지만, 좁은 의미로는 차나무의 어린잎이나 순을 재료로 하여 만든 기호음료를 말한다. 도(道)란 기예, 무술, 방술 등에서 말하는 방법이 아니라 마땅히 지켜야 할 도리이며 근본 이치요, 깊이 깨달은 지경을 말한다. 이 두 말이 합한 차도(茶道)란 차의 중심을 흐르는 가장 근원적인 원리이자 원칙을 체득하는 길이다.

우리가 차를 마시는 멋과 더불어 마음 깊숙한 곳에 내재한 잠재의식 내지 무의식 세계를 차를 통해 개발할 수 있다는 확신이 있어 그것을 널리 알리려는 욕심에 감히 '차도(茶道)과정'을 경북대학교 평생교육원에 개설(일주일에 3시간, 1년 코스)했는데 올해로 어느덧 14기가 되었다.

4.2 차의 명칭

'차(cha)'는 광동성의 마카오 사투리로부터 전파된 것이고, '테(te)'는 복건성의 아모이 사투리로부터 전파된 것이다. 그런데 한국과 일본에서는 한음(漢音)인 '다(ta)', 오음(吳音)인 '사(sa)', 관용음(寬容音)인 '차(cha)'가 함께 사용되어 왔다.

차를 뜻하는 글자는 중국 육우의 차경(茶經)에 나타난 차(茶), 가(檟), 설(蔎), 명(茗), 천(荈) 외에 불교에서 사용하는 알가(arghya, 閼伽), '茶'자 이전에 사용했던 도(荼)자도 있다. 한편 한자문화권에서 어디에서도 '차'라는 뜻으로 사용하지 않았던 '++寒'(꽈리 한, 곧은 선비 같은 차 한)과 '菠'(시금치 파, 어지러운 세파를 바로잡는 차 파) 자를 우리나라의 한재 이목 선생은 그의 차노래, 차부(茶賦)에서 차를 뜻하는 글자로 사용하였다.

또한 현대 '茶'자의 발음 현황은 다음과 같이 정리할 수 있다.

첫째, 순수한 우리말의 복합어일 때는 '차'로 발음한다. '차나무', '차 드십시오', '차나물', '차찌꺼기', '찻잎' 등이다.

둘째, 한문자의 복합어 일 때는 '다'로 발음한다. 다구(茶具), 다각(茶角), 다과점(茶菓店),

다정(茶亭), 다식(茶食) 등이다.

셋째, '차'와 '다'를 함께 사용하는 경우이다. 茶禮(차례, 다례), 茶鐘(차종, 다종), 茶盞(찻잔, 다잔), 茶罐(차관, 다관), 茶飯(차반, 다반), 茶室(차실, 다실), 茶房(차방, 다방) 등이다.

넷째, '차'라는 음으로 보편화된 말이 있다. 國産茶(국산차), 代用茶(대용차), 人蔘茶(인삼차), 傳統茶(전통차), 雀舌茶(작설차) 등이다.

한편, 교학대한한사전에는 '茶'는 '다', '차(본음)'로 되어 있다. 우리나라에서 가장 먼저 발족하였으며 가장 큰 차연합회가 '韓國茶人聯合會'를 '한국다인연합회'로 읽지 않고 '한국차인연합회'로 읽는 것과 같이 필자가 저술한 '차도학'의 부록에 있는 차 관련 단어의 읽기를 가급적 '차'로 읽기를 제안하였다.

4.3 차의 전래

이능화의 조선불교통사에 의하면 인도에서 우리나라에 차가 전래된 것으로 다음과 같이 적고 있다. '김해의 백월산에는 죽로차가 있다. 세상에서는 수로왕비인 허씨가 인도에서 가져온 차씨라고 전한다.' 가락국 수로왕비가 된 인도 아유타국의 허황옥 공주가 김해 별진포에 상육한 것은 서기 48년 7월 27일이다.

『삼국유사』의 「가락국기」에는 수로왕의 수릉왕묘(首陵王廟)에 제향을 드렸다는 기록이 있다.

> 수로왕의 17대손 급간 갱세(賡世)가 조정의 지시를 받아 왕위전을 관장하여 매년 세시(歲時)에 술이랑 단술을 빚고, 떡·밥·차·과일 등속의 제물을 차려 한 해도 거르지 않았다. 그 제일(祭日)은 거등왕이 정한 연중 5일, 즉 정월 3일과 7일, 5월 5일, 8월 5일과 15일을 어김없이 지켰다.

위의 내용이 있는 걸로 보아서, 가야에는 신라의 대렴이 차를 가지고 오기(828년) 이전에 이미 차가 있었으며, 제사 때에 차를 사용했던 것이다.

고구려 제17대 소수림왕 2년(372년) 전진의 왕인 부견이 순도라는 스님 편으로 불상과 불경을 고구려에 전하였다고 한다. 이때 부처님 전의 4대 공양물의 하나인 차가 전해졌을 것으로 유추한다.

백제 제15대 침류왕 원년(384년) 동진에서 돌아오는 백제 사신을 따라 나온 인도의 마라난

타 스님에 의해 불교가 전래되었다. 이때 차가 전래되었을 것으로 추정된다.

신라에 차와 차씨가 전래된 사실에 대하여는 삼국사기 흥덕왕 3년(828년)조에 다음과 같이 적혀 있다. '당나라에 들어갔다가 돌아온 사신인 대렴이 차씨를 가져오니 왕은 지리산에 심게 하였다. 이미 차는 선덕왕(재위 632~646년)때부터 있었으나 이때에 이르러 성행되었다.'

한편, 진흥왕(재위 540~576년)때 화엄사를 창건(544년)한 연기조사가 차씨를 심었다는 것과 자장율사가 당나라에서 불구(佛具) 등을 643년에 가져오며 차씨도 가져왔다는 것이 전해 오고 있다.

또한, 중국의 『송고승전 구화산지(宋高僧傳 九華山志)』에 의하면 당나라 영위 4년(서기 653년) 김지장이란 스님이 신라에서 금지차(金地茶)와 황립도(黃粒稻)를 중국으로 가지고 간 것으로 기록되어 있다.

4.4 차의 종류

오늘날 우리가 음용하고 있는 차는 같은 원료로 만들어도 그 제조 방법 즉 자체효소에 의한 발효 정도에 따라 찻잎을 발효시키지 않은 녹차(綠茶, green tea), 발효된 홍차(紅茶, black tea), 일부를 발효시킨 반발효차(半醱酵茶, 靑茶, semifermented tea, oolong tea)가 있고, 미생물에 의해 후발효된 차와, 가공차로 분류하고 있다.

녹차는 제조 초기에 차 잎에 존재하는 효소를 불활성화시킴으로써 발효를 정지시키는데 그 방법으로 '볶음'방법과 '찜'방법이 있으며 전자를 '볶은차' 혹은 '덖음차'라 하며, 이는 맛이 좋아서 맛의 감각이 뛰어나 김치, 젓갈, 식혜 등 발효식품을 상식하는 우리나라 사람이 좋아한다. 또한 우리 국민들의 맛에 대한 감각이 뛰어남을 보여 주는 다른 하나의 예로 우리들의 일상용어에서 사람을 표현할 때에도 '저 사람은 싱겁다', '저 분은 짜다', '저 이는 맛이 갔다'는 등의 맛에 관한 용어를 자주 사용하는 것을 들 수 있다.

후자를 '찐차'라 하며 찻잎의 파란색이 유지되므로 음식의 빛깔을 중시하여 음식을 눈으로 먹는다고 하는 일본 사람들이 좋아한다.우리 속담에 '보기 좋은 떡이 먹기도 좋다'는 말이 있으나 이것은 우리의 같은 종류의 음식에서 양념이 잘 되고, 정성을 들여 아름답게 담아 내놓은 음식을 말하는 것이지 일본 사람들처럼 과대 포장을 하고 색소를 넣은 듯한 원색의 음식을 말하는 것은 아닐 것으로 생각한다.

홍차는 찻잎에 존재하는 효소를 이용하여 발효된 차를 말하며 유럽 사람들이 좋아한다. 사실 유럽 사람들은 차 산지로부터 멀리 떨어져 있어서 발효하지 않은 녹차는 마시고 싶어도 마실 수 있는 기회가 없었을 것으로 생각된다.

반발효차는 녹차와 홍차의 특성을 모두 살린 차로 1/3 정도 발효된 포충차(包種茶)와 1/2~2/3 정도 발효된 우롱차(烏龍茶)가 있다. 이들 반발효차는 향기가 좋으며 중국 사람들이 좋아한다. 반발효차는 발효 도중 달콤한 과일향이 형성된다. 특히 중국 사람들은 향을 중시한다. 그래서 이 달콤한 과일 향이 나지 않을 때 그것과 가장 비슷한 향이 나는 재스민 꽃잎을 첨가한 재스민차를 제조하기도 한다. 그러나 우리나라 사람들은 재스민차를 화장품 냄새가 난다고 하여 싫어하는 사람이 많다.

미생물발효차(微生物醱酵茶)는 차의 가장 오래된 형태의 하나로 생각되며, 당금차(漬物茶)는 주로 혐기성 발효로 행해지고, 후발효차(後醱酵茶)는 찻잎의 퇴적 중에 주로 곰팡이에 의한 호기성 발효로 이루어진다.

가공차(加工茶)에는 착향차(着香茶), tea bag, instant tea, can에 넣은 것 등이 있다.

차는 따는 시기에 따라서 그 이름이 다르다.

4월 말이나 5월 초에 그해 처음 따서 만든 것을 맏물차(첫물차, 1번차), 첫물 차를 따고 나서 6월경에 다시 돋아난 것으로 만든 차를 두물차(2번차), 두물차를 따고 나서 7월경 다시 돋아난 잎으로 만든 차를 세물차(3번차) 등으로 부른다.

또한 곡우(4월 20~21일) 이전에 따서 만든 차를 우전차(雨前茶), 곡우 직후에 따서 만든 차를 우후차(雨後茶), 입하(5월 5~6일) 때에 따서 만든 차를 입하차(立夏茶)라고 한다.

차는 형태에 따라서 이름이 다르다. 홍차나 녹차와 같이 우리고 난 뒤 잎의 모양이 되살아나는 잎차(葉茶), 차를 맷돌에 갈아서 가루로 만든 가루차(抹茶), 찻잎을 틀에 박아 낸 고형차로 모양에 따라서 덩어리차(團茶), 떡차(餅茶), 벽돌차(塼茶) 등으로 불린다.

차의 산지에 따라 이름이 붙은 것도 있다. 우리나라에서는 경남 하동군 화개면에서 생산된 화개차(花開茶)가 있다. 중국에는 안휘성 육안현의 리우안차(六安茶), 절강성 항주시 서쪽 서호산구 일대에서 산출되는 중국 차의 대표적인 차의 하나인 롱징차(龍井茶), 복건성 숭안현의 남쪽에 있는 무이산에서 산출된 무이차(武夷茶) 등이 있다. 일본에는 교오도오부의 우지시에서 산출되는 우지차(宇治茶)가 있다.

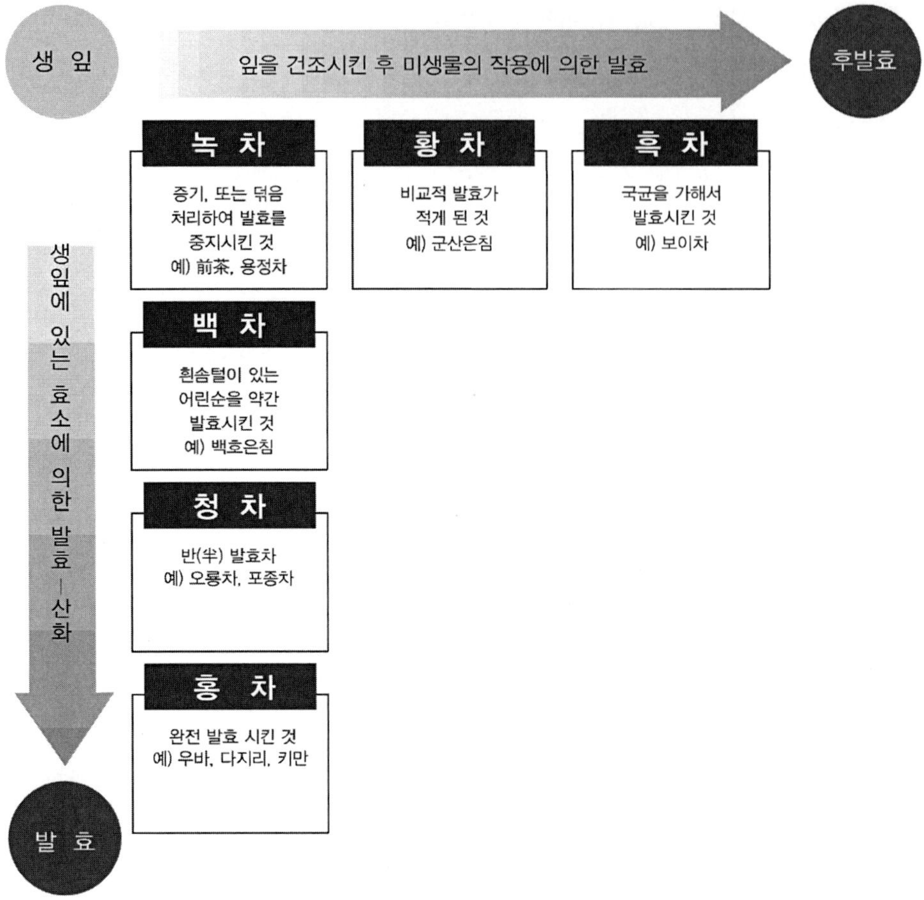

〈그림 3-1〉 차의 분류

'일창일기(一槍一旗)', '일창이기(一槍二旗)'라는 말이 있다. '창'이라는 것은 차싹의 끝인 생장점의 모양이 뾰족하여 창의 끝과 모양이 비슷하다는 뜻이고, '기'라는 것은 깃발이라는 뜻으로 찻잎의 모양이 펄럭이는 깃발에 비유한 말이다. 그래서 '일창일기'란 싹의 끝에서 돋은 움과 찻잎이 하나가 난 것을 말하고, '일창이기'란 움과 찻잎 두 개가 돋아난 것을 말한다.

이외에도 우리 조상들은 대숲 절반은 응달이고 절반은 햇볕이 드는, 반음 반양의 대숲에서 대 이슬을 맞고 자란 부드러운 찻잎으로 만든 차를 맛이 좋다는 뜻으로 죽로차(竹露茶)라 하였다. 그리고 찻잎의 크기가 참새의 혓바닥 만한 작은 찻잎 즉, 어린잎으로 만들었다는 뜻으로 작설차(雀舌茶), 차의 순이 매의 발톱을 닮은 차의 순으로 만들었다 하여 이름한 응조차(鷹爪茶), 차의 순이 보리의 낱알을 닮았을 때 만들었다 하여 이름한 맥과차(麥顆茶), 눈이 아직 덜 녹은 이른봄에 일찍 만든 차라는 뜻의 설녹차(雪綠茶) 등으로 이름하였다. 이런 명칭들은 좋고 고급이라는 뜻이 내포되어 요즈음 상표명으로 이용되고 있는 것도 있다.

중국에서는 원후차(猿候茶)라 하여 절강성의 천태산과 천목산에서 원숭이로 하여금 사람이 올라가기 어려운 벼랑에 있는 차나무나 큰 차나무에서 따게 하여 만든 차가 있다. 이 차는 양이 그렇게 많지 않고 값도 비싸다.

4.5 차문화의 발전 단계

서양의 사회학자 마슬로는 인간의 욕구는 생리적 욕구, 안전의 욕구, 사회적 욕구, 자기존중의 욕구, 자기실현의 욕구 등 다섯 단계로 되어 있으며 순차적으로 하위의 욕구가 최소한 어느 정도 충족될 때만 상위 욕구를 충족시키게 된다고 하였다.

식생활의 발전은 배가 고프니 죽지 않기 위해 본능적으로 먹이를 찾는 단계(生存食), 해뜨니 아침을 먹고 해 지기 전에 저녁을 먹는 단계(食生活認識), 풍부한 음식재료들이 있으니 그중에서 자연히 맛있고 영양 있는 것을 골라서 먹게 되는 단계(選擇的食生活), 거리와 장소에 구애됨이 없이 이름난 식당을 찾아다니면서 별미를 즐기는 단계(食道樂的食生活)로 발전하며, 마침내 가장 고차원적인 식생활로 음식을 먹는 것이 아름다움의 극치로 승화시켜 나가는 단계(藝術的食生活)로 발전하는 것이다.

모든 진리를 우리는 자연현상에서 배울 수 있다. 즉, 뿌리가 튼튼하면 굳건한 줄기가 생기고 줄기가 굳건하면 힘찬 가지를 뻗을 수 있게 된다. 또 힘찬 가지가 뻗게 되면 아름다운 꽃이 피게 된다. 그리고 꽃이 피고 나서야 맛있는 열매를 얻을 수 있는 것이다.

그렇다면 튼튼한 뿌리를 가지게 되는 것은 어떤 것일까? 그것은 자연의 섭리를 따르는 일, 욕심을 버리는 일이다. 차가 아무리 맛있는 것이라고 하더라도 너무 많이 취하면 차가 짜게 된다. 또한 물이 아무리 좋다고 하더라도 물을 너무 많이 넣게 되면 차의 맛을 제대로 즐길 수 없게 된다.

줄기를 굳건하게 하는 일은 안정된 마음에서 비롯된다. 차를 마시려면 우선 물이 끓기를 기다리고, 물이 식기를 기다리고, 또 차가 우러나기를 기다려야 한다. 이런 과정을 통해 우리는 안정된 마음을 가질 수 있게 된다.

또 굳건한 가지는 미리 정한 방법과 순서대로 행다를 하되 급주나 완주 없이 고이 차를 따르면서 자신의 내면을 보는 마음에서 비롯되고, 아름다운 꽃은 색, 향, 미를 감상함으로써 우리에게 한없는 기쁨이 일어나게 된다.

마지막으로 맛있는 열매는, 씨앗이 어디를 가나 하나의 독립된 개체가 되는 것처럼 차의 맛뿐만 아니라 뒷맛까지 음미할 줄 아는 마음의 여유를 가지는 것이다. 이러한 맛있는 열매는 뿌리에서 꽃까지의 단계와는 다르게 나무를 의지하지 않고도 존재하는 것으로 독립된 나무를 키울 수 있는 대자유의 몸이 되는 것이다.

목이 말라 물을 마시다가(飮料水), 밥 먹고 나서 숭늉 마시듯이 한 잔의 차를 마시고(生活茶), 손님이 오면 차 마시는 일에 정성을 다하여 대접하니 거기에서 예의범절이 나왔고(茶禮), 그리고 정성을 다하는 것이 한 차원을 넘으니 바로 아취요 아름다운 일이 생기는 것이다(茶藝). 그 아름다움은 외면의 아름다움에서 그치는 것이 아니라 내면에서 풍겨 나오는 멋이 있으니 그것이 바로 '도(道)'인 것이다(茶道).

4.6 맺는 말

효당 최범술 선사는 '차(茶)란 달면 삼키고 쓰면 뱉는 것이다'라고 하고, '차도(茶道)란 간 맞고 범절 있게 물 익혀 먹는 것이다'고 하셨다. 필자가 생각하는 참된 차인(茶人) 즉, 도인(道人)이란 자기 자신의 마음을 본인 스스로의 마음대로 할 수 있는 사람을 말한다고 본다. 우리가 흔히 말하는, 구름을 타고 하늘을 날아다니는 손오공은 도인이 아니라 술사(術士)에 불과한 것이다.

진정한 도인이란, 자신의 의식세계에서는 물론 무의식 세계에서까지도 본인의 마음을 자신의 마음대로 할 수 있는 사람인 것이다. 차를 마실 때도 찻잔을 잡는 것을 알고 찻잔을 잡고, 마시는 것을 바로 보면서 차를 마시는 등 어떤 행동을 하더라도 행동을 하고 있는 자신을 제삼자가 관찰하듯이 바르게 지켜보면서 항상 깨어 있으면서 자신의 마음이 일어나고 사라짐을 바라보는 연습을 하는 것이 차를 잘 마시는 일이다.

또한 서양의 심층 심리학자들은 우리의 마음을 빙산에 비유하였다. 빙산이 물 위로 보이는 작은 부분을 표면의식이라고 하고, 빙산 아래 보이지 않는 대부분을 잠재의식이라고 하였다.

이렇게 표면의식과 잠재의식은 붙어 있기 때문에 표면의식의 끊임없는 수련을 통해서 잠재의식 내지 심층무의식에 축적된다. 이러한 표면의식을 동양에서는 안식(眼識), 이식(耳識), 비식(鼻識), 설식(舌識), 신식(身識), 의식(意識)의 여섯 가지로 구분하고 있다. 이 여섯 가지의 일어나고 사라짐을 보면서 차를 마시다 보면 이와 연결된 제7식과 제8식을 활용할 수 있게 되는 것이다.

이들 표면의식 여섯 가지 훈련은 한 가지를 하였을 때보다 두 가지를 한꺼번에 사용할 경우 두 배의 효과가 아닌 네 배 이상의 효과를 낼 수 있다고 한다. 한편 검도, 서도 등 도를 닦을 수 있는 것들은 몇 개를 동시에 수련할 수 있을 뿐이다. 그러나 차는 여섯 가지 기관을 모두 사용할 수 있기 때문에 효과가 월등하다.

> 눈으로 차 자체의 모습과 차탕의 빛깔을 감상하고
> 귀로는 찻물이 끓는 소리, 차를 따르는 소리를 듣고
> 코로는 차호를 열 때의 향기, 차탕의 향기를 느끼고
> 혀로는 차의 맛을 음미하고
> 몸으로 물의 온도를 가늠하고 차완에서 느끼는 질감을 느끼며
> 뜻으로 정성을 다하여 차를 우리고 마시는 자신을 비추어 본다.

보다 중요한 사실은 이 여섯 가지의 일어나고 사라짐을 관찰하는 것이지 그 아름다움에 끌려 가는 것이 아니라는 것이다. 이것이 차 마시는 일이다. 그래서 고인들은 '차선일미(茶禪一味)'라 하였을 것이다.

차는 정성을 다하여 범절 있게(禮: 禮儀, 凡節), 자연의 섭리에 따라 간 맞게(中: 中正, 中和, 中道), 아름답고 멋스럽게(藝: 藝術, 雅趣, 風流), 기쁜 마음으로 텅 비게(下: 下心, 放下着), 바르고 고요하게(定: 禪定, 三昧) 하는 등 다섯가지 성품(五性)이 있다. 한편 정성을 다하여 범절 있게 일념으로 찻일(茶事)을 행하는 가운데 아름답고 멋스러움이 나오고 그 바탕은 바르고 고요한 데 있는 것(禮中藝下定)으로 이것을 차도(茶道)라고 본다.

우리 모두 오직 차 마시는 일에 힘써 자동차가 자동차의 뜻대로 갈 수 없고 운전자의 마음대로 가듯이 몸이 요구하는 대로 사는 것이 아니라 자신의 마음대로 생활할 수 있는 각성(覺性)의 경지에 이르러 몸과 마음이 건강한 진정한 차인이 되자.

일미차(一味茶)

지운

무심히 차 맛 따라 물처럼 흘러가세

샛강물이 흘러흘러 바다 한 맛 되듯이
마시고 또 마셔서
한 맛의 큰 바다에 이르세

맛보는 자와
보이는 맛이 따로 없어
오로지 한 맛뿐인 바다에 이르세

유정이든 무정이든
정신이건 물질이건
주관과 객관이 홀연히 없어져
분별 다하고 하나가 되어
또렷이 한 생명의 맛으로 살아 춤추네

5. 산업적 응용의 기초

5.1 단위와 차원

1) 물질의 양은 어떻게 나타낼까?

우리는 어떤 물질의 양을 어떻게 표시하고 있는가? 우선 나의 신체적 스펙을 예를 들어 보면 178cm의 키에, 70kg의 몸무게 그리고 32inch의 허리의 핸섬 나이스 젠틀한 사람이다. 여기서 발견되는 하나의 공통점은 어떤 것을 양을 나타내기 위해서는 숫자에다 단위를 붙여 사용하였다는 점이다.

Quantity(양) = Value(수치) + Unit(단위)

2) 단위의 표시방법은?

옛날에는 단위의 표기 방법이 feet, 寸처럼 신체의 일부를 이용하거나 특정한 용기(pound, 두, 되, 말) 등을 이용하였다. 신체적 특성은 인종별로 달라질 수 있고 특정한 용기들은 그들이 주로 사용하는 용기의 크기에 따라 달라질 수 있다.

산업사회 초기 국제적으로 통용되던 단위로는 British와 cgs단위였으나 1960년 10의 멱수에 SI(System International d'Unit)단위를 쓰는 것으로 통일하였다. 위에서 SI의 기본단위라 했는데 기본이 아니면 무엇이 있을까? 예를 들어 우리는 부피의 단위는 L로 흔히 나타낸다. 즉, 1L는 1000mL이고 1mL는 $1cm^3$이므로 1cm라는 길이를 제곱한 것(가로×세로)은 면적, 세제곱(가로×세로×높이)은 부피가 되는 셈이다. 다시 말하면 부피라는 단위는 길이의 기본단위로 표현될 수 있으나 너무 자주 쓰이는 것이라 마치 이를 하나의 단일의 다른 단위처럼 일상에서 쓰고 있는 것이다. 우리는 이러한 단위를 유도단위(drive unit)라 부른다.

차원이란 기본단위계 즉, 길이(Length), 시간(Time), 질량(Mass), 온도(Temperature) 등으로 표현하는 것이라 할 수 있다. 속도의 단위가 m/s, cm/s, ft/s 등의 단위로 쓰였다 하더라도 속도의 기본 개념은 거리를 시간으로 나눈 것임에는 변함이 없다. 이를 차원으로 나타내면 아래와 같다.

속도(velocity) = [Length]/[Time]

밀도(density) = $[\text{Length}]^3/[\text{Mass}]$

〈표 3-4〉 SI체계로 표시하는 기본단위

기본 SI 단위		
기본명	단위 이름	기호
Length(길이)	meter(미터)	m
Mass(질량)	kilogram(킬로그램)	kg
Time(시간)	second(초)	s
Electroni current(전류)	ampere(암페어)	A
Temperature(온도)	kelvin(켈빈)	K
Moles(물질의 양)	mole(몰)	mol
Light intensity(광도)	candela(칸델라)	cd

〈표 3-5〉 유도단위(drive unit)

물질의 양	단위이름	기호	기본 단위로 표현
Volume(부피)	liter(리터)	l or L	$0.001m^3$, $1000cm^3$
Force(힘)	newton(SI, 뉴턴)	N	$1kg \cdot m/s^2$
	dyne(cgs, 다인)		$1g \cdot cm/s^2$
Pressure(압력)	pascal(파스칼)	Pa	$1N/m^2$
Energy, work(일)	joule(SI, 주울)	J	$1N \cdot m=1kg \cdot m^2/s^2$
	erg(cgs, 에르그)		$1dyne \cdot cm=1g \cdot cm^2/s^2$
	gram-calorie(칼로리)	cal	$4.184J=4.184kg \cdot m^2/s^2$
Power	watt(와트)	W	$1J/s = 1kg \cdot m^2/s^3$

5.2 단위의 변환

1) 단위변환계수(conversion unit)

측정된 양은 같은 차원의 다른 단위로 나타낼 수 있다(ft/s, mile/h, cm/yr).

이때 다른 단위로 변환시킬 때는 적당한 변환계수를 곱해 줘야 한다. 쉽게 생각하면 만 원을 달러로 바꿀 때 환율을 곱해 주는 것과 같은 이치이다.

자주 나오는 변환계수는 암기하여 일상에서 언제든 적용할 수 있도록 해야 한다.

[예제 1] 1 yd/y^{2}를 in/s^{2}의 단위로 바꾸어 보라.

1 yd	90cm	1in	y^2	1day^2	1hr^2	1min^2
y^2	1 yd	2.54cm	365day^2	24h^2	60min^2	60s^2

= 0.00000112357in/s^2

[예제 2] 23 lbm·ft/min^2 → kg·cm/s^2

2) 힘과 무게(Force and Weight)

힘이란 어떤 질량을 가진 물질을 가속도(F = ma)를 가지게끔 하는 것을 말하고 무게란 그 가속의 방향이 지구의 중심방향(W = mg)을 향했을 때를 말한다. 만유인력이 작용하지 않는 곳에서는 a값이나 g값은 같아야 하나 실제로 지구의 중심부에서 당기는 힘은 늘 존재하며 지구가 완전한 구형이 아니기 때문에 지구의 중심부로부터 물체에 미치는 힘의 정도는 위치에 따라 달라지게 된다.

행성의 크기가 다른 지구와 달의 경우에도 마찬가지이다(달은 지구의 1/6의 g). 따라서 우리는 위도 45의 평균해수면을 기준으로 g를 기준 삼고 무게를 힘의 유도단위(Newton)로 바꾸거나 유도단위를 무게로 바꿀 때는 변환계수 gc를 이용한다.

$$g = 9.8066 m/s^2 = \frac{g}{g_c} = 9.8066 \frac{N}{kg}$$

$$g = 980.66 cm/s^2 = \frac{g}{g_c} = 980.66 \frac{dyne}{g}$$

$$g = 32.174 ft/s^2 = \frac{g}{g_c} = 1 \frac{lb_f}{lb_m}$$

5.3 접두어(Prefixes)

1) SI 접두어(Multiple unit prefixes)

〈표 3-6〉 SI 접두어(Multiple unit prefixes)

Factor(요인)	Prefix(접두어)	Symbol(기호)	Factor(요인)	Prefix(접두어)	Symbol(기호)
10^{18}	exa	E	10^{-1}	deci	d
10^{15}	peta	P	10^{-2}	centi	c
10^{12}	tera	T	10^{-3}	mili	m
10^{9}	giga	G	10^{-6}	micro	μ
10^{6}	mega	M	10^{-9}	nano	n
10^{3}	kilo	k	10^{-12}	pico	p
10^{2}	hecto	h	10^{-15}	femto	f
10^{1}	deka	da	10^{-18}	atto	a

2) 생물생명공학분야에서 잘 나오는 수사 접두어

〈표 3-7〉 수사 접두어

Number(개수)	Latin(라틴어원)	Greek(그리스어원)
1	uni	mono
2	bi	di
3	ter	tri
4	quadri	tetra
5	quinque	penta
6	sex(a)	hexa
7	sept(a)	hepta
8	oct(a)	octa
9	novem	nona
10	decem	deca

5.4 유효자리

과학적 측정을 할 때 정확한 값에 대한 개념을 분명히 가질 필요가 있다. 측정치가 참값에 얼마나 가까운지를 정확도(accuracy)라 하고 반복하여 얻은 측정치가 얼마나 비슷한지를 정밀도(precision)라고 한다. 만약 부정확하게 표기된 자로 계속해서 길이를 측정하였다고 하자. 이런 경우 반복 측정되는 값은 비슷할 것이므로 정밀도는 높다고 할 수 있다. 그러나 측정치는 참값과는 달리 나타나게 되어 정확도는 높다고 말하기 어렵다. 또한 과학적 측정에서 아무리 정밀한 기계로 정확한 값으로 측정하고자 해도 오차는 피할 수 없다.

과학적 계산에서 이러한 오차들은 계산이 거듭될수록 오류를 키워 가기 때문에 과학자들은 숫자를 표기할 때 신뢰할 수 있는 숫자의 범위로 표시하기를 원한다. 이것이 바로 유효숫자이다.

유효숫자의 의미는 유효한 숫자는 어디까지인가의 개념으로 다음과 같이 간단히 생각하면 된다. 중요한 것은 연산에서 유효숫자들의 개수가 아니라 유효자리가 어디까지인가이다.

· 소숫점이 있는 경우 : 마지막 숫자까지가 유효숫자이나 숫자 앞의 0은 유효숫자이다. 0.0045(2), 4.0005(5), 4.500(4)

· 소숫점이 없는 경우 : 0이 아닌 마지막 숫자까지가 유효숫자이며 0일 경우는 유효숫자인지 판단할 수 없다. 495(3), 3000(?)

유효숫자의 연산

15.363(5)	15.64(4)
+ 3.2(2)	× 3.1(2)
18.563	48.484
18.6(3)	48(2)

5.5 차원동일성(Dimensional Homogeneity)

식품이나 화학공정에서 여러가지 환산계수를 써가며 계산을 하였을 때 풀이의 접근방식이 맞았는지 혹은 검산을 할 경우 간단히 점검하는 방법으로 흔히 차원을 해석하곤 한다.

차원해석이란 계산에 이용된 각 단위들을 기본단위(Length[L], Time[θ], Mass[M], Temperature[T])들로만 나타내고 계산식 좌변의 차원과 우변을 차원이 같은지를 확인하는 방법이다. 변환계수에 의해 단위가 어떻게 변하든 등식의 좌변과 우변은 차원동일성을 지니고 있기 때문이다.

우리는 어떤 것이 얼마나 큰지 혹은 얼마나 빠른지 등을 나타낼 때 숫자로 그 크기를 잘 나타낸다. 즉, 위의 레이놀드 넘버(NRe)는 유체의 속도에 따라 그 흐름특성을 규정하는 무차원군으로 숫자로 그 크기를 비교함으로써 그 유체의 특성을 쉽게 파악토록 한 일종의 자(尺)와 같은 역할은 하도록 만든 값이다.

무차원군(Dimensionless quantity)

$$N_{Re} = \frac{D \cdot v \cdot \rho}{\mu}$$

5.6 공정변수(Process variable)

공정이란 어떤 물질 혹은 혼합물질이 물리·화학적 변화를 일으키는 일련의 조작이라 할 수 있다. 이런 공정을 조작하여 목적물을 생산할 때 여러 가지 공정변수들이 관련되게 된다.

※ 질량(Mass)과 부피(Volume)

· **밀도(density, ρ)** : 단위질량당 부피를 의미한다.
kg/m^3, g/cm^3, lbm/ft^3 등

· **비적(specific volume)** : 단위 질량이 차지하는 부피 즉 밀도의 역수(1/ρ)
m^3/kg, cm^3/g, ft^3/lbm 등

· **비중(specific gravity)** : ρ / ρ ref
ρ ref : 대개의 경우 4°C, 1atm 하의 물의 밀도를 기준 삼는다.
= $1.000 g/cm^3$, $1000 kg/m^3$, $62.43 lbm/ft^3$

· **유속(Flow rate)** : 유속은 단위시간에 통과하는 유체의 량을 나타내며 질량유속(mass flow ratea : kg fluid / time)과 부피유속(volumetric flow rate : m^3/ time)이 있다.

5.7 화학적 조성

1) 몰과 분자량(Moles and Molecular weight)

모든 물질은 원자로 이루어져 있고 원자는 핵과 전자로 구성되며 핵은 다시 양성자와 중성자로 구분된다. 이들 원자들이 서로 결합하여 분자를 구성하게 된다.

• 원자량(atomic weight) : 탄소(양성자6, 중성자6)를 12로 기준 삼아 두었을 때의 원자들의 무게

• 분자량(molecular weight) : 원자 무게의 합

화학공정에서 A라는 물질에 대해 B라는 물질이 얼마나 반응하는지를 나타낼 때 몰(mole)의 개념을 많이 사용한다. 몰(mole)이란 molecular weight의 양으로 생각하면 간단하다. 즉 탄소 1mole(약자로 mol)이란 탄소 1분자량(1배의 molecular weight)를 의미한다. 또 탄소 1mole은 아보가드로 수(6.022×10^{23})만큼의 탄소원자가 모여 1mole을 구성하게 된다. 즉, 알루미늄 원자가 6.022×10^{23}개 모여 1mole의 알루미늄을 구성하며 그 양은 26.98이다. 금은 6.022×10^{23}개 모여 1mole의 양이 196.97이다.

• $gram-mole$: 분자량에 해당하는 $gram$으로 표시된 질량

CO^2 : $molecular\,weight\,44$

$1mol$의 CO^2는 $44g$

$1lb_m\,mol \qquad 44lb_m$

$1\,ton\,mol \qquad 44\,tons$

예 51kg의 NH_3(M=17)

$$51\,kg\,NH_3\ \frac{1\,kmol\,NH_3}{17kg\,NH_3} = 3kmol\,NH$$

2) 질량분율과 몰분유(Mass and mole Fractions and Averge Molecular weight)

• 질량분율$(mass\ fraction)$: $\chi_A = \dfrac{mass\ of\ A}{total\ mass}$

• 몰분율$(mole\ fraction)$: $_A = \dfrac{moles\ of\ A}{total\ moles}$

[예제 3] 어떤 용액의 $30\%\ A\ by\ mass\ (x_4 = 0.30)$

그리고 $40\ mol\%\ B\ (y_B = 0.40)$

① 용액의 무게가 200kg일 때 A의 질량

$$\frac{200kg\ solution \quad 0.30kg\ A}{kg\ solution} = 60kg\,A$$

② A의 mass flow rate(solution $100\,lbm/h$)

$$\frac{100lbm \quad 0.30kg\ A}{h \quad lbm} = 30\frac{lbm\,A}{h}$$

③ B의 molar flow rate(solution $100mol$/min)

$$\frac{100mol \quad 0.40mol\ B}{\min \quad mol} = 40\frac{mol\,B}{\min}$$

④ total solution flow rate(100kmol B/s)

$$\frac{100kmol\ B \quad 1kmol\ solution}{s \quad 0.40kmol\,B} = 250\,\frac{kmol\,solution}{s}$$

⑤ mass solution flow rate($300lb\ A/s$)

$$\frac{300lbm\,A \quad 1lbm\ solution}{s \quad 0.30lbm\ A} = 1000\,lbm\,solution$$

[예제 4] 혼합 기체의 mass composition이 다음과 같다.

O_2 32%

CO 8.0% $(x_{O_2} = 0.32g\,O_2/g\ total)$

CO_2 34%

N_2 26%

몰조성비율(molar composition)은?

$$n_{o_2} = \frac{100g\ total \quad 0.32g\ O_2 \quad 1mol\ O_2}{g\ total \quad 32.0g\ O_2} = 0.100mol$$

$$n_{co} = (100)(0.08)/28.0 = 0.286mol$$

$$n_{co_2} = (100)(0.34)/44.0 = 0.773mol$$

$$n_{N_2} = (100)(0.26)/28.0 = 0.929mol$$

$$n_t = n_{o_2} + n_{co} + n_{co_2} + n_{N_2}$$

$$y_{o_2} = \frac{n_{o_2}}{n_t} = \frac{0.100}{2.088} = 0.05\frac{mol\,o_2}{mol\ total}$$

3) 농도(concentration)

- $mass\ concentration$: 단위부피에 대한 성분의 질량
  (g/cm^3, lbm/ft^3, $kg/\text{in}^3 \cdots$)
- $molar\ concentration$: 단위부피에 대한 성분의 몰(moles) 수
  ($kmol/m^3, lb_m - moles/ft^3 \cdots$)
- $Molarity(M,$ 몰농도$)$: 용액 1L에 들어 있는 용질의 몰수

  I $gram - moles\ solute / \ell\ solution$
- $molarity(m,$ 몰랄농도$)$: 용액 1000g에 들어 있는 용질의 몰수

  I $gram - moles\ solute / 1000g\ solution$
- $Normal(N,$ 노르말농도$)$: 용액 1L에 들어 있는 용질의 g당량수

  I $gram -$ 당량 $/ \ell\ solution$

예 $3molar\ solution\ of\ A \Rightarrow 3mol\ A / \ell\ of\ solution$

[예제 5] $0.05 molar\ solution\ of\ NaOH \Rightarrow 10L$ 에는 얼마가 들어 있을까?

$$\frac{10\ell \quad 0.05mol \quad NaOH}{\ell} = 0.5 mol\ NaOH$$

[예제 6] $0.25 molar\ solution\ of\ H_2SO_4$

$rate\ 1.25m^3/\min$

$specific\ gravity\ : 1.03$

$calculate$

① 황산의 질량농도는? in kg/m^3

② 황산의 질량유속은? in kg/s

③ 황산의 질량분율을 구하라.

$$① \ c(\frac{kg\, H_2SO_4}{m^3}) = \frac{0.25 mol H_2SO_4 \quad 98g \quad 1kg \quad 10^3\ell}{\ell \quad mol \quad 10^3 g \quad 1m^3} = 24.5\frac{kg\, H_2SO_4}{m^3}$$

$$② \ q(\frac{kg\ H_2SO_4}{s}) = \frac{1.25m^3 \quad 24.5kg\ H_2SO_4 \quad 1\min}{\min \quad m^3 \quad 60s} = 0.50\frac{kg\ H_2SO_4}{s}$$

③ 부피유속($volumetric\ flow\ rate$)에 e를 곱해 $\Rightarrow$ 질량유속($mass\ flow\ rate$)

$$e_{solution} = (1.03)(1000\frac{kg}{m^3}) = 1030\frac{kg}{m^3}$$

$$Q_{solution}(\frac{kg}{s}) = \frac{1.25m^3 solution \quad 1030kg \quad 1\min}{\min \quad m^3 solution \quad 60s} = 21.46kg/s$$

$$x_{H_2SO_4} = \frac{q_{H_2SO_4}}{Q_{total}} = \frac{0.50\, kg\, H_2SO_4/s}{21.46\, kg\ solution/s} = 0.024\frac{kg\ H_2SO_4}{kg\, solution}$$

5.8 압력(Pressure)

1) 유체의 압력과 정압력(Fluid Pressure and Hydrostatic Head)

$pressure$: 단위 면적에 대한 힘 $P_a = N/m^2$

$hydrostatic\ pressure$: top 부근의 압력이 P_0일 때 base에서의 압력 P를 의미한다.

$$즉\ P = P_0 + e\,g/g_c\,h$$

$head$: top 부근의 압력이 0일 때 가상적인 유체 기둥의 높이

예 $14.7psi \quad 33.9ft \quad of \quad water$

$$P\left(\frac{force}{area}\right) = e_{flwid}\frac{g}{g_c}P_h\,(head\ of\ flwid)$$

[예제 7] $4.00\times\ 10^5\ Pa \Rightarrow mmHg \qquad g/g_c = 9.807\,N/kg$

$$e_{Hg} = 13.6\times\ 1000kg/m^3$$

$$P_h = P(g_c/g)/e_{Hg}$$

$$= \frac{4.00\times\ 10^5 N \quad m^3 \quad kg \quad 10^3 mm}{m^2 \quad 13600kg \quad 9.807N \quad 1m} = 3.00\times\ 10^3 mmHg$$

2) 대기압, 절대압, 게이지압(Atmospheric pressure, Absolute pressure, and Gage pressure)

$$P_{absolute} = P_{gage} = P_{atmospheric}$$

3) 유체의 압력측정(Fluid pressure Measurment)

· $Bourdon\ gage$: $dial$($Bourdon\ tube$ 이용)

· $manometer$: U자형 관 이용

$open-end\ manometer$: barometer(대기압과 비교)

$differential\,manometer$

$sealed\ \ manometer$

General $\begin{matrix} manometer \\ eguation \end{matrix}$ $P_1 + e_1 \frac{g}{g_c} d_1 = P_2 + e_2 \frac{g}{g_c} d_2 + e_f \frac{g}{g_c} h$

Gas의 압력측정의 경우

Gas는 유체에 비해 밀도가 현저히 낮으므로 edg/g_c 하는 무시된다.

따라서 $P_1 - P_2 = e_f \frac{g}{g_c} h$

5.9 온도(Temperature)

1) 온도 측정 기구

· $resistance\ \ thermometer$: 전도체의 전기적 저항 이용

· $thermo\ \ couple$: 성질이 다른 두 금속의 접합부의 전압차를 이용한 방법

· $pyrometer$: 방출되는 spectra를 보고

· $thermometer$: 유체의 부피 변화를 이용

일반적으로 사용되는 온도체계는 다음과 같다. 온도에 관한 여러 식이 존재하는 이유는 각 나라마다 사용하는 온도계가 서로 달랐기 때문이다. 생활 속에서 많이 표현되는 온도를 상호 변환시켜 사용할 수 있도록 해야겠다.

$^oF = 32 + 1.8(℃)$

$^oC = \frac{1}{1.8}(^oF - 32)$

$^oR = {}^oF + 460$

$K = {}^oC + 273.15$

5.10 수지(收支, Balance)식 세우기

수지(收支)란 무엇일까? '수지 맞다'는 말은 일상에서 많이들 쓰는 말로 사전적 의미로는 '장사에서 이익을 남기다', '뜻하지 않게 좋은 일이 생기다'의 의미이다. 그러나 한자적 의미로 본다면 수입(收入)과 지출(支出)에서 한 글자씩 따온 것으로 수입과 지출을 맞춘다는 뜻이다. 영어로는 balance라는 단어를 쓰는데 이 역시 사전적 의미가 균형, 저울, 예금통장의 수입과 지출을 의미한다. 즉, '수지식을 세운다' 함은 설정된 공정 내로 들어오는 양과 나가는 양의 균형을 따져 보는 일로 생각할 수 있다.

1) 공정의 구분

〈표 3-8〉 공정의 구

회분식 (Batch process)공정	원료 물질의 투입후 공정이 끝날때까지 추가적인 원료의 투입이 나 완성제품이 공정 밖으로 나가는 일이 없는 형태 예) 밥 짓기, 약탕기, 주스기 등 → 주로 가내수공업 수준
반회분식 (Semi-batch)공정	일부의 공정의 회분식이고 일부의 공정은 연속식인 형태 예) 소형 음료, 주류 공장 등 → 가내수공업을 벗어난 소규모 공장
연속식 (Continuous)공정	연속적으로 원료의 투입과 생산이 이루어지는 공정 → 대량생산과 대량유통을 위한 대규모 공장

2) 정상상태와 비정상상태

정상상태(steady state)는 말 그대로 수입과 지출이 안정되어 있는 상태로 공정 내로 들어온 양만큼 공정 밖으로 나가는 것을 말한다. 비정상(unsteady state)은 공정이 정상상태에 다다르기까지의 상태로 공정으로 들어오는 양과 나가는 양이 일치하지 않는 것을 말한다.

예 정육점에서 고기를 가는 기계에 1kg의 고기를 넣었을 때 1kg의 고기가 나올까?
완전히 비어 있는 기계에 처음으로 고기를 간다면 당연히 1kg의 간 고기는 얻을 수 없다. 왜냐하면 일부분의 고기들이 기계의 곳곳에 끼어 있거나 묻어 있기 때문이다. 그러나 횟수를 거듭할수록 점점 들어간 만큼의 고기가 갈려서 나오게 된다. 바로 이 시점이 정상상태에 이른 것이라 보면 된다. 그 이전의 상태는 비정상상태인 것이다. 수지식을 세울 때 특별한 단서가 붙지 않는 경우는 모두 정상상태를 기본으로 산정한 것이므로 들어온 양 = 나간 양이 된다.

3) 수지식

{유입량 + 생성량} − {제품량 + 소진량} = 축적량

{(input + Generation} − {Output + Consumption} = Accumulation

[예제 8] 어떤 종합병원에서 상주하는 입원환자의 수가 어떻게 변하였는지를 알고자 1년간의 환자 수를 조사 하였다. 2534명의 환자가 입원하였고 2,132명이 퇴원하였으며 187명의 신생아가 태어났고 483명이 사망하였다면 환자 수의 변화는 어떻게 되었는가?

$$[\frac{2543\text{명}}{1\text{년}} + \frac{187\text{명}}{1\text{년}}] - [\frac{2132\text{명}}{1\text{년}} + \frac{483\text{명}}{1\text{년}}] = \frac{115\text{명}}{1\text{년}}$$

1년간 115명 증가

[예제 9] 벤젠과 톨루엔이 같은 중량비율로 섞여(1000kg/h) 증류공정을 지나간다. 증류 후 상층류로 벤젠의 양이 400kg/h, 하층류로 톨루엔의 양이 450kg/h가 나간다.

이때 상층류와 하층류에 각각 섞여 나가는 벤젠과 톨루엔의 양을 구하여라.

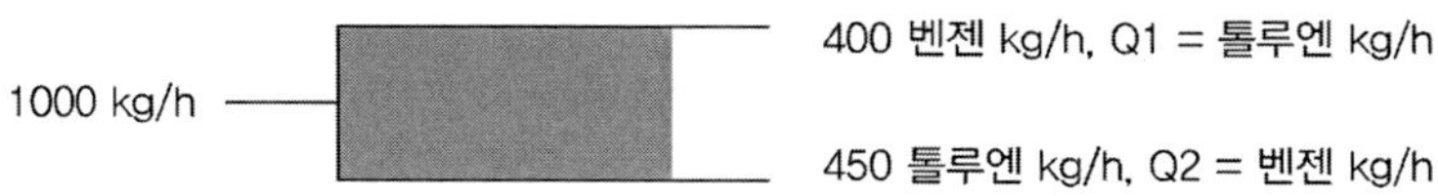

[풀이] 같은 비율의 벤젠과 톨루엔이므로 500kg/h의 벤젠과 500kg/h 톨루엔이 섞여 있는 상태

500 벤젠 kg/h=400 벤젠 kg/h+Q2, 500 톨루엔 kg/h=450 톨루엔 kg/h+Q1

Q1=50 톨루엔 kg/h, Q2=100 벤젠 kg/h

4) 수지식 세우는 방법

수지식을 세우는 데는 여러 가지 접근 방법이 있을 수 있겠으나 일반적으로 아래와 같은 요령을 따르면 쉽게 수지식을 세울 수 있다.

· 흐름도를 그린다.

흐름도에는 각각의 단위공정을 box로 그리고 입출입의 흐름을 화살표로 표시한다. 각 화살표를 중심으로 보기가 편리하게 주어진 정보를 기입하고 미지수에는 문자부호를 부여한다.

미지수를 줄이기 위해 기초량(basis)을 주는 것이 좋을 경우 계산하기 쉬운 값으로 기초량을 부여한다.

· 어디서부터 문제를 풀기 시작해야 할지 혹은 무슨 값을 먼저 구해야 할지를 판단하고 boundary를 정한다.

· 주어진 정보를 단위를 파악하고 가장 빨리 문제해결에 도달할 수 있도록 단위를 통일한다.

· 수지식을 수립하고 문제를 풀어 나간다.

[예제 10] 산삼 배양근 생산을 위해 습도와 산소가 충분한 조성을 갖춘 공기를 만들기 위해 증발기를 거치는 공정이 있다. 이때 물은 증발기로 $30cm^3/min$의 속도로 흘러 들어가고 공급되는 공기는 21mol%의 산소와 79mol%의 질소로 구성하였다. 산소의 공급량을 늘리기 위해 공급되는 공기의 25% 만큼 추가적으로 더 공급하였다. 이때 배출되는 개스를 분석해 보니 2.0mol%의 수분을 지니고 있었다. 공급되는 공기의 양, 산소의 양, 배출되는 공기의 조성에 대하여 밝혀 보라.

[풀이] 배출되는 가스를 분석해 보니

$$W = \frac{30.0\ cm^3\ H_2O}{min} \left| \frac{1.00\ g}{1.00\ cm^3\ H_2O} \right| \frac{1\ mol}{18.02\ g} \qquad W = 1.66\ \frac{mol\ H_2O}{min}$$

H_2O에 관한 수지식

$$1.66\ \frac{mol\ H_2O}{min} = F\ \frac{mol}{min} \left| \frac{0.20\ mol\ H_2O}{mol} \right. \qquad F = 83\ \frac{mol}{min}$$

총괄물질수지

$$(0.25Q + Q + W)\ \frac{mol}{min} = F\ \frac{mol}{min} \qquad Q = 65.0\ \frac{mol\ H_2O}{min}$$

질소의 수지식

$$\frac{Q\ mol}{min} \left| \frac{0.79\ mol\ N_2}{mol} \right. = \frac{F\ mol}{min}\ \frac{(0.98-\chi)mol\ H2O}{min}$$

$0.79Q = F(0.98 - x)$에서 먼저 구한 Q, F 값을 각각 대입하면

$x = 0.36$ mol O_2/mol

[예제 11] 아래와 같은 에탄올 분리를 위한 이단증류공정에서 각 번호에 해당하는 물질의 양을 수지식을 세워 구해 보라.

[풀이] 먼저 총괄 수지식을 세우면

100kg/h + 30kg/h = 40kg/h + 30kg/h + Q3

Q3 = 60kg/h

에탄올에 대한 수지식을 세우면

$(0.50 \times 100) + (0.30 \times 30) = (0.90 \times 40) + (0.60 \times 30) + (60 \times x_3)$

x_3 3 = 0.083kg E - OH/kg

1을 중심으로 boundary를 그리고 총괄 물질수지식을 세우면

100kg/h = 40kg/hQ1

Q1 = 60kg/h

$(0.50 \times 100) = (0.90 \times 40) + 60 \times x_1$

x_1 1 = 0.233 kg E - OH/kg

혼합지점을 중심으로 boundary를 설정하여 수지식을 세우면

Q1 + 30kg/h = Q2

Q1의 값을 대입하면 Q2 = 90kg/h

$Q1 \cdot x_1$ 1 + (0.30) · (30kg/h) = $Q2 \cdot x_2$

미리 구한 값을 대입하면

$x_2 = 0.255$ kg E - OH/kg

참고문헌

고희종, 2004, 『작물과 인간 그리고 미래』, 교우사.

교학사 편집부, 2004, 『교학대한한사전』, 교학사.

국세청 기술연구소, 2009, 『주세실무 요람 주류분석규정』, 한국 세정 신보사, pp. 11~77.

김성곤·강종옥·김철현·문광덕·박양균·은종방, 2010, 『신제식품가공학』, 향문사.

김준철·이선희·민혜련·이동승·김준국, 2009, 『와인양조학』, 백산출판사, pp. 9~62.

김창한·이재동·강국희·송민동·조동욱·정기철·이승배, 2001, 『일반미생물학』, 유한문화사, pp. 233~278.

김현욱, 2010, 『젖산균의 과학』, 서울대학교출판문화원, pp. 7~91.

돈수, 2000, 『차의 맛은 텅빈 골짜기처럼 고요하다』, 남탑산방.

석용운, 1988, 『한국다예』, 초의.

성종환·문광덕·김종국·여생규, 2007, 『최신식품가공학』, 형설출판사.

손동화, 1997, 「건강기능성 식품 펩타이드 및 그 응용」, 『식품과학과 산업』, 30(1), pp. 22~29.

송재철·박현정·신완철, 1998, 『최신식품학』, 교문사.

신동화, 1997, 「천연 항산화제의 연구동향과 방향」, 『식품과학과 산업』, 30(1), pp. 14~21.

신현경, 1997, 「기능성식품의 개발 및 연구동향」, 『식품과학과 산업』, 30(1), pp. 2~13.

안명수, 2006, 『식품화학』, 신광출판사, pp. 103~171.

오상룡, 1993, 『식품기술』, 제6권, 제2호.

오상룡, 1993, 『식품기술』, 제6권, 제3호.

오상룡, 2000, 『계간 다담』, 겨울호.

오상룡, 2000, 『화상교육교재』, 차도학.

오상룡, 2001, 『계간 다담』, 가을호, pp. 46~51.

오상룡, 2001, 『계간 다담』, 겨울호, pp. 26~31.

오상룡, 2002, 『계간 다담』, 봄호, pp. 30~38.

오상룡, 2005, 『차도학』, 상주대학교출판부.

유주현·변유량, 2008, 『발효공학』, 도서출판 효일, pp. 284~483.

이삼빈·양지영·오성훈, 2001, 『발효식품학』, 도서출판 효일, pp. 1~154, pp. 233~281.

이형주, 1998, 건강기능성 식품, 국민영양 119 : 12~16.

장학길, 2006, 『식품가공저장학』, 라이프사이언스.

장학길, 2006, 『식품가공저장학』, 라이프사이언스.

장학길 · 유병승, 2008, 『식품가공저장학』, 라이프사이언스.

주우홍 · 김승욱 · 김형권 · 노동현 · 이상한 · 이향범 · 백형석, 2010, 『미생물생명공학-응용미생물학의 기초』. 월드사이언스, pp. 299~397.

지운, 2009, 『茶잔속에 달이 뜨네』, 도서출판 차생활.

한국식품연구원, 2008, 『식품이야기』, 한국식품연구원.

한국식품저장유통학회, 1999, 『농산물유통저장기술핸드북』.

伊藤三郎, 1991, 『果實の 科學. 朝創書店』.

Brown W., Poon T., 2005, *Introducion to Organic Chemistry*, John Wiley & Sons Inc, USA.

Campbell MK, 1999, *Biochemistry*, Harcourt Brace & Company, USA.

Gunstone FD. and Norris FA., 1983, *Lipids in Foods*, Pergamon Press Ltd. England.

Hamilton RJ. and Rossell JB., 1986, *Analysis of Oils and Fats*, Elsevier Applied Science Publisher Ltd. England.

Hancock JF., 1992, *Plant Evolution and the Origin of Crop Species*.

Ho. C.T., C.Y. Lee. and M.T. Huang., 1992, Phenolic Compounds in Food and Their effects on Health II : Antioxidants and Cancer Prevention. Amer. Chem. Society. Wash. D. C.

Kader AA., 1992, *Postharvest technology of horticultural crops*, Univ. California.

Kunz B. and Lee JY., 2003, Production and microbiological characteristics of fermented sausages, *Korean J Food*, Sci, (23), pp. 361~375.

Lee. Hyong Joo, 1996, Health functional peptides from foods. Proceed, IUFoST'96 Regional Symp, on Non-Nutritive Health Factors for Future Foods, pp.192~200, Oct. 10~11, Seoul. Korea.

Lee HJ., Park CH., Son HW., Heo JC., Nam SH., Lee GK., Yeo JH., Yoon CS., Kim JM., Shin YK., Kim SO. and Lee S-H, 2011, Reduction of matrix metalloproteinase-9 expression by culture filtrate of *Paecilomyces farinosus* J3, Exp Therpeut Med, pp. 357~362.

Lin. R.I.S., 1994, *Phytochemicals and antioxidants*, Chap 17, pp. 393~449, in Goldberg, I, (ed) Functional Foods, Chapman & Hall, New York.

Makinen. K.K., 1994, *Sugar alcohols*, Chap 11, pp. 219~242, in Goldberg, I, (ed) Functional Foods, Chapman & Hall, New York.

deMan JM., 1999, *Principles of Food Chemistry*, Aspen Publishers Inc. USA.

Martin DW., Mayes PA., Rodwell VW. and Granner DK., 1986, *Harper's Review of Biochemistry*, Lange Medical Publications, USA.

Tom Standage, 2005, *A History of the World in Six Glasses*, Walker & Company.

Wardlaw GM. and Insel PM., 1996, *Perspectives in Nutrition*, Mosby-Year Book Inc, USA.

Wim J., 2002, *Fruit and vegetable processing*, Woodhead Publishing Ltd.

Woese CR., 1987, Bacterial evolution, *Microbiol Rev*, (51), pp. 221~271.

Woo JH., Park JW., Lee SH., Kim YH., Lee IK., Gabrielson E., Lee SH., Lee HJ,. Kho YH. and Kwon TK., 2003, Dykellic acid inhibits phorbol myristate acetate-induced matrix metalloproteinase-9 expression by inhibiting NF-kB transcriptional activity, *Cancer Res*, 63, pp. 3430~3434.